本书为教育部新世纪优秀人才支持计划
“我国文件、信息商业化服务机构的建设依据和策略研究”
（项目编号NCET-10-0794）的最终成果

Research on
the Development of
Commercial Records Management and
Information Service Organizations

当代档案学理论丛书

文件、信息商业化服务机构建设研究

● 黄霄羽 著

中国人民大学出版社
· 北京 ·

总 序

人类社会信息化的进程以及我国不断推进的政治经济体制改革深刻地影响着档案事业和档案学的发展，档案工作实践中层出不穷的新事物、新问题强烈地呼唤着理论的关注与回应，造就了我国档案学术研究前所未有的繁荣局面。随着档案学研究领域的开阔与多学科化，研究内容的丰富与深化，研究方法的娴熟与多样化，我国档案学术研究的气氛日益活跃，一代学人正在成长。如果把档案学比作学术之林中的一棵大树的话，令人欣喜的是，它不仅在传统档案学理论的变革和完善之处新花绽放，在充满时代气息的档案信息化、电子文件等新领域中也是枝繁叶茂，硕果满枝头。

近年来我国档案学研究成果的丰硕是不争的事实，但成果的形式多为专业刊物上发表的论文，相比之下，专著数量显然不多。国家社科规划办公室近期所做的“十五”期间档案学科调查显示，据不完全统计，从2000年到2004年，我国出版的档案学专著只有30余种，档案学研究人员和学生也常有“专业书荒”之感。看来，多编写和出版一些高质量的专著应当引起档案学者的重视了。

中国人民大学设立的信息资源管理学院（原档案学院）是新中国开展档案专业教育最早的高等院校，也是目前国内公认的档案学研究的重镇。针对国内档案学专著相对薄弱的现实，学院精心组织编写了这套“当代档案学理论丛书”，其由一系列档案学专著组成。参加丛书编写的作者都是学院具有博士学位的中青年教师，是我国档案学研究的新锐力量，他们以自己对档案学科的钟情和深思写出了一本本在学术上独树一帜的档案学专著。

这套丛书所选择的题目大多经过相当的学术钻研和理论积累，内容涉及档案学的不同领域和方向，具有较强的前沿气息。总体说来，这套丛书具有高质量、内容新、开放式等特点：

一是高质量。中国人民大学档案学专业开启了我国档案学专业博士教育的先河，1994 年以来已经培养了一批档案学博士，几乎每一篇博士学位论文都由作者深入其中，灌注心智，反复打磨而成。这套丛书中的相当一部分是以我院教师的博士学位论文为基础进行补充和完善的，选题都是档案学某一领域和方向的前沿课题，内容具有较强的创新色彩，而且广征博引，研究方法各异，文字清新，既给人理论启迪，又让人获得知识享受。其中有些论文还获得中国人民大学和全国优秀博士学位论文的殊荣。由这样的专著组成的丛书应该具有较高的学术质量和品位，值得一读。

二是内容新。这套丛书的内容十分丰富，并且具有较强的新颖性。因为对于每一本书在选题时最重要的取向就是要有学术独创性，如果是博士学位论文改编而成的书，当初作者还发表过“独创性声明”。读者从每一本书中都可以看到档案学研究的新视角、新资料、新论断，诸如：根据档案学的形成和发展轨迹，从逻辑起点、形成因素、基本结构和学科价值四个方面梳理和明晰中国档案学的理念与模式之作；立足来源原则与文件生命周期理论的形成、发展和完善进程，从哲学高度总结档案学支柱理论的发展规律——魂系历史主义之作；阐述档案法治的含义、法理价值和实践状况，构建档案法治的理论体系之作；阐述电子文件对档案管理思想、管理原则、管理体制、管理方法带来的全面挑战，探索和构建电子文件管理理论框架之作；研究电子文件管理流程的理论和构建方法，从组织内外要素分析入手，探索电子文件管理设计、规划、组织、控制和协调全流程及其实现之作；从宏观管理原则与方法、微观保护对策与措施等方面研究光盘档案的管理和维护之作；研究档案害虫化学防治的原理与方法，探析害虫产生抗药性的生化机制、环境温湿度对杀虫效果的影响之作；等等。以上书中很多标新立异之处正是这套丛书的价值所在。

三是开放式。这套丛书是中国人民大学信息资源管理学院近年来档案学研究成果的集结，书目的规划有开端没有收尾，因为我们希望把这套丛书做成具有开放式和连续性特点的学术品牌，不断将优秀的档案学专著及时补充进来。我们也相信，当代档案学理论的研究正未有穷期，更优秀的学术专著还在后面。

据我所知，迄今为止国内档案学专著的出版都是独立推出，不相关联的，以丛书方式系列出版尚无先例。我院作为档案教学和研究的重要基地，希望以系列化的成果形式来集中展示档案学术研究水平，也希望因此而得到读者的更多关注。当然，这套丛书中每一本书的写作风格不可能完全一致，有的专著中还存在一些遗漏、不当甚至错误之处，我们热忱地欢迎来自读者的批评、补充和指正。

冯惠玲

于中国人民大学信息资源管理学院

前　言

2010 年，笔者荣获教育部“新世纪优秀人才”，以“我国文件、信息商业化服务机构的建设依据和策略研究”为题开展项目研究，项目号为 NCET-10-0794。项目历时三年，形成的最终研究成果便是本书。

选择“我国文件、信息商业化服务机构的建设依据和策略研究”作为研究论题，具有十分重要和迫切的选题意义。在国外，尤其是发达国家，文件、信息商业化服务机构是迎合文件管理领域迫切市场需求应运而生的产物，其 1941 年起源于美国的文件中心，因经济高效的优点被誉为“现代最富有生命力的新型档案机构”。1948 年在美国最早建立的商业性文件中心继承了文件中心的优点，成为国外文件、信息商业化服务机构的源头。近年来，我国社会主义市场经济迅猛发展，经济成分日趋多元。国有企业纷纷改制、非国有企业大量涌现、私立组织和私人的文件保管需求不断增强，这些因素均促使文件、信息商业化服务的社会需求日益强烈。在这种需求的推动下，我国从 20 世纪 90 年代初起逐渐涌现了档案事务所、文档服务中心、文件寄存中心等档案中介机构，虽然大部分机构还隶属于行政机关或事业单位，但部分机构已开始涉足提供文件管理的商业化服务，迫切需要理论指导和实践经验借鉴。

中外文件、信息商业化服务机构的实践发展存在较大差距。

在国外，商业性文件中心历经60余年发展相对成熟，形成较为先进的发展模式和运营策略，也具备十分明显的经营特色和优势。而在我国，文件、信息商业化服务机构的建设才刚刚起步，学界对其建设的必要性和可行性的理论探讨尚不系统，实际部门的建设实践还处在摸索阶段。如何借鉴国外的成功经验，如何建设适合我国国情的文件、信息商业化服务机构，这种机构如何运作，都是迫切需要研究的问题。

可见，本书的选题意义包括三点：第一，在理论上能够阐明建设文件、信息商业化服务机构的依据和原因。第二，在实践上能够依据我国的现实情况，借鉴国外成功经验，帮助我国切实建立适应社会主义市场经济发展的文件、信息商业化服务机构，找到这种机构建设的科学方式和有效策略。第三，选题意义突破文件管理专业领域，上升到更为宏观的社会层面。更重要的是，本书选题还具有明显的前沿性，因为文件、信息商业化服务机构无论在国内还是国外，都是一种新型机构，具有更专业、更安全、更优质和更高效的特点和优势，代表着文件、信息服务机构发展的新方向。

本书内容丰富且体系完整，结构设计具有内在逻辑严密的特点。第一部分是“导论”，在文献综述和概念说明的基础上，阐述了全书的研究内容、结构和创新点。第二部分是“文件、信息商业化服务机构的历史梳理和现状述评”，分析了国外文件、信息商业化服务机构的发展历史、现状特点、典型代表和行业状况，也分析了国内文件、信息商业化服务机构的发展历史、现状特点和主要典型。第三部分是“文件、信息商业化服务机构的理论解读”，对国内外文件、信息商业化服务机构进行概念界定，解读其定义、含义、性质、特征和类型。第四部分是“文件、信息商业化服务机构的建设依据”，探讨国外文件、信息商业化服务机构产生的理论依据和实践原因，总结我国文件、信息商业化服务机构建设的理论依据和实践条件。第五部分是“文件、信息商业化服务机构的建设方式和发展定位”，分析研究国内外已有的文件、信息商业化服务机构的建设方式，区分其不同特点，并立足国情提出我国文件、信息商业化服务机构更合理的发展定位。第六部分是“文件、信息商业化服务机构的建设策略”，重点阐述我国文件、信息商业化服务机构的“三化”建设策略——以专业化为根基，以商业化为手段，以社会化为目标，这也是国外建设文件、信息商业化服务机构的有效策略。第七部分是“文件、信息商业化服务机构的建设意义”，概括国外文件、信息商业化服务机构的专业优势、形象优势和社会价值，归纳我国文件、信息商业化服务机构建设的专业意义和社会意义。可见，本书的结构设计是“导论—历史梳理—现状评析—概念解读—建设依据—建设方式（发展定位）—建设策略—建设意义”。它们环环相扣，使本书具有严密的内在逻辑。

本书的学术价值首先在于填补了国内外对文件、信息商业化服务机构系统研究的空白，导论部分的文献综述对这一问题的国内外研究状况做了述评，指出：国外理论研究严重不足，研究内容单一，理论研究落后于实践的发展；国内虽有对档案中介机构、商业性文件中心的研究，但均未从宏观角度对文件、信息商业化服务机构进行系统研究。为此，本书是研究文件、信息商业化服务机构的系统成果，具有前沿性和新颖性，学术价值显而易见。它明晰了文件、信息商业化服务机构的概念，挖掘了建设文件、信息商业化服务机构的理论依据，辨析了我国文件、信息商业化服务机构的发展定位，从理论高度总结出建设文件、信息商业化服务机构的专业意义和社会价值。这些丰富内容对文件、信息商业化服务机构的建设、运作和科学发展具有重要指导价值。

本书也具有突出的实践应用价值。这一来基于文件、信息商业化服务机构是实践应用性较强的课题，二来因为笔者主持的课题组在项目研究中运用了实践调查和典型调研手段，使获得的数据和材料具有原始和可靠的特点，凭借实践调研的优势，有助于提升本书内容的应用价值。本书对我国文件、信息商业化服务机构建设的实践条件、机遇和风险的科学总结，对我国文件、信息商业化服务机构发展定位的冷静思考，对我国文件、信息商业化服务机构建设策略的理性归纳，均有助于我国文件、信息商业化服务机构的实践发展和规范运作，特别是每一部分对国外经验的归纳总结，有助于帮助我国吸取经验，扬长避短。

基于选题的新颖性和前沿性，本书的学术思想具有颇多创新点。(1) 首次提出并阐释“文件、信息商业化服务机构”这一概念，通过文件概念限定了这种服务的领域和范围，通过信息概念凸显了这种服务的内容和特征，既包括针对文件实体及其信息内容的服务，也体现信息技术支撑的服务。同时，强调机构的商业行为和商业化服务手段，淡化商业属性和特征。这种概念厘清有助于为机构正名。(2) 首次提出我国文件、信息商业化服务机构应确立企业制定位，坚持市场化经营和运作，以市场和客户需求为导向，提供安全、高效服务，赢得生存和发展空间。这种科学定位有助于明确我国文件、信息商业化服务机构的发展目标。(3) 首次提出文件、信息商业化服务机构建设的“三化”策略——专业化、商业化和社会化。专业化是机构建设的基础，也是机构的核心竞争力所在；商业化是机构建设的手段，是机构的优势所在；社会化则是机构建设的目标，是机构价值的升华。这些论述有助于为我国文件、信息商业化服务机构找到科学的建设策略。（4）首次从专业和社会角度阐述文件、信息商业化服务机构的建设意义。从专业角度看，文件、信息商业化服务机构能提供安全、高效和优质的服务；就社会角度而言，文件、信息商业化服务机构有利于安全保管社会证据和记忆、降低社会管理成本、完善信息法制建设和推动社会和谐规范发展。这些观点有助于确立国内外文件、信息商业化服务机构的存在价值，进一步推动社会的良性发展。

本书的写作依托丰富的素材和翔实的资料，遵循理论联系实际的指导思想，运用实践调查、数据分析、文献研究、网络调研、专家访谈等研究手段，结合使用归纳、综合、比较等方法加以完成。本书还具有观点鲜明、述论结合、文字流畅等特点。

本书由于兼具理论性和实用性，读者对象既包括高校档案专业学生（博士生、硕士生、本科生）和档案教学研究人员，又包括档案专业的实践同行，还包括文件、档案、信息商业化服务行业的从业者及利益相关方等。

本书由黄霄羽规划和设计框架，并执笔完成。刘守芬、韩静、朱敬敬、白璐参与项目研究而形成的阶段性成果成为部分章节的初稿基础，钱红梅和马树芬参加了文献综述、参考文献和部分内容的整理工作，赵传玉进行了全书的格式编排和文字润色。

本书完成之际，感谢教育部新世纪优秀人才支持计划为课题研究提供的立项支持，也感谢中国人民大学信息资源管理学院提供的出版资助。感谢所有指导、帮助和参与项目研究的人员，也感谢在项目研究中被引用或参考的所有文献作者，他们的智力成果为本书的写作做出了贡献。

本书的出版得到了中国人民大学出版社的大力支持，感谢人文分社社长潘宇编审对选题的肯定和出版支持，感谢宋义平编辑、汤慧芸编辑在编辑出版中付出的努力。

本书的不足之处，欢迎读者批评指正。

黄霄羽

2014年1月8日

目　录

图表目录

第一部分

导　论

1 选题意义

当前，我国正处于经济高速发展时期。据统计，2012 年中国 GDP 达到 51.9 万亿元，同比增长 7.8%，保持了强劲的增长势头①。GDP 的增长从一个侧面反映出企业在不断发展壮大，信息化进程在不断加速。然而，企业在发展过程中面临的挑战之一是文件管理②。文件数量的巨幅增长、载体的日益多样以及管理方式的愈加复杂，不断冲击着传统的文件管理方式，如何经济、高效、安全地管理好文件，成为企业高度重视的问题。

近年来，我国社会主义市场经济迅猛发展，经济成分日趋多元。国有企业纷纷改制、非国有企业大量涌现、私立组织和私人的文件保管需求不断增强，这些因素均促使文件、信息商业化服务的社会需求日益强烈。在这种需求的推动下，我国从 20 世纪 90 年代初起逐渐涌现了档案事务所、文档服务中心、文件寄存中心等档案中介机构，虽然大部分机构还隶属于行政机关或事业单位，但部分机构已经开始涉足提供文件管理的商业化服务，迫切需要理论指导和实践经验借鉴。

在发达国家，文件、信息商业化服务机构正是敏锐洞察到文

① 参见《2012 年中国经济增速降至 7.8% 今年将延续企稳回升态势》，见 http://gb.cri.cn/42291/2013/01/18/421s3995928.htm，2013-05-21。

② 指广义文件概念，具体解释参见下文“基本概念界定”。

件管理领域的市场需求，才逐步产生直至盛行。20 世纪 40 年代初起源于美国的文件中心因其经济高效的优点被国外誉为“现代最富有生命力的新型档案机构”。1948 年在美国最早建立的商业性文件中心继承了文件中心的优点，成为国外文件、信息商业化服务机构的源头。它是独立核算、自负盈亏的营利性、服务型机构，大多借助高科技手段为客户（含企业、机构、组织和个人）提供商业化、专业性和社会化的文件、信息服务。

中外文件、信息商业化服务机构的实践发展存在较大差距。在国外，商业性文件中心历经 60 余年，发展相对成熟，形成了较为先进的建设模式和运营策略，也形成了十分明显的经营特色和优势。而在我国，文件、信息商业化服务机构的建设才刚刚起步，学界对其建设的必要性和可行性的理论探讨尚不系统，实际部门的建设实践还处在摸索阶段。如何借鉴国外的成功经验，如何建设适合我国国情的文件、信息商业化服务机构，这种机构如何运作，都是迫切需要研究的问题。为此，选择文件、信息商业化服务机构的建设依据和策略进行研究，具有重要的理论意义和突出的实践价值，主要表现在以下三点：

第一，在理论上能够阐明我国建设文件、信息商业化服务机构的依据和原因。

从分析我国档案中介机构的发展历史和现状入手，可深入总结我国建设文件、信息商业化服务机构的理论必要性和实践可行性。在研究我国文件、信息服务需求与现状的前提下，研究国外文件、信息商业化服务机构的发展进程，可明确文件、信息商业化服务机构产生的理论和实践条件。国外文件中心尤其是商业性文件中心之所以盛行，得益于文件生命周期理论（Theory of Records Life Cycle）提供的坚实理论基础，这一理论揭示的是文件运动的科学规律，具有普适性。最后通过中外的比较研究，可发现科学的理论和先进的理念在文件、信息商业化服务机构的建设发展中具有重要指导作用。

第二，在实践上能够依据我国的现实情况，借鉴国外成功经验，帮助我国切实建立适应社会主义市场经济发展的文件、信息商业化服务机构，找到这种机构建设的科学方式和有效策略。

我国目前已经建有一些文件、信息服务机构，但大部分不以商业化的模式存在。国外文件、信息商业化服务机构的建设实践虽已积累丰富的经验，但因国情有别，我国不宜机械照搬国外经验，因此需要在参考国外经验的基础上，合理吸取其有益成分，帮助我国确定文件、信息商业化服务机构的建设目标，确立文件、信息商业化服务机构的建设方式，提出文件、信息商业化服务机构的建设策略。这些实践研究内容对优化我国文件、信息服务，完善文件、信息管理体制，提高文件、信息服务水平都具有重要的现实价值。

第三，这一选题的研究意义不仅仅局限在文件管理专业领域，还有着更为宏观的社会意义。

因为文件产生于社会活动的各个领域，与社会发展的方方面面紧密相关。当前社会的行政管理、经济建设、法制构建、文化发展都需要妥善留存文件作为活动的证据，需要有效利用文件提高管理效率和服务水平。国外文件、信息商业化服务机构对于安全保管社会证据、精简政府职能、降低企业管理成本、提高社会服务水平起到了良好的作用。我国目前政府部门的职能精简、企业的效益追逐、私人组织以及个人对文件的托管需求，都凸显了建立文件、信息商业化服务机构的必要性和迫切性。对文件、信息商业化服务机构的建设依据和策略进行系统研究，不仅有利于我国专业实践的发展，更重要的是能够提升到更宏观的社会发展层面来明确和显现文件、信息服务机构建设的价值——建立良性的经济秩序、提高行政管理效率、完善信息法制建设、优化社会服务。这种研究意义超越了文件管理领域，对整个经济社会发展都具有重要的帮助。

2 文献综述

2.1 国内文献综述

2.1.1 文献调研概览

笔者认为目前与“文件、信息商业化服务机构”直接相关的机构主要是国外的商业性文件中心和国内新兴的档案中介机构，因为它们均是以有偿方式为社会提供文件管理专业性和社会化服务的机构。为此笔者决定把与商业性文件中心和档案中介机构有关的文献作为文献调研的“抓手”。为确保调查质量，笔者以中国期刊全文数据库、中国博士学位论文全文数据库、中国优秀硕士学位论文全文数据库、中国人民大学学位论文全文数据库为文献检索来源。另为保证文献检索的全面性，笔者选择检索词除“商业性文件中心”和“档案中介”以外，还适当选择它们的上位词、同位词或下位词作为检索词。具体包括“商业性文件中心”、“档案中介”、“档案事务所”、“档案咨询服务中心”、“档案咨询机构”、“档案寄存中心”、“档案托管机构”、“档案托管中心”等。最后笔者采用题名检索，将检索时间范围限定为1990—2012年，共检出文献213篇①。对检索

① 本课题自2011年6月立项，笔者先后于2011年9月、2012年9月进行了文献检索和研究，此处呈现的是最终检索结果。

结果处理（去重及无关）后得出 195 篇。处理后具体的文献检索结果如表 2—1 所示。

表 2—1　　相关文献统计表

数据库 检索词	中国期刊全文数据库	中国博士学位论文全文数据库	中国优秀硕士学位论文全文数据库	中国人民大学学位论文全文数据库	总计
商业性文件中心	28	0	0	3	31
档案中介	102	0	3	4	109
档案事务所	23	0	0	0	23
档案寄存中心	15	0	0	0	15
档案咨询服务中心	8	0	0	0	8
档案咨询机构	4	0	0	0	4
档案托管机构	4	0	0	0	4
档案托管中心	1	0	0	0	1
合计	185	0	3	7	195

2.1.2　商业性文件中心研究综述

商业性文件中心最早在国外产生并不断成熟，国内对商业性文件中心的理论和实践总结分析也在不断增多。笔者主要从研究历程、文献数量和文献内容三方面分析相关研究成果。

2.1.2.1　研究历程

笔者以“商业性文件中心”为检索词（精确匹配 1990—2012 年）进行题名限定的跨库检索，共得到文献 31 篇。为探究我国学者对商业性文件中心的研究历程，笔者对 31 篇文献进行了定量分析，得出图 2—1。从图 2—1 中可看出：我国学者对商业性文件中心的研究始于 1997 年；在 20 世纪 90 年代，共发表文章 4 篇；而在 21 世纪的前 5 年，论文发表数量为 0；到 2005 年，论文的发表数量开始增长，特别到 2009 年，数量达到最大，即 7 篇；而在

2005—2012年的8年里，论文的发表总数达到27篇，占整个论文发表数量的87%。据此可分析出我国学者对商业性文件中心的研究阶段，即20世纪90年代属起步阶段，2000—2004年属停滞阶段，2005—2009年属发展阶段，2010年至今属繁荣阶段。

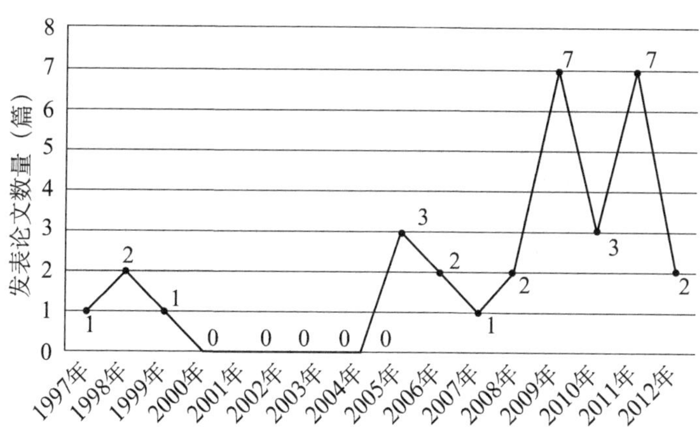

图2—1 1997—2012年发表论文数量

为探究商业性文件中心研究历程中的研究者，笔者对31篇文献进行了定量分析，得出论文发表作者统计表2—2。从表2—2可看出，发表过相关论文的作者较多，但高产作者较少，大多数作者只发表了1篇。但也涌现出一些对此领域特别关注的学者，其中最引人注目的是黄霄羽，共发表论文14篇，其中独著10篇，合著4篇。

表2—2 发表论文作者统计表

作者	发表论文数量
黄霄羽	10
吴品才	3
黄霄羽、陈香	1
黄霄羽、陈艳	1
黄霄羽、刘守芬	2

续前表

作者	发表论文数量
于冬燕	1
土红莉	1
孙观清	1
肖媛媛	1
过言之	1
汪洵	1
张伟琼	1
张晶晶	1
曾雨	1
詹罗成、吴少龙	1
刘娜	1
王晓琳	1
聂伟、兰松	1
师扬甫	1

2.1.2.2 文献数量

从文献数量方面来看，商业性文件中心相关文献的数量较少。自20世纪90年代末开始对商业性文件中心进行研究以来，尤其是2005年以来，学界对商业性文件中心的研究未曾间断过，但每年研究成果（主要指论文）非常有限，仅有2～5篇相关文章发表。借助上述文献调查发现，商业性文件中心相关文献共有31篇，数量较少。与商业性文件中心实践发展的成熟度相比，国内在理论上的研究还远远不够。

2.1.2.3 文献内容

从文献内容方面来看，商业性文件中心的相关研究主要集中在两方面：一方面是对国外商业性文件中心的介绍和分析；另一方面是对商业性文件中心在我国建立的可行性及必要性的论述，即对商业性文件中心本土化的研究。以前者居多。

首先，国内对国外商业性文件中心的研究中，学者分布较为集中。学者中以黄霄羽为代表，对国外商业性文件中心的研究最为系统和深入，自2007年起相继发表了14篇相关论文，参见表2—3。围绕国外商业性文件中心的发展历史、演变特点、现状特征、考虑因素、运作模式、理论依据、实践原因、专业优势和国际化发展等方面，黄霄羽进行了全面深刻的解读。

表2—3 黄霄羽发表论文统计表

作者	论文题目	发表刊物	发表时间
黄霄羽、陈艳	美国商业性文件中心Iron Mountain的运作模式分析及启示	《北京档案》	2007.11
黄霄羽	美国商业性文件中心的发展历程和演变特点	《北京档案》	2008.12
黄霄羽	美国选择商业性文件中心的考虑因素	《北京档案》	2009.3
黄霄羽、陈香	商业性文件中心之典型调查及思考	《中国档案》	2009.5
黄霄羽	全面解析商业性文件中心	《档案学通讯》	2009.6
黄霄羽	国外商业性文件中心现状特点评析	《北京档案》	2009.6
黄霄羽	商业性文件中心产生的理论依据和实践原因	《北京档案》	2010.9
黄霄羽	商业性文件中心的业务内容与服务优势	《中国档案》	2010.10
黄霄羽	商业性文件中心的专业优势、形象优势和社会价值	《档案学研究》	2011.1
黄霄羽	商业性文件中心的经营理念和客户分群	《北京档案》	2011.3
黄霄羽	美国两大商业性文件中心的发展历程	《中国档案》	2011.4
黄霄羽	商业性文件中心的运营模式	《档案学通讯》	2011.6

续前表

作者	论文题目	发表刊物	发表时间
黄霄羽、刘守芬	商业性文件中心国际化发展的表现与影响因素分析	《档案学研究》	2012.1
黄霄羽、刘守芬	商业性文件中心国际化发展的特点分析	《中国档案》	2012.4

此外，还有其他一些学者从某一方面对国外商业性文件中心进行研究，如汪洵的《国外商业性文件中心的产生和发展》论述了商业性文件中心的产生背景、发展趋势、特点和功能[1]；陆阳的《欧美国家商业性文件管理机构研究初探》阐述了商业性文件中心的性质、类型、行业特点等[2]；王晓琳的《浅析档案业务外包的历史渊源——以商业性文件中心为视角》将商业性文件中心与“外包”理念结合，从“外包”的成本效应解读商业性文件中心的经济性，从“外包”整合优势的角度解读商业性文件中心的“精简、高效”，从而论证了商业性文件中心的特点与“外包”理念的一致性[3]；韩静在硕士学位论文中针对国外商业性文件中心的行业管理之领导机制、保障机制、监督机制进行了全面研究[4]；刘守芬在硕士学位论文中针对商业性文件中心的跨国建设进行了案例述评、背景分析、特点归纳、影响因素总结[5]。由上可见，对国外商业性文件中心的研究内容较为集中，相关论文主要侧重于对国外商业性文件中心的解读和分析、对商业性文件中心发展成功经验的总结，但其中不乏新颖的研究角度。

其次，国内对商业性文件中心本土化的研究方面，研究内容偏重于论述我国建立商业性文件中心的必要性与可行性。如吴品才的《谈商业性文件中心建立的必要与可能》，就商业性文件中心这一新兴事物在我国建立的必要性与可行性进行了初步分析，并提出商业性文件中心作为一种新兴的档案机构有其优势，应该得到不断完善和推广[6]。之后，随着我国在实践上对文件中心的探索，又有一些专业人士对这一问题进行深入研究，提出了在我国建立商业性文件中心的构想。如陈香在硕士学位论文中对商业性文件中心的本土化进行了专门研究，着重探讨商业性文件中心本土化的发展模式、建设目标和运作方案[7]。

笔者通过上述分析，认为目前国内对商业性文件中心的研究呈现出以下三个特点：

第一，国内对商业性文件中心研究的总体情况相对薄弱，主要体现在相关文献数量偏少，1990—2012 年，国内对商业性文件中心的研究论文仅有 31 篇，主要还集中在 2005 年之后。

第二，国内对商业性文件中心研究的内容不够全面。目前相关研究偏重于对国外商业性文件中心的分析评述，对商业性文件中心本土化建设问题的研究存在不足。对商业性文件中心在我国建立的条件和存在的障碍缺乏系统全面的认识，建设的理论依据论述不够充分，建设策略更缺乏深入探索。

第三，国内对商业性文件中心在我国建立的合理性存在观点分歧。特殊的国情导致我国并没有出现土生土长的商业性文件中心，实践上的局限使得学界对商业性文件中心本土化建设的问题见仁见智，未能达成共识。这种分歧再加上我国对商业性文件中心重视不够，阻碍了商业性文件中心研究的深入。

总体而言，上述文献调查和分析说明，国内对商业性文件中心已有一定研究，已取得的研究成果为本项目提供了一定的研究基础；但目前的研究还比较薄弱，恰恰体现出本书的研究价值和意义。

2.1.3 档案中介机构研究综述

中介服务是我国社会经济发展到一定阶段的必然产物。1993

年，十四届三中全会通过的《中共中央关于建立社会主义市场经济体制若干问题的决定》指出，要“发展市场中介组织，发挥其服务、沟通、公证、监督作用”。“中介组织要依法通过资格认定，依据市场规则，建立自律性运行机制，承担相应的法律和经济责任，并接受政府有关部门的管理和监督。”1997 年，党的十五大再次提出，要“把综合经济部门改组为宏观调控部门，调整和减少专业经济部门，加强执法监督部门，培育和发展社会中介组织”。在这样的社会背景下，20 世纪 90 年代初，全国一些档案部门根据自身的专业特点，充分发挥在人员、技术、设备等方面的优势，陆续建立起档案中介机构，提供档案中介服务。档案中介机构产生至今，经历了从无到有、从少到多的发展过程，并呈日益增长的趋势。笔者从发文时间、发文数量、文献主题等方面对国内档案中介机构的研究论文进行统计分析，试图全面概述国内的研究现状。

2.1.3.1 论文统计分析

论文时间分布统计分析

笔者以“题名”为检索项，分别以“档案中介”、“档案事务所”、“档案咨询机构”、“档案咨询服务中心”、“档案寄存中心”、“档案托管”为关键词，对发表在中国期刊全文数据库、中国博士学位论文全文数据库、中国优秀硕士学位论文全文数据库、中国人民大学学位论文全文数据库中的文献进行了检索。笔者发现研究档案中介机构的文章最早出现在 1992 年，因此选择 1992—2012 年为检索统计的时间段，以期对我国档案中介机构的研究情况做一个历史性的回顾。由此检索到论文 174 篇，剔除无关文献后得到 164 篇，其年度分布情况如图 2—2 所示。

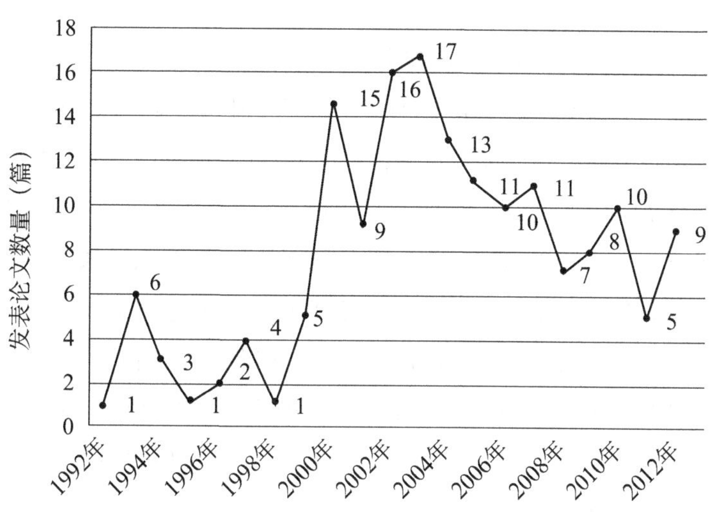

图 2—2　1992—2012 年发表论文数量

从图 2—2 可以看出，我国对档案中介机构进行研究的文章最早出现在 1992 年，1998 年开始有快速上升的趋势，2002 年、2003 年达到最高峰，2005 年略有下降，随后其增长走势日趋平缓。据此可以看出，我国在该领域的研究可分为三个阶段：1992—1998 年初露端倪，1998—2003 年为快速增长期，2004 年以后基本稳定。

论文主题特征分析

通过对 164 篇文章进行归类整理，笔者发现研究集中于理论和实践两个方面。其中理论研究侧重于阐述档案中介机构的理论基础（定义、性质、功能等）、现状、趋势等。实践研究主要剖析档案中介机构的业务内容或工作内容、当前遇到的一些问题及具体解决措施。此外，除了对档案中介机构的宏观研究外，不少学者还从微观角度对档案中介机构的具体形式（如档案事务所、档案咨询服务中心、档案寄存中心等）进行研究。

2.1.3.2 论文内容分析

依据文献调研，尽管我国第一批档案中介机构（浙江省建德市、湖州市的档案事务所）早在1992年9月就已经诞生，但对档案中介机构的理论研究跟进得并非特别及时。1998年之前多为零星研究，直到1998年3月12日，《上海档案》杂志社和上海市档案咨询服务中心联合召开了“档案中介机构理论与实践研讨会”，才由此拉开了档案中介机构理论研究的序幕。在研讨会上，专家、学者以及专业主管部门的工作人员，围绕建立档案中介机构的必要性、紧迫性及其性质、功能、任务与行政管理机构的职能分工和今后的发展趋势等问题展开了研讨，为档案中介机构的理论研究搭建了基本框架。[8]

笔者对文献内容进行分析后，发现相关论文的内容主要分为以下五个方面：

档案中介机构的定义和内涵

对档案中介机构进行概念界定最早见于陈智为、张晓丽2000年发表的论文《论新时期的档案中介机构》，作者认为档案中介机构“是由档案行政管理部门主管的、介于政府与企事业单位之间的、以档案和档案工作为对象的、以经济为纽带的社会性服务机构”[9]。随后学者也从不同角度给出各自的定义，但到目前为止仍未形成统一的定义。笔者梳理了我国档案界对档案中介机构的代表性定义，并归纳为三种类型：

一是强调属概念，认为它是一种中介组织或媒介组织。如贺吉元认为，“档案中介机构是指档案局（馆）为了转变职能和强化功能而建立的为机关企事业单位及个人提供档案事务服务的具有法人资格的媒介组织”[10]。韩玲玲等认为，“档案中介组织是社会中介组织的一种，指在政府、企事业单位和个人之间架起沟通的桥梁，是为社会提供档案业务技术服务及档案信息咨询的各种组织、机构的总称”[11]。欧其健认为，“档案中介服务机构是介于政府与社会之间，专门从事档案技术和事务服务的一种社会中介组织，是按照国家法律法规、档案行政管理部门规定和专业技术要求，提供档案法律咨询、档案专业服务、档案业务评估及鉴定和档案信息服务的社会中介机构，具备独立法人资格”[12]。

二是强调组织功能，认为它是起沟通、协调作用的社会服务组织。如陈智为等认为，“档案中介机构，简单地说是由档案行政管理部门主管的、介于政府与企事业单位之间的、以档案和档案工作为对象的、以经济为纽带的社会性服务机构”[13]。张燕认为，“档案中介机构也就是以其特有的社会服务功能在档案行政管理部门与个人、企业间提供档案事务服务，起监督、沟通、协调作用的法人组织”[14]。

三是强调独立性和法人地位，认为它是直接提供档案服务的社会服务机构。如张宝兴认为，“档案中介机构是由档案管理部门主管的、自收自支、独立核算的全民所有制企业或事业单位，是直接为机关、企事业单位及其个人代办档案事务的社会性服务机构”[15]。赵莉认为，“档案中介机构的独立性较强。不是档案行政管理部门的附属机构，而是具有法人地位的，自主经营、自负盈亏的实行独立核算的企业，即实行企业化经营，以有偿服务为主”[16]。

对档案中介机构的界定存在着多样性，可从不同角度去阐释：或者强调档案中介机构某一方面的特征，或者诠释档案中介机构的内涵，或者只强调档案中介机构的属概念，抑或是介绍档案中介机构的狭义概念等。需要指明的是，尽管学者从不同角度赋予档案中介机构不同的定义，却不能否认它们的共性，而这些共性恰恰诠释了档案中介机构的基本内涵：第一，档案中介机构是一种社会中介组织；第二，档案中介机构为社会各界提供档案专业化服务；第三，档案中介机构是连接档案行政管理部门、企业、个人的桥梁，具备中介组织的"中间性"。

在最新的文献中，黄霄羽等借助对档案中介机构定义的理论分析和功能的实践考察，指出当前我国这种机构存在名不副实的局限，并非真正意义上的档案中介机构。理由在于，在理论层面，学界的定义并未明确揭示档案中介机构的基本属性——"中介性"；在实践层面，绝大多数档案中介机构的业务内容也不具备"居间服务"功能。因此，档案中介机构应当正名为"档案服务机构"。[17]

档案中介机构的性质和功能

在 1998 年"档案中介机构理论与实践研讨会"上，上海市浦东新区档案馆馆长、副研究馆员张宝兴首次归纳出档案中介机构的性质——社会服务性、技术知识性、商业经营性。[18]随后陈智为、张晓丽在《论新时期的档案中介机构》一文中对上述性质做了进一步剖析。2005 年宗培岭的《档案中介机构的社会定位》将档案中介机构的性质归结为中介性、服务性、营利性、自律性。[19]吴加琪在《档案中介组织：理论、实践及发展前景》、《档案中介机构的现状及其发展方向》中均阐释了档案中介机构的性质，概括如下：独立性、沟通性、专业性、有偿性、公益性、社会性、权威性。[20][21]

综上，对档案中介机构性质的研究具有两大特点：一方面，研究经历了一个由片面到全面、由浅及深的过程。另一方面，由于大多数学者是从社会中介组织的角度来研究档案中介机构性质的，因此其性质分为与中介组织性质相符的一般属性（如中介性、服务性、自律性、专业性等）和档案中介机构的特有性质或者说特性（技术知识性、客观性、保密性等）。遗憾的是目前的文献并未对档案中介机构的特性进行深入细致的研究。

档案中介机构的功能与职能是两个不完全相同的概念，两者是有区别的。档案中介机构的职能是其在社会分工中的职责，功能则是指它通过自己特有的活动而起到的作用。对档案中介机构功能问题的研究可追溯到 1998 年的“档案中介机构理论与实践研讨会”。上海市档案局教育处处长邹伟农在谈到档案中介机构的功能时提出，“档案中介机构的功能除了咨询、服务这两个大家谈得比较多的功能外，还有一个法定的功能，就是开展档案鉴定、评估的业务”[22]。尽管他没有对相关功能作详细的阐释，却为学界的研究开辟了路径。目前，学界对档案中介机构功能研究得较系统全面的当属宗培岭。他在《档案中介机构的社会定位》一文中，将档案中介机构的功能凝练为沟通功能、改革功能和效益功能。[23]这是对档案中介机构作用、价值高度概括和提炼的结果。此外，在笔者统计的文献中，虽然有许多并未出现“功能”等词语，却用相当大的篇幅阐述了档案中介机构的“作用”或“影响”。从本质上说，这些论文也是在研究档案中介机构的功能问题，只不过是将这些功能具体化了，可谓是异曲同工。这方面的文章大多是从内（档案行业）外（社会）两大角度来阐述档案中介机构作用（功能）的。代表性的论文有王娜娅的《档案中介机构的法律地位与作用》、张文利的《档案中介机构的生成及对行业的影响》等。

档案中介机构的发展问题

这里所说的档案中介机构的发展问题具体包括三方面：档案中介机构的发展条件、发展现状及发展趋势。其中发展条件是档案中介机构发展的原动力，发展现状是档案中介机构不断发展的助推剂，发展趋势是档案中介机构深入发展的行动指南，它们都是档案中介机构完整发展过程的支撑点。

档案中介机构的发展条件是指推动其产生和发展的条件总和。就档案中介机构的产生条件而言，可参见吴加琪、李广都的《档案事务所的现状分析及业务展望》。论文对档案事务所的产生条件作了详细阐述——政治体制改革和政府职能转换是档案事务所产生的先决条件；经济体制改革与发展是档案事务所的催生剂；现有的其他社会服务中介机构的成熟运行是档案事务所产生的现实依据；档案寄存中心的健康发展与合理改制将是档案事务所发展的动力和希望。[24]尽管作者是在论述档案事务所的产生条件，然而事实上，这些条件对所有档案中介机构都具有普遍意义。后来，苗华清在硕士学位论文《档案中介机构研究》中对档案中介机构的产生条件作了更加系统全面的论述，将其产生条件归结为经济条件、政治条件和社会条件。[25]综合相关文献，笔者认为学界在探讨档案中介机构的产生条件时有如下特点：（1）既论述档案中介产生的必要条件，又论述其产生的可行条件；（2）绝大多数学者是从社会实践角度来探讨档案中介机构的产生条件，仅有少数学者从理论角度阐述档案中介机构的产生条件，且这种理论层面的探讨还停留在初步探索阶段，与实践方面较为深入的探析不在同一水平。（3）就实践方面的条件而言，多数学者认为政治经济体制改革是档案中介机构产生最重要的可行性条件，而社会需要是其产生的关键的必要条件。

档案中介机构的发展现状主要指当前档案机构的客观存在状态，笔者认为档案中介机构目前取得的成绩及存在的问题也应该包括在发展现状之内。对此做出系统、全面阐释的当推苗华清的《档案中介机构研究》。论文从人员机构、服务方式、业务范围、组织模式出发，对当前档案中介机构的客观存在状态进行了细致的描述。此外，论文还做了档案中介机构成果综述："形成了繁荣的市场"；在经济效益方面，为当地经济、文化发展贡献了力量；在社会效益方面，有利于缓解就业压力、促进创业、推动档案事业向产学研方向发展等。[26]当然，由于目前档案中介机构仍是一种新生事物，其发展道路不可能一帆风顺，必然会存在这样或那样的问题，有关这方面探讨的文章不在少数，对这一问题的分析，笔者会在下文再作细述。在浏览了档案中介机构现状的相关论文后，笔者发现：（1）学界对档案中介机构的组织模式方面的探讨比较热烈，绝大多数学者赞同档案中介机构属于社会中介组织的一种，然而当前我国的档案中介组织还不完全具备其他一般社会中介组织成立的要件，尤其是独立性。它们多数不是真正意义上的中介机构，只能说是档案局（馆）对社会服务的新形式，必须在今后得到更大的发展。（2）档案中介机构的存在类型也是一个研究热点，档案中介机构的类型是多元化的，按不同标准可以划分不同的类型。其中，按照档案中介机构的主要职能划分（档案事务所、档案寄存服务中心、档案科技信息服务公司等）是学界探讨的重点。

档案中介机构的发展趋势是指档案中介机构的发展动向，它是当前档案中介机构深化改革、不断拓展生存空间的航标。因此，吴玲、郑金月在《档案中介机构的定位和发展问题》一文中为档案中介机构的发展方向奠定了基本框架：多元化趋势（档案中介机构的经济成分）、多功能化趋势（档案中介机构的服务功能日益全面化）、市场化趋势（独立的市场主体）、规范化趋势（健全管理机制）、规模化趋势（规模化经营，如联合、重组等）。[27]之后，吴加琪又在《档案中介机构的现状及其发展方向》一文中增加了经营网络化（建立网站，发展网络经济）、合作国际化（与国外商业性文件中心或文件信息机构接轨）、布局合理化（与我国各地经济发展水平匹配）等。[28]戴文波在《论我国档案中介机构的发展现状及发展方向》一文中提出了我国档案中介机构的四大发展方向：业务多元化、发展规模化、信息共享化和人员素质综合化。[29]总体而言，目前绝大多数学者为我国档案中介机构的发展前景叫好，档案中介机构的发展空间具有较强的拓展性。

档案中介机构的业务内容

档案中介机构的业务内容，是档案中介机构建设的核心。档案中介机构的性质必须通过其业务内容才能得以体现；档案中介机构的功能、发展也必须通过业务工作良好运转才能最终实现。离开了业务内容，档案中介机构的生存和发展便成了无源之水、无本之木。于是在 1998 年“档案中介机构理论与实践研讨会”上，上海市浦东新区档案馆馆长张宝兴率先提出档案中介机构的七大业务：（1）咨询服务；（2）传授档案工作理论知识和技能；（3）承接委托档案的整理业务；（4）技术中介，就是在档案或技术的转让过程中发挥中介作用，收取介绍费；（5）开展档案法律事务咨询服务；（6）代查和代保管档案；（7）计算机辅助档案管理系统的建设和推广应用等。[30]之后虽有许多学者涉足该方面的研究，但他们的研究并未突破张宝兴提出的业务范围。唯有吴加琪、李广都的《我国档案中介组织的现状分析及业务展望》从更宏观的视角将档案中介机构的具体业务概括为七个方面：档案委托保管、咨询服务及有关档案业务服务；档案的价值认定和有关档案权利认定服务；档案技术服务和档案信用服务；档案所有权的变更登记和有关档案出租、复制的公证服务；自有档案拍卖相关服务；企业单位档案工作代调研和指导服务；其他档案业务。[31]目前来看，他们的业务内容研究不仅最齐全，还具有强大的包容性，为档案中介机构的业务拓展留下了足够的空间。综合相关文献，业务研究有如下特点：(1) 由具体到抽象、由简单到复杂；(2) 专业性、技术性日益凸显；(3) 业务领域不断拓展。

档案中介机构问题对策研究

档案中介机构是市场经济的产物，是一种新生的事物，有待进一步完善。当前档案中介服务机构尚处于发展时期，仍不成熟，存在的问题还很多，如果处理不好，一定程度上会影响档案事业的健康发展。因此浙江省湖州市档案事务所的郑金月 2000 年发表了《档案中介服务机构存在的问题及其对策》，首次系统阐明了当时档案中介机构存在的具体问题——认识不清（观念）、关系不顺（与档案行政管理部门）、机制不活（内外管理）、路子不宽（服务范围）。[32]之后，王郁萍、刘晓春的《档案中介组织规范发展刍议》提出档案中介机构存在的体制和服务弊端——中介挂靠运营，档案行政管理方式无法转变；中介组织成了档案部门的“创收”机构；档案中介服务滞后。[33]宗培岭的《档案中介服务业的现状分析》增加了规模效应小、发展不平衡、市场不规范三大问题。[34]吴加琪的《档案中介机构的现状及其发展方向》强调了档案中介机构立法问题和人员的业务素质问题。[35]而左宏媛的《我国档案中介机构的生存状况及发展对策》指出了档案中介机构建设现代化水平低的问题，如档案中介机构不注重网站建设，数字保管技术及个性化服务理念等较为落后。[36]针对这些问题，学界提出了许多对策。比如：转变观念，加大对档案中介服务机构的支持力度；理顺关系，明确档案中介机构的基本职能；活化机制，激发档案中介服务机构的生机和活力；开拓创新，增添档案中介服务机构的发展后劲。2011 年，贾玲在《档案中介机构的经营策略分析》一文中提出：以市场机制为动力，以企业化管理为手段；着力打造优势服务项目，增强档案中介机构的核心竞争力；不断拓展服务领域，增强服务能力；建立高水平、专业化的档案中介服务队伍；采用现代高科技手段，占领档案中介服务的高科技领域。[37] 2012年，杨雅婷《档案中介机构品牌创建的SWOT分析及策略应对》中对档案中介机构品牌创建进行了SWOT分析，并提出树立正确的品牌创建的观念，建立具有专业营销知识的品牌创建队伍，创建特色服务，提高服务质量。[38]这些方面的探索都为档案中介机构的发展提供了思路和指导，具有重要的价值。由此笔者认为：（1）学界对档案中介机构存在问题的认识也是一个由浅入深、由偏到全的过程。（2）这些问题既包括档案中介机构留存的历史问题（独立性、法制等），又有档案中介机构在发展中遇到的新问题（技术观念薄弱）。（3）在这些问题中，档案中介组织的体制弊端和法制弊端是档案中介机构建设的难点。（4）档案中介机构建设对策研究也是学界的研究热点和重点，并且呈现出多层次、多角度的特点。既有宏观层面的体制机制研究，也有微观层面的机构自身建设探讨；既有专业领域的对策，也有对其他领域方法手段的借鉴和运用。

2.1.3.3 研究评论

综上所述，国内对档案中介机构的研究取得了一定成果，但也存在不足。

研究成果

总体而言，国内对档案中介机构的研究进入了比较稳定的阶段并趋于成熟。学界关于档案中介组织的学术研究，经历了一个从摸索到认识、再到思考的过程：首先是研究建立档案中介机构的必要性、可行性和优越性等问题，阐释和综述其理论基础。然后对档案中介机构进行深入分析和论证。近年来，学者对档案中介机构的研究日益精细化，并注重分析国外商业性文件中心等类似机构的经验，找出改革和发展我国档案中介机构的途径。由此，档案中介机构的研究进入了比较稳定的阶段，日渐成熟。具体表现为：在理论方面，突出表现为档案中介机构基础理论研究日益成熟完善，学界对档案中介机构的定义、内涵、性质和功能的认识较为全面和深刻，对其发展前景的探析也较为客观。在实践方面，学界已开始认识到，档案中介机构业务内容必须紧跟时代的脚步，凸显其专业性、技术性、服务性，以社会需求为中心不断拓展其业务范围。此外，学界对档案中介机构问题对策方面的研究持续关注，基于理论指导的机构实践发展日益成熟。

研究不足

客观地说，国内对档案中介机构研究的不足归纳起来就是理论研究水平相对较低，实证研究匮乏。依据笔者的文献调研，可以看出我国档案中介机构的理论研究总体上还处在初级阶段，主要是针对档案中介机构基础理论方面展开研究，如档案中介机构的定义、性质、功能等，而对档案中介机构的运营机制、组织模式等工作原理方面的研究、客户研究等涉及不多。这种相对较低的研究水平很大程度上是由当前我国档案中介机构的发展阶段决定的。与此同时，借助文献调研，笔者发现实证研究较为匮乏。实证调研性的文献为数不多，甚至可以说是寥寥无几，绝大多数学者只从理论思辨的角度阐述问题，却少有立足档案中介机构的实际情况做实证分析。

2.2 国外文献综述

2.2.1 文献调研概述

文件、信息商业化服务机构最早在国外出现，也在那里发展得更为成熟，在国外这类机构被称为商业性文件中心。随着信息社会的迅速发展，商业性文件中心的职能日益丰富和完善，服务内容日渐全面而精细，从最初提供简单的文件存储业务发展到具备信息管理服务职能。从职能和业务范围来说，商业性文件中心可以称为文件、信息商业化服务机构。此外，成立于1980年的商业性文件中心协会（Association of Commercial Records Centers，ACRC）与时俱进，在1996年与美国国家安全数据保险库协会（National Association of Secured Data Vaults，1981年成立）合并，组成了现在的国际文件与信息管理服务行业协会（Professional Records & Information Services Management，PRISM International）。尽管机构名称有所变化，但实质不变，仍然是一种提供文件、信息商业化服务的机构。因此，为使文献查找结果更加全面，笔者在外文文献检索过程中所使用的检索词不仅包含commercial records center，还包括records management organization、archives management organization等相关的检索词，但由于本书是针对机构本身进行的研究，因此文献调查结果只选取针对机构的研究成果。笔者选择ProQuest作为外文文献研究的数据库，为保证高查准率，使用了题名检索方式，经过去重及去除不相关处理后，得到的最终检索结果如表2—4所示。

表 2—4 ProQuest 外文检索结果

检索词	commercial records center	records management organization	archives management organization
文献数量	7	0	0

2.2.2 文献研究综述

根据文献调查结果，检索出的文献列表如表 2—5 所示。

表 2—5 检出文献列表

时间	题名	作者	发表期刊
1974	Using underground vaults & commercial records centers	Hempstead	*Information and Records Management*
1977	Costs & questions about commercial records centers	Donald F. Evans	*Information and Records Management*
1978	The commercial records center	Hempstead	*Information and Records Management*
1982	Commercial file centers provide viable records maintenance alternative	David Sokel	*Information and Records Management*
1997	Selecting an offsite commercial records center	Michael J. Faber	*ARMA Records Management Quarterly*
1997	It's time for another look at commercial records centers	John Dykeman	*Managing Office Technology*
2001	The evolving commercial records center industry	Michael J. Faber	*Information Management Journal*

从文献数量方面来看，国外对文件、信息商业化服务机构的理论研究较少。从 20 世纪 70 年代至 2012 年，仅有 7 篇文章对这一机构进行研究，总体数量少，文献发表时间分布较为分散，而且截至 2012 年，近十年来并未有相关研究文献。可见，在文件、信息商业化服务机构理论研究方面，国外研究同样较为薄弱。

从文献内容方面来看，国外相关研究成果集中于以下几个方面：

第一，对商业性文件中心可行性和必要性的探讨。20世纪70年代发表的三篇文章都集中探讨这一问题，此时，商业性文件中心处于刚刚起步阶段，因此，理论研究多探讨可行性之类的问题。1974年发表的“Using underground vaults & commercial records centers”一文分析了地下储藏室的建筑特点，认为商业性文件中心与地下储藏室类似，兴起于二战之后，并具有几大优势，包括存储成本低，查找利用快、准、效率高，工作人员专业性强等优点。[39] 1977年发表的“Costs & questions about commercial records centers”一文认为商业性存储中心与室内存储中心相比更具优势：节省办公空间，节省设备、工资、维修、报警系统等方面的费用。[40] 1978年发表的“The commercial records center”一文总结认为一个专业的商业性文件中心应该至少具备五项优势：存储成本低；保管安全；检索利用精确高效；拥有远程空间计划；具备内部复制的专业知识。[41]

第二，如何选择商业性文件中心。进入20世纪80年代后，商业性文件中心进入持续发展阶段。作为一种文件保管机构，商业性文件中心已获得广泛认可，这一时期的理论研究集中于企业等客户如何选择合适的商业性文件中心。1982年发表的“Commercial file centers provide viable records maintenance alternative”一文提出了几点建议，以帮助公司和信息管理人员选择一个异地保管的商业性文件中心，包括：明确公司的信息需要；控制信息；检查存储区域；确保空间被高效地利用；确保利用方便；确保中心的工作人员是专业的；决定什么样的文件需要保管以及划定保管期限。[42] 1997年发表的“Selecting an offsite commercial records center”一文则从库房、员工、服务、技术和费用五个方面分析了客户在选择商业性文件中心时考虑的因素。[43] 1997 年发表的“It's time for another look at commercial records centers”一文认为将半现行文件交到商业性文件中心并不像说起来的那样简单，实际上，文件管理仍然是所有者的责任，选择一个合适的存储中心并不简单，这一过程需要一系列对文件存储条件的评估，包括安全、防火保护、客户服务和条款等方面的评估。[44]

第三，商业性文件中心的发展历程。2001 年发表的“The evolving commercial records center industry”一文系统梳理了商业性文件中心的发展历程，将其划分为起源、早期发展、快速发展、持续快速发展、爆炸性增长等几个发展阶段，并总结了每个阶段影响商业性文件中心发展的主要因素，对商业性文件中心的发展历程进行了系统的总结归纳。[45]

通过文献调查和分析，笔者认为国外在文件、信息商业化服务机构研究方面呈现出以下特点：

第一，文件、信息商业化服务机构理论研究严重不足。国外文件、信息商业化服务机构起步早，在实践上发展得已相当成熟，与实践发展成熟形成强烈对比的是理论研究的缺乏。通过文献调查我们不难发现，相关研究数量极少，从成立到现在，文件、信息商业化服务机构已走过 60 多年的发展历程，但文献数量仅为 7 篇，由此可见，相关理论总结和归纳较为薄弱。

第二，文件、信息商业化服务机构研究内容单一。通过对已有研究成果进行分析后发现，研究内容单一，仅关注商业性文件中心的优势以及如何选择商业性文件中心。商业性文件中心内容十分丰富，对其研究应该是系统而全面的，而实际上国外对于商业性文件中心的定义、性质、特点、运作、模式等基本没有进行理论研究，不利于对文件、信息商业化服务机构进行经验总结。

总体而言，国外文件、信息商业化服务机构在实践上起步较早、发展成熟，已经成为一个较为健全完善的行业，但缺乏系统深入的理论总结归纳，使得相关理论研究落后于实践的发展。而笔者对这一机构进行理论研究，有利于对文件、信息商业化机构的出现和发展有一个较为全面的认识，也有利于借鉴国外的有益经验，更快地推动我国文件、信息商业化服务机构的健康快速发展。

2.3 国内外文献综合评述

通过文献调研，笔者总结出商业性文件中心、档案中介机构等相关领域的研究状况如下：

第一，从检索到的国内文献来看，国内学界不仅热衷于研究国内档案中介机构方面，还对国外商业性文件中心有一定的涉猎。尽管商业性文件中心相关的外文文献比较少（7 篇），但国外在该领域的理论研究并不是空白，只是研究较少而已。显然，无论是国外的商业性文件中心，还是国内的档案中介机构，它们均是一种文件、信息商业化服务机构。然而，国内外学者均未从这一宏观的角度对文件、信息商业化服务机构进行系统的研究，文件、信息商业化服务机构的理论与实践研究可以说是学界的空白。

第二，依据文献调研，国内外的文献，尤其是国内涉及档案中介机构的研究文献的最大问题就是理论研究与实证研究严重失衡。因此文件、信息商业化服务机构未来的研究应该在统筹理论研究与实证研究方面做精心设计，力争做到理论研究和实证研究齐头并进、相得益彰。

3 基本概念界定

本书名为“文件、信息商业化服务机构建设研究”，笔者认为其中涉及的一些基本概念需要界定。

3.1 文件与信息

书名中的“文件”是本书最基本的概念，中外的文件定义包括狭义和广义两种类型。狭义型文件定义也可称作专指型定义，即专指公共文件，把文件形成者仅仅界定为“政府部门”或“公共机构”。专指型文件定义多见于各国的文件或档案法规中。狭义型文件定义主要具有三个特点：其一，它们强调文件形成机关的“公共性质”以及机构活动的“公务性质”，严格地将私人文件排除在外。其二，它们强调文件的“法律效力”或“行政效力”，使定义具有法律约束力。其三，它们基于贯彻执行的需要，往往表述十分直观、明确，通俗易懂。广义型文件定义也可称作泛指型定义，将文件的形成者广泛地界定为“一切机构、组织和个人”。20 世纪 70 年代中期以来，西方档案界对文件的认识开始出现广义化倾向，因而界定的文件从专指型向泛指型转变。这种广义定义多见于档案学论著或词典中。我国提出泛指型文件定义要比西方国家迟一些，大约从 20 世纪 80 年代后期开始。广义型文件定义也主要具有三个特点：其一，它们所界定文件形成者的范围比狭义型定义广泛得多，不再只针对公共机构，而是将一切公私机构与个人尽数包括；其二，它们对文件类型和载体的揭示比狭义型定义更加抽象，不再一一列举，而是大多采用高度概括的手法，以“不管其形式、载体和记录方式如何”一笔带过；其三，它们大多采用“信息”或“信息记录”作为文件定义的属概念，大力突出文件的信息属性。

中外从 20 世纪七八十年代至今共同接受泛指型文件定义的事实表明，中外档案界普遍形成了一种广义的文件观，即把文件看成是所有社会成员在其实践活动中直接形成和使用的信息记录，无论载体形式和记录方式如何。这种广义的文件定义正是本书认同和采用的文件概念。

依据国内外通行的文件生命周期理论，广义文件包含从其最初形成到最终归宿的整个运动过程。这种理论要求以运动的眼光来考察文件的生命过程，并对文件运动过程进行阶段划分。尽管中外阶段划分的结果不尽一致，但概括起来，广义文件的运动过程可分为现行、半现行和非现行三个阶段。这三个阶段的称谓在中外存在一定差别。国外对应的名称分别是 document（现行文件）、records（半现行文件）和 archives（非现行文件，即档案）；而我国对应的概念分别是现行文件、室藏档案和馆藏档案。一般来说，英美国家大多把处于现行和半现行阶段的文件均视为文件，只有进馆永久保存的非现行文件才能称作档案；而我国普遍认为只有处于现行阶段的文件才属于文件，从半现行阶段，也就是归档之后开始文件就被视为档案了。换句话说，英美国家规定的文件阶段比我国长，档案阶段比我国短。这样一来，英美国家的文件管理实际上指的是进馆前的管理，进馆之后才属于档案管理；而我国的文件管理指的是机关的文书处理，档案室管理就已经是档案管理的起点了。这种阶段称谓的中外差别并不妨碍对文件的广义理解，书名涉及的“文件”包含的是文件从现行、半现行到非现行的整个生命周期，档案概念也包含在其中，不再另行强调。

书名中的“信息”是辅助概念。文件是实体与信息内容的统一体，本书研究的商业化服务机构是指在文件领域内针对文件实体及其信息内容提供服务的机构，如果说文件概念限定的是这种服务的领域和范围，信息概念则凸显这种服务的内容和特征——既包括涉及文件信息内容的服务，也体现信息技术支撑的服务。需要说明的是，本来“文件”和“信息”并非同一逻辑层次的概念，不宜采用并列关系，但因为想同时反映这种商业化服务的领域范围和技术特征，故此选用了本书题名。严格地说，书名应该称作“文件商业化服务机构建设研究”更为准确。

3.2 商业化与商业性

书名中的“商业化”概念也需要界定。在国外提供文件领域有偿服务的机构主要是商业性文件中心，但笔者采用的是“商业化”概念。为此，笔者需要解读“商业性”与“商业化”两个概念。

由于借助文献阅读并未找到有关商业性内涵的界定，笔者将从商业的定义入手来解读“商业性”概念。商业是指以货币为媒介进行交换从而实现商品流通的经济活动。商业有广义与狭义之分，广义的商业是指所有以盈利为目的的事业，狭义的商业是指专门从事商品交换活动的营利性事业。顾名思义，商业性是指商业（活动）自身带有的属性和特征。由此推断，商业性机构就是指具有商业属性和特征的机构。

据百度百科的释义，商业化是指以生产某种产品为手段、以盈利为主要目的行为，是将有利于生产的一切活动扩大变成商品及服务并进行交换，从而用经济手段支持人们从事有利于生产的准备及创新活动。通过交换，以自由资本支持个人分工、组织分化，亦称资本外溢，将生产要素充分地优化整合。可见，商业化强调的是某种活动的经济手段和盈利目的。

依据上述概念解读，笔者认为“商业化”强调的是手段、行为，“商业性”突出的是属性、特征。之所以在书名中选用“商业化服务机构”而非“商业性服务机构”，主要原因是立足我国实际，强调这类机构的商业行为及商业化服务手段，淡化其商业属性、特征。

4 研究内容及结构

本书以文件、信息商业化服务机构为研究对象，研究重点是这一机构的建设依据和建设策略，研究目的在于系统总结归纳文件、信息商业化服务机构的建设依据，并提出在我国具体国情下建设这一机构的策略。研究的基本思路是在全面系统梳理国内外文件、信息商业化服务机构发展历史与现状的基础上，深入剖析文件、信息商业化服务机构的定义、性质、特征、类型等基本问题，从理论上明确研究对象，进而从理论和实践两方面分析文件、信息商业化服务机构建设的依据，再通过实地调研及理论分析总结国内外文件、信息商业化服务机构已有的建设方式和建议采取的发展定位，并提出我国文件、信息商业化服务机构建设的三方面策略——专业化、商业化和社会化，最后从专业与社会角度总结概括文件、信息商业化服务机构建设的重要意义。

具体而言，本书的研究内容主要包括以下六个部分：

第一，系统梳理分析文件、信息商业化服务机构的发展历史和现状。在发展历史方面，从国外、国内两个方面进行梳理。在发展现状方面，对国外文件、信息商业化服务机构及行业进行分析，对国内文件、信息商业化服务机构发展现状分析主要借助文献调查和典型调研进行。

第二，明确研究的概念基础，对文件、信息商业化服务机构进行概念界定，解读其定义、含义、性质、特征和类型。

第三，从理论和实践两方面全面总结文件、信息商业化服务机构的建设依据。其中，理论依据的分析涉及档案学专业理论以及经济学、管理学、社会学等其他学科知识，找出支撑机构建设发展的相关理论，论述其建设的必要性和可行性。实践条件的分析则主要涉及文件、信息商业化服务机构的实践需求和条件。最后还将对机构建设的机遇和风险进行客观分析。

第四，分析研究国内外已有文件、信息商业化服务机构的建设方式，区分其不同特点，并立足国情提出我国文件、信息商业化服务机构更合理的发展定位。

第五，重点阐述我国文件、信息商业化服务机构的“三化”建设策略——以专业化为根基，以商业化为手段，以社会化为目标。这也是国外建设文件、信息商业化服务机构的有效策略。

第六，立足专业角度、社会角度以及科学取向角度总结归纳国内外文件、信息商业化服务机构建设的重要意义，提升研究成果的价值高度。

图 4—1 是本书研究内容的框架。

发展历史
现状特点
典型机构
行业状况
国外
机构发展历史与现状
国内
发展历程
现状特点
典型机构
国外
定义
性质
机构解读
特点
类型
国内
理论基础
实践原因
国外
机构建设依据
国内
理论依据
实践条件
跨国建设
国外
机构建设策略
国内
企业定位
机构建设策略
专业化
商业化
社会化
专业优势
形象优势
社会意义
国外
机构建设意义
国内
专业意义
社会意义

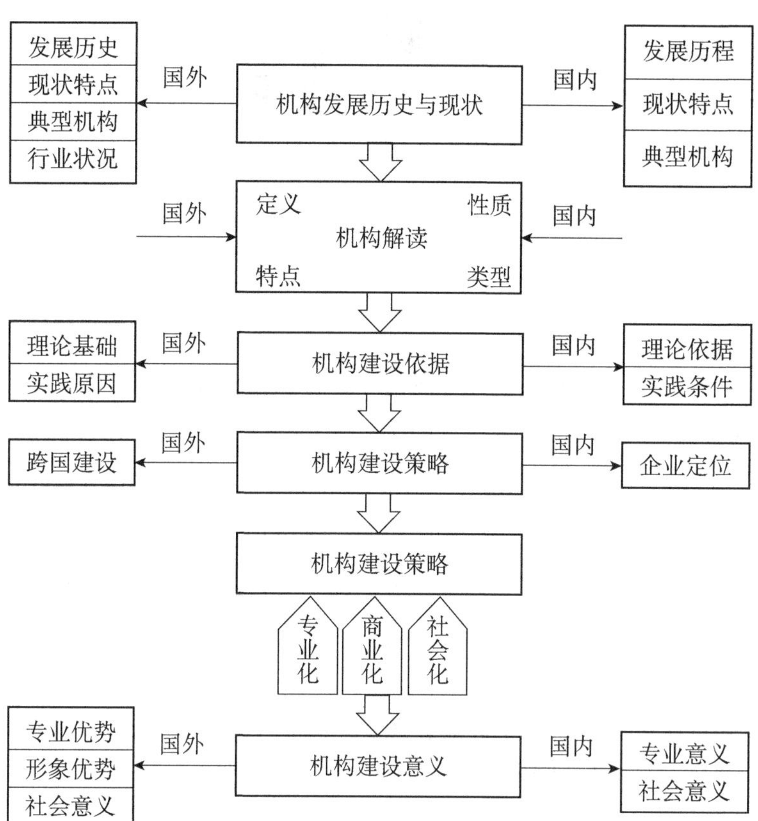

图 4—1 研究内容的框架

5 研究创新

本书在研究选题、研究视角和方法、研究素材、基本观点等方面均有创新。

首先，研究选题新颖。通过文献调查发现，国内外尚未对文件、信息商业化服务机构进行全面系统的研究。国外在这一领域主要关注实践的发展，未有理论的总结和深化；国内理论研究和实践发展都属于较低水平，理论上尚未明确提出“文件、信息商业化服务机构”这一概念，更未见对这一问题的系统研究。因此，本书首次对文件、信息商业化服务机构进行系统的研究，在选题方面具有一定的创新性。

其次，研究视角和方法创新。一方面，本书将运用多学科研究的视角，立足专业角度，并结合经济学、社会学、管理学、法学和心理学等多种学科，多视角研究文件、信息商业化服务机构。另一方面，在研究过程中结合采用多种科学的研究方法，包括文献研究法、实地调研法、网络调查法、案例分析法、数据统计分析法、归纳综合法、比较法等多种方法，确保研究方法的科学性和研究过程的严谨性，以使研究结果更加科学合理。

再次，研究素材新颖。研究素材是研究的基础，决定着研究的质量。本书在研究中使用的素材多为第一手和最新的材料，主要通过实地调研、网络调查等方法获取最直接、最新鲜的资料，以保证研究成果的创新性和科学性。例如，笔者在三年的研究过程中不断更新数据，搜集最新的材料，利用统计软件进行数据分析，制作相关图表，使成果展示更直观、更具有可视化的特点。

最后，基本观点创新。本书的观点创新包括：(1) 首次提出并阐释“文件、信息商业化服务机构”这一概念，通过文件概念限定了这种服务的领域和范围，通过信息概念凸显这种服务的内容和特征，既包括针对文件实体及其信息内容的服务，也体现信息技术支撑的服务。同时，强调其商业行为和商业化服务手段，淡化商业属性和特征。这一概念奠定了本书的研究基础。(2) 首次提出我国文件、信息商业化服务机构应确立企业制定位，坚持市场化经营和运作，以市场和客户需求为导向，提供安全高效服务，获得生存和发展空间。(3) 首次提出文件、信息商业化服务机构建设的“三化”策略——专业化、商业化和社会化。专业化是机构建设的基础，也是机构的核心竞争力所在；商业化是机构建设的手段，是机构的优势所在；社会化则是机构建设的目标，是机构价值的升华。我国文件、信息商业化服务机构通过“三化”结合的建设策略，才能实现其专业优势和社会价值。(4) 首次从专业和社会角度阐述文件、信息商业化服务机构的建设意义。从专业角度看，文件、信息商业化服务机构能提供安全、高效和优质的服务；就社会角度而言，文件、信息商业化服务机构有利于安全保管社会证据和记忆、降低社会管理成本、完善信息法制建设和推动社会和谐规范发展。

导论中引用文献

[1] 汪洵．国外商业性文件中心的产生和发展 [J]. 档案管理，2005 (6)：85.

［2］陆阳．欧美国家商业性文件管理机构研究初探［J］．档案学通讯，2005（1）：74－77.

［3］王晓琳．浅析档案业务外包的历史渊源——以商业性文件中心为视角［J］．湖北档案，2012（2）：15－18.

［4］韩静．国外商业性文件中心的行业管理机制研究［D］．北京：中国人民大学，2011.

［5］刘守芬．商业性文件中心跨国建设研究［D］．北京：中国人民大学，2011.

［6］吴品才．谈商业性文件中心建立的必要与可能［J］．上海档案，1997（6）：41－42.

［7］陈香．商业性文件中心本土化发展模式和建设目标研究［D］．北京：中国人民大学，2009.

［8］［15］［18］［22］［30］陶学麟等．档案中介机构理论与实践大家谈［J］．上海档案，1998（3）：6－11.

［9］［13］陈智为，张晓丽．论新时期的档案中介机构［J］．兰台世界，2000（12）：5－6.

［10］贺吉元．关于档案中介机构的几点思考［J］．湖南档案，2000（3）：18－19.

［11］韩玲玲，沈丽，谢静．我国档案中介服务业及其组织优化模式［J］．商业经济，2005（9）：127－128.

［12］欧其健．档案中介服务机构的规范和监督［J］．档案时空，2007（4）：8－9.

［14］张燕．档案中介机构在私人档案管理中的应用［J］．山西档案，2003（2）：14－16.

［16］赵莉．发展现代档案咨询服务的可行性分析［J］．北京档案，2007（5）：26－27.

[17] 黄霄羽，朱敬敬．档案中介机构应当正名 [J]．档案学通讯，2012 (5)：93－97.

[19] [23] 宗培岭．档案中介机构的社会定位 [J]．浙江档案，2005 (7)：10－12.

[20] 吴加琪．档案中介组织：理论、实践及发展前景 [J]．兰台世界，2006 (3)：29－31.

[21] [28] [35] 吴加琪．档案中介机构的现状及其发展方向 [J]．兰台世界，2008 (2)：34－35.

[24] [31] 吴加琪，李广都．档案事务所的现状分析及业务展望 [J]．山西档案，2003 (4)：19－21.

[25] [26] 苗华清．档案中介机构研究 [D]．上海：上海大学，2007.

[27] 吴玲，郑金月．档案中介机构的定位和发展问题 [J]．中国档案，2004 (10)：21－22.

[29] 戴文波．论我国档案中介机构的发展现状及发展方向 [J]．黑龙江档案，2011 (2)：18.

[32] 郑金月．档案中介服务机构存在的问题及其对策 [J]．中国档案，2000 (3)：8－9.

[33] 王郁萍，刘晓春．档案中介组织规范发展刍议 [J]．中国档案，2003 (10)：20－21.

[34] 宗培岭．档案中介服务业的现状分析 [J]．浙江档案，2005 (9)：11－13.

[36] 左宏娅．我国档案中介机构的生存状况及发展对策 [J]．兰台世界，2010 (8) 下：8－9.

[37] 贾玲．档案中介机构的经营策略分析 [J]．兰台世界，2011 (6) 中旬：11－12.

［38］杨雅婷．档案中介机构品牌创建的 SWOT 分析及策略应对［J］．晋图学刊，2012（3）：73－75.

［39］Hempstead. Using underground vaults & commercial records centers［J］. Information and Records Management，1974，8（2）：12.

［40］Evans，Donald F. Costs & questions about commercial records centers［J］. Information and Records Management，1977，11（3）：28.

［41］Hempstead the commercial records center［J］. Information and Records Management，1978，12（3）：11.

［42］Sokel，David. Commercial file centers provide viable records maintenance alternative［J］. Information and Records Management，1982，16（9）：39.

［43］Faber，Michael J. Selecting an offsite commercial records center［J］. ARM Records Management Quarterly，1997，31（1）：28－31.

［44］Dykeman，John. It's time for another look at commercial records center［J］. Managing Office Technology，1997，42（9）：44－46.

［45］Faber，Michael J. The evolving commercial records center industry［J］. Information Management Journal，2001，35（3）：4－8.

第二部分

文件、信息商业化服务机构的历史梳理与现状述评

6 国外文件、信息商业化服务机构的历史与现状

6.1 国外文件、信息商业化服务机构的发展历史——以美国为例

国外文件、信息商业化服务机构的源头可追溯至商业性文件中心（Commercial Records Center）的产生。美国不仅是文件中心的发源地，也是最早建立商业性文件中心的国家。商业性文件中心从20世纪40年代末产生，走过了60余年的发展历程，成为一种在文件管理领域运用高科技手段为客户提供专业化、商业化和社会化服务的现代化企业。笔者以美国为例，分析梳理商业性文件中心的发展历史，揭示商业性文件中心的演变特点。

6.1.1 美国商业性文件中心的发展历史

6.1.1.1 起源：20世纪40年代

进入20世纪以来，文件数量急剧增长是各国的普遍现象，美国也不例外。30年代，美国尚未出现正规的文件管理，无论是联邦政府机构还是私人企业，大多按照自己的意愿保存文件。但是，联邦政府此时开始意识到控制巨量文件的必要性。1934年成立的

美国国家档案馆将鉴定和挑选需要保存的政府文件作为其首要任务。为达到这一目的，国家档案馆于1937年进行了一次针对政府文件的全面调查，调查结果表明联邦政府的文件管理缺乏统一的制度和程序。

40年代，在美国卷入二战之后，联邦政府机构及其职能活动大量增加，政府文件也出现了史无前例的爆炸式增长。1941年，国家档案馆率先设立了“文件管理项目”，用于规划和指导联邦政府机构的文件管理。1945年，国家档案馆在修订《1943年文件处置法》时，加入了“通用文件处置表”。该表成为政府机构系统处置文件的准则。1948年，联邦政府授权国家文件管理理事会研究并推荐政府文件管理项目的优化方案。联邦政府的上述努力，使文件管理演变成为一种专门化的管理活动。

文件的大量产生也直接促成40年代美国出现文件中心。1941年，海军部首先设置了造价低廉的临时库房，集中保存平时已不常使用却也不宜销毁或向档案馆移交的大量半现行文件。这种临时库房就是文件中心的源起。帮助海军部设计文件中心方案的是美国国家档案馆的一名工作人员艾默特·里赫（Emmett Leahy），他被派往海军部担任文件协作主管。文件中心费用低廉且具有良好成效使他获得了海军部的嘉奖。不久，文件中心在其他政府机构得到推广。

政府文件中心的成功及推广，带动美国商业界开始认识到建立商业性文件中心的必要性。最早设计海军部文件中心方案的艾默特·里赫成为“吃螃蟹的第一人”。他在1948年建立了商业档案中心（Business Archives Center），这是美国，也是世界上第一个商业性文件中心。

6.1.1.2 起步：20 世纪 50—60 年代

20 世纪 50—60 年代，美国商业性文件中心开始起步，表现为建立商业性文件中心的城市范围开始扩展。商业性文件中心早期主要出现在美国的东北部城市，如纽约和费城，后来扩展到其他一些大城市，比如芝加哥和洛杉矶等。

在起步阶段，商业性文件中心大多以“搬家和仓储公司”的形式存在。它们向大公司和大机构提供文件保存和管理服务。搬家和仓储公司提供文件管理和保存服务具有一些优势，比如它们拥有库房，拥有运输工具，而且与许多大公司和大机构都建立了业务联系。后来许多成功的商业性文件中心都是从搬家和仓储公司发展起来的。不过，这些搬家和仓储公司往往设址单一，尚未成为跨地区乃至全国性的企业。

6.1.1.3 快速发展：20 世纪 70 年代

20 世纪 70 年代，美国商业性文件中心快速发展。其原因主要有三：一是美国经济开始复苏，商业得到迅速发展。二是文字处理软件的出现和使用促进了文件数量的增长。三是美国联邦、州政府以及地方政府的法律法规不断出台，规定众多类型的文件都必须保存下来以满足法律和审计的需要。面对经济快速发展和文件数量急剧增加的形势，许多小企业开始重视其文件管理，但它们的苦恼是昂贵的办公室堆满了成山的文件。这样一来，商业性文件中心的市场需求变得十分强烈。由 Bekins 搬家和仓储公司的一个部门发展而来的 Pierce Leahy Archives and Bekins 文件管理公司，就是当时最早一批建立起来的商业性文件中心之一。这家公司后来几经变迁，成为 Iron Mountain（世界最著名的商业性文件中心之一）的前身。

在快速发展阶段，商业性文件中心表现出对现代化技术和设备的青睐。中心的服务内容除了保存文件和提供检索之外，还包括利用计算机新技术为客户提供有价值的数据库信息。一些商业性文件中心雇佣数据录入人员帮助建立大型数据库，以提供文件检索、数据查考、文件和案卷盒定位查询等多项服务。

6.1.1.4 组建联盟：20 世纪 80 年代

20 世纪 80 年代，美国商业性文件中心发展势头强劲，开始组建商业性文件中心的联盟组织。1980 年，商业性文件中心协会成立。其第一批会员来自北美地区，包括美国和加拿大，以美国的居多。如有明利阿波利斯市 Mohawk 商业文件中心（Mohawk Business Records of Minneapolis）、芝加哥文件管理公司（Records Management Services Inc of Chicago）、底特律 Leonard 兄弟文件服务中心（Leonard Brothers Records Service Center of Detroit）、芝加哥文件公司（File Room of Chicago）、波士顿 Iron Mountain 集团（Iron Mountain Group of Boston）、加拿大 STACS 文件管理公司（STACS Records Management of Canada）等。

商业性文件中心协会的组建反过来推动了商业性文件中心进一步的迅猛发展，80 年代，美国几乎所有城市都建有一个或多个商业性文件中心。这种势头影响了加拿大等其他国家，商业性文件中心在世界各地纷纷建立。而且，20 世纪 80 年代，商业性文件中心在美国逐步发展成为全国性的知名产业。

6.1.1.5 爆炸式增长：20 世纪 90 年代

20 世纪 90 年代，商业性文件中心出现了爆炸式增长的势头，主要表现为商业性文件中心数量的大幅增长。考察这一时期商业性文件中心协会会员的数量增长情况，就能明显看出增长的速度。据统计，1991 年，商业性文件中心协会的会员公司为 380 个；到 20 世纪 90 年代末，会员公司增加到了 500 个。商业性文件中心协会在 90 年代末发布的战略计划中预计，到 2004 年会员数量将超过 650 个。① 事实上，并非所有的商业性文件中心都会成为商业性文件中心协会的会员，因此美国商业性文件中心的实际数量大大超过数百个。曾经有一种估算，美国目前存在 2 000 家商业性文件中心，这种估算可能包括一些小公司以及提供文件管理专门化服务的公司。可见，商业性文件中心的数量已经远远超出了商业性文件中心协会的预计。

6.1.1.6 优化整合：21 世纪

20 世纪 90 年代后期开始，商业性文件中心开始出现优化整合的趋势。商业性文件中心本身是营利性企业，必然注重成本、讲求效率和追求利润。在全球企业重组、兼并、收购风潮盛行的大环境下，美国商业性文件中心也掀起了整合的浪潮。大型商业性文件中心纷纷收购或并购小规模的商业性文件中心，最典型的一个案例是 2000 年初 Iron Mountain 对 Pierce Leahy Archives 公司价值 11 亿美元的并购。到同年 2 月并购完成时，Iron Mountain 的客户数量上升到了 115 000 位。

商业性文件中心的整合是行业竞争优胜劣汰的必然结果，也取得了良好的成效。还以 Iron Mountain 为例，目前，它已发展成为在北美洲、南美洲、欧洲、亚洲和大洋洲建立了 600 多个运营

---

① See Michael J. Faber, "The evolving commercial records center industry", *Information Management Journal*, 2001, 35 (3).

中心的跨国企业集团，产值达到 30 亿美元，成为美国乃至全球最著名的商业性文件中心之一。

6.1.2 美国商业性文件中心的演变特点

考察美国商业性文件中心 60 余年的发展历程，可以将其演变特点概括为起步较为迅速，扩张相对持久，稳步迈入理性发展的轨道。这种特点导致商业性文件中心的发展历程可分为三个阶段——20 世纪 40—60 年代属于起步阶段，70—90 年代属于扩张阶段，21 世纪进入理性发展阶段。不同阶段的演变有着具体表现及成因。

6.1.2.1 迅速起步——追求文件管理经济高效的必然产物

从商业性文件中心的起源不难看出，它是受政府部门带动所产生的一种以追求文件管理经济高效为目标的文件管理机构。众所周知，美国政府机构首创文件中心的原因主要有两点：一是迫于文件数量急剧增长的压力，二是希望文件管理在成本低廉的同时又不降低管理效率。海军部设立的临时库房正是因为较好地满足了文件管理经济高效的需求，才会在美国政府机构推广并发展成为联邦文件中心。最早建立美国商业性文件中心和最早建立海军部文件中心的又是同一人，这说明商业性文件中心与联邦文件中心一样，都是追求文件管理经济高效的必然产物。

美国商业性文件中心起步迅速，其原因主要是企业追求文件管理经济高效的动力十分强劲，甚至超过了政府机构。尽管美国商业界是在政府部门的带动下认识到建立商业性文件中心的必要性的，但由于企业具有追求利润最大化、效益最优化的本质需求，无论是实施文件管理活动，还是建立文件管理机构，都必然会要求其成本最为经济合算、效率最为合理优化。而且在美国商业社会中，市场必然会发挥调节作用，影响商业性文件中心的建立速度和发展规模。这一点不同于联邦文件中心，联邦政府借助法律和行政手段，对政府系统内文件中心的设立进行了统一规划，最终将联邦文件中心的数量控制为 14 个。但美国商业性文件中心不受联邦政府约束，其建立和发展速度完全受制于市场需求。

美国商业性文件中心起步迅速还表现为建立的地域范围扩展较快，从东北部城市很快蔓延到其他地区的城市。这种地域扩展首先集中在大城市，诸如纽约、费城、芝加哥、洛杉矶等。其原因自然是大城市的经济和商业发展较快，企业的数量较多，因而对商业性文件中心的需求更为强烈。

6.1.2.2 持久扩张——与经济高速增长同步和对技术高度重视

从 20 世纪 70 年代起，美国商业性文件中心出现了扩张的势头。无论是 70 年代的快速发展，还是 80 年代的组建联盟，特别是 90 年代的爆炸式增长，都表明美国商业性文件中心的扩张相对持久，跨越了数十年。造成商业性文件中心扩张的原因众多，最重要的原因是得益于美国经济和商业的高速增长。

美国经济的复苏始于 70 年代末，到 80 年代逐步进入快速发展时期。经济和商业的高速增长不仅推动了企业数量的增加，也导致了商业活动中纸张消费和文件数量的大幅增长。美国森林和纸业协会（American Forest and Paper Association）曾经在 90 年代末发布了一组有关美国 1989—1998 年商业合同和书面文件使用量的统计数据：1989 年为 300 万吨，1990 年为 310 万吨，1991 年为

340 万吨，1992 年为 350 万吨，1993 年为 360 万吨，1994 年为 390 万吨，1995 年为 400 万吨，1996 年为 430 万吨，1997 年为 460 万吨，1998 年为 480 万吨。① 这组数据明显体现了美国商业活动纸张消费数量的持续增长，也从另一侧面反映出文件数量的持续增加。商业性文件中心本身与经济和商业的发展紧密关联，只有在美国经济高速增长的环境下，商业性文件中心才会出现较为持久的扩张。

导致商业性文件中心爆炸式增长的另一个重要因素是 20 世纪 90 年代外包现象的盛行。政府机构、企业、社会组织由于规模压缩或精简合并的要求，开始盛行将诸如打印、复制、快递、文件管理等业务进行转包或外包。文件保管就是被普遍视为适合外包的业务或项目。越来越多的政府机构、公司和组织开始选择将文件保存在商业性文件中心，享受商业性文件中心提供的专业服务。这就进一步推动了商业性文件中心的扩张。换个角度来看，外包的盛行恰恰是商业性文件中心服务专门化和社会化的体现。

商业性文件中心从进入扩张阶段起，就表现出对技术的高度重视，甚至是依赖。及时引进先进技术运用于文件管理服务，是商业性文件中心的普遍做法和一贯作风。20 世纪 80 年代对商业性文件中心影响较大的有条形码技术和光盘存储技术。条形码技术主要用于文件及其目录查询，可以大大提高检索速度和效率。一些商业性文件中心还运用复杂的条形码软件程序进行库房管理，效果良好。光盘存储技术的使用则终结了商业性文件中心使用缩微胶片的历史。过去为了提高文件存储密度，缩微胶片在商业性文件中心应用较为普遍；但光盘的出现改变了这一现象，因为光

---

① See Michael J. Faber，“The evolving commercial records center industry”，*Information Management Journal*，2001，35 (3) .

盘具有存储容量更大的优势。许多商业性文件中心转而使用光盘存储技术，提供将纸质文件转化为光盘保存的服务。到 20 世纪 90 年代，商业性文件中心采用了更多的新技术——保险库、电子保险库、灾难防御和意外防备系统、计算机相关服务等用于开展业务和提供服务。保险库是具有防火防盗、恒温恒湿功能的库房，温度一般保持在 15℃～25℃，相对湿度一般控制在 40%～50%之间。这种库房具有良好的安全性，对文件保存十分适宜。电子保险库是伴随电脑普及而出现的一种数据备份系统，借助设在商业性文件中心库房内的中心电脑，在征得客户允许后，检查客户局域网的日志，并形成 30 天的紧急备份。Iron Mountain 早在 2000 年 5 月，就宣布与计算机网络技术公司（Computer Network Technology）联合致力于提供国家级的电子保险库。商业性文件中心还可以帮助客户设计全面的灾难防御与意外防备系统，不仅能够提供数据备份，自身还可以成为客户灾难防御计划中的一个安全地点。计算机相关服务也是商业性文件中心的一项业务，内容是为客户保存和运送计算机及其配件。商业性文件中心通常拥有先进的条形码软件程序、安全适宜的库房以及迅捷的快递服务，这些优势十分有利于商业性文件中心为客户保存计算机及其配件，并在客户需要时及时送达。

商业性文件中心之所以非常重视技术，主要是因为市场竞争的需要。商业性文件中心完全是自主经营、自负盈亏的企业，要想在激烈的市场竞争中站稳脚跟，就必须具备吸引客户的“撒手锏”或“秘笈”。在扩张阶段，美国乃至全球都涌现出了科学技术迅猛发展的态势，技术在各行各业的应用都十分普遍。文件管理也成为技术含量日益增加的一项专门活动。商业性文件中心作为现代化企业，势必要充分利用先进的电子、信息、通信和网络技术，提供优质、安全、高效的专业化文件管理服务，才可能赢得用户的青睐，取得市场竞争的胜利。而且，美国科学技术发展的领先地位也为商业性文件中心的技术优势提供了有利条件。这样一来，商业性文件中心注重技术既有本质需求，又有保障条件，同时也是其一以贯之的突出特点。

6.1.2.3 理性发展——稳步追求规模效益和技术优势

从 20 世纪 90 年代末起，商业性文件中心稳步迈入了理性发展阶段。之所以说是理性发展，是因为整个行业更加注重规模效益并着力保持技术优势。

商业性文件中心掀起优化整合的浪潮是整个行业注重规模效益的表现。尽管商业性文件中心出现了爆炸式增长，但美国商业界认识到商业性文件中心并非数量越多越好。大型商业性文件中心纷纷收购或并购小规模的商业性文件中心，目的是保持商业性文件中心数量和规模的稳定适宜。并且，商业性文件中心行业注重规模效益具有特定原因，文件中心本身就是追求文件管理规模效益的产物，如果商业性文件中心数量过多，则不仅质量良莠不齐，而且也难以发挥文件管理服务规模效益的优势。因此，商业性文件中心只有注重整个行业的规模效益，才能确保自身的稳定发展，也才能体现其管理活动的规模效益。

进入 21 世纪，商业性文件中心依然注重新技术的应用，实现自身的理性发展。对商业性文件中心影响较大的新技术主要有射频识别条形码技术和全球卫星定位技术。射频识别条形码技术的功能很多，但主要的应用有两种：一种是查询功能，另一种是目录控制功能。其条形码标签包括一个很小的无线电传输器和天线，当使用计算机查询时，条形码会发出“回应”，或是对系统就文件存址、数据领域、著录内容以及其他相关信息做出反应。如果一份文件或一个案卷盒在没有登记的情况下被搬离指定地点，系统就会发出警报。此外，商业性文件中心普遍使用射频识别条形码技术进行目录控制，因为它可以用数小时甚至几分钟就完成一份完整的库房目录，大大提高了目录控制效率。全球卫星定位技术也被美国商业性文件中心广为应用，主要用于文件的运输和传送。从商业性文件中心出发的每一部运输车的运行位置都可以在文件中心计算机屏幕上显示的地图上及时查找到，便于中心安排和调度运输车辆。运输车上也装有车载卫星定位系统，运输的目的地会在车载的液晶显示屏上及时显示。中心与运输车辆之间能够保持及时联系。

尽管新技术给商业性文件中心带来了许多便利和成效，但商业性文件中心对技术应用的关注趋于更加理性。计算机载体的稳定性和持久性通常是商业性文件中心关注的问题之一。早在 1998 年，美国《商业周刊》就计算机数据丢失甚至是丧失的现象曾经做出报道，宾夕法尼亚州立大学的 3 000 份学生文件已经丧失。[①] 数字文件的长久保存已经成为当前需要攻克的一个难题。麻省一家公司研制了一种名为“纸盘”的产品，在纸张上输出打印用点和符号表示的数字文件。据该公司介绍，这种纸盘可以像传统的高品质纸张一样保存数个世纪。商业性文件中心对这一变通技术表现出较为浓厚的兴趣，尽管没有后续信息说明商业性文件中心是否采用了纸盘，但计算机载体稳定性、安全性和持久性的障碍促使商业性文件中心对技术的采用持更加慎重的态度。

商业性文件中心的理性发展还表现为对自身发展前景的谨慎看待。商业性文件中心已经存在 60 余年了，已经和正在经历着

① See “Data storage: From digits to dust”, *Business Week*, 1998-04-28.

很多变化和挑战。一些新技术可能会影响到商业性文件中心的发展前景。比如无纸办公的实现会不会导致商业性文件中心的消失在业界和学界尚存在争议。但事实证明，无纸办公对于许多公司和机构而言仍然是难以实现的目标，纸张与电子载体将会并存相当长的一段时间。而且，美国商业纸张的消费量依然在持续增长。只要有文件保存和管理的需要，商业性文件中心就有存在的必要。当前，美国商业性文件中心对其自身前景充满信心，商业性文件中心协会会员队伍的不断壮大也证明了这一点。但商业性文件中心已经理性地认识到，只有着力保持技术优势、完善服务质量和提高客户满意度，自身才能赢得更大的生存和发展空间。

6.2 国外文件、信息商业化服务机构的现状特点

当前商业性文件中心的足迹已遍及全球，发展势头喜人。笔者通过文献研究和网络调查，发现国外商业性文件中心的现状特点表现如下：

6.2.1 现状特点一：分布广泛

从 20 世纪 90 年代起，国外商业性文件中心的数量大幅增长。1980 年成立的商业性文件中心协会曾经统计了 90 年代会员数量的增长情况：1991 年，会员数量为 380 个；到 90 年代末，会员数量增加到 500 个。预计到 21 世纪初，会员数量将超过 650 个。① 到

---

① See Michael J. Faber, "The evolving commercial records center industry", *Information Management Journal*, 2001, 35 (3).

2011年，根据国际文件与信息管理服务行业协会（PRISM）发布的最新数据，会员公司已达592个，在全球55个国家和地区建立了2 000多个运营中心。[①] 其实，并非所有商业性文件中心都是该协会的会员，因此其实际数量只会更多。有学者曾经对美国商业性文件中心的数量做过研究，提出美国拥有近2 000家文件管理公司，其市场占有率达到40%。[②] 这种估算可能包括一些小公司以及提供文件管理专门化服务的公司。窥斑见豹，国外商业性文件中心数量众多已是不争的事实。

国外商业性文件中心分布的第一个鲜明特点是“足迹”广泛，遍及全球。根据2011年PRISM最新统计，商业性文件中心已遍及全球各大洲55个国家和地区。美国是拥有商业性文件中心数量最多的国家，在PRISM的592家会员公司中，美国就拥有382家，分布遍及全美47个州。此外，加拿大和英国也是拥有商业性文件中心数量居世界前列的国家，加拿大拥有25家PRISM会员，英国则有23家PRISM会员。就我国而言，香港和内地也建立了商业性文件中心。

PRISM最新发布的“资源指南”呈现出了会员公司的全球地理分布。[③] 从地域上看，会员在欧洲、北美洲、南美洲、亚洲、非洲和大洋洲均有分布。其中，拥有会员的国家和地区主要集中在美洲、欧洲和亚洲。笔者用表6—1列出商业性文件中心的地理分布及各大洲的占有比例，帮助读者形成直观认识。

---

① See “PRISM International Resource Guide 2011—2012”, see http://prismintl.org/images/downloadpdf/2011%20Resource%20Guide.pdf，2014-05-09.

② 参见陆阳：《欧美国家商业性文件管理研究初探》，载《档案学通讯》，2005（1）。

③ See “PRISM International Resource Guide 2010—2011”, see http://prismintl.org/images/downloadpdf/2011%20Resource%20Guide.pdf，2014-05-09.

表 6—1　　PRISM 会员的大洲分布及各大洲的占有比例

PRISM 会员的大洲分布	具体国家和地区	国家和地区的总数（个）	所占比例（%）
欧洲	比利时、丹麦、法国、德国、希腊、爱尔兰、意大利、卢森堡、马其顿、荷兰、波兰、葡萄牙、西班牙、瑞士、英国	15	27
美洲	美国、加拿大、哥伦比亚、巴西、巴巴多斯、哥斯达黎加、墨西哥、波多黎各（美国属地）、关岛（美国属地）、特立尼达和多巴哥、巴哈马、牙买加、委内瑞拉、巴拉圭、萨尔瓦多、巴拿马	16	29
亚洲	文莱、塞浦路斯、印度、印度尼西亚、马来西亚、以色列、日本、韩国、中国内地、中国香港、巴基斯坦、菲律宾、新加坡、泰国、土耳其、沙特阿拉伯、阿拉伯联合酋长国	17	31
非洲	肯尼亚、南非、加纳、纳米比亚、埃及	5	9
大洋洲	澳大利亚、新西兰	2	4

6.2.2　现状特点二：典型突出

国外商业性文件中心发展的第二个鲜明特点是典型突出。这里的“典型突出”有两层含义，既指分布的典型性，又指个案的典型性。

一方面，商业性文件中心集中分布在美国。换言之，美国是商业性文件中心数量最多、分布最集中的国家。在 PRISM 的 592

家会员公司中，美国就拥有 382 家，可以说是超过了“半壁江山”。从分布情况看，美国 47 个州都建有商业性文件中心，可以说是“遍地开花”。笔者依据 2011—2012 年 PRISM 的资源指南列出两张表格，表 6—2 是 PRISM 会员在各国（地区）的数量分布情况，表 6—3 是 PRISM 会员在美国各州的分布情况，读者可以清晰地看到商业性文件中心在美国具有数量大、分布广的巨大优势，这是其他任何一个国家无法与之相比的。

表 6—2　PRISM 会员在各国（地区）的数量分布

PRISM 会员的大洲分布	具体国家和地区（括号内为每个国家或地区的会员数量，按多少排序）	会员总数
欧洲	英国（23）、意大利（10）、爱尔兰（9）、葡萄牙（7）、荷兰（5）、德国（3）、法国（2）、丹麦（2）、瑞士（2）、波兰（2）希腊（2）、西班牙（2）、比利时（1）、卢森堡（1）、马其顿（1）	72
美洲	美国（382）、加拿大（25）、巴西（12）、墨西哥（8）、波多黎各（5）、哥伦比亚（2）、委内瑞拉（2）、哥斯达黎加（2）、牙买加（2）、巴哈马（1）、巴巴多斯（1）、关岛（1）、特立尼达和多巴哥（1）、萨尔瓦多（1）、巴拿马（1）、巴拉圭（1）	447
亚洲	印度（11）、新加坡（6）、中国香港（5）、中国内地（5）、马来西亚（4）、菲律宾（4）、以色列（2）、阿拉伯联合酋长国（2）、泰国（1）、土耳其（1）、塞浦路斯（1）、日本（1）、韩国（1）、文莱（1）、印度尼西亚（1）、巴基斯坦（1）、沙特阿拉伯（1）	48
非洲	肯尼亚（3）、南非（2）、加纳（1）、纳米比亚（1）、埃及（1）	8
大洋洲	澳大利亚（16）、新西兰（1）	17
总计		592

资料来源：“PRISM International Resource Guide 2011—2012”，See http：//prismintl. org/images/downloadpdf/2011%20Resource%20Guide，pdf，2014-05-09。

表 6—3 **PRISM 会员在美国各州的数量分布**

PRISM 会员的数量	美国各州分布
43	加利福尼亚州
23	得克萨斯州
21	佛罗里达州
20	俄亥俄州、伊利诺伊州
19	佐治亚州
17	宾夕法尼亚州
15	纽约州、北卡罗来纳州
12	密歇根州、新泽西州
10	弗吉尼亚州
9	科罗拉多州、路易斯安那州
8	马萨诸塞州、印第安纳州、田纳西州、华盛顿州、马里兰州
7	亚拉巴马州、俄克拉何马州
6	密苏里州、威斯康星州、南卡罗来纳州
5	阿肯色州、明尼苏达州
4	亚利桑那州、艾奥瓦、夏威夷州、肯塔基州、俄勒冈州、内华达州
3	缅因州、堪萨斯州、密西西比州、犹他州、蒙大拿州
2	罗得岛州、新罕布什尔州、康涅狄格州、西弗吉尼亚州、内布拉斯加州、南达科他州
1	阿拉斯加州、爱达荷州、新墨西哥州、北达科他州

资料来源："PRISM International Resource Guide 2011—2012"，see http：//prismintl.org/images/downloadpdf/2011%20Resource%20Guide，pdf，2014－05－09。

另一方面，国外商业性文件中心经过优化整合，出现了规模庞大、产值惊人、运营中心遍及全球的行业龙头。从 20 世纪 90 年代起，国外商业性文件中心呈现出优化整合的态势，在美国表现得最为明显。经过优化整合，美国出现了两家商业性文件中心的"领头羊"，成为美国也是全世界知名度最高的行业龙头。

排在首位的是 Iron Mountain。其历史可追溯到 1951 年，总部设在马萨诸塞州的波士顿。通过 1997—2012 年完成多次并购，它发展成为美国乃至全球规模最大的商业性文件中心，目前其业务市场面向全球，在北美洲、南美洲、欧洲、亚洲和大洋洲的 39 个国家和地区建立了 600 多个运营中心，拥有 14 万客户。它作为规模庞大的跨国公司，产值惊人且不断上升。2007 年其产值超过 23 亿美元；2008 年，其产值达到 30 亿美元。

位居次席的是 Recall。其总部设在佐治亚州的诺克罗斯，1999 年完成并购后采用此名称。目前其业务市场也面向全球，在北美洲、南美洲、欧洲、亚洲和大洋洲的 21 个国家和地区建立了 300 多个运营中心，拥有 8 万客户。其资产增长速度很快，1999 年刚成立时，公司资产只有 1 000 万美元；到 2010 年，公司资产已达到 7.5 亿美元。尽管笔者未能找到 Recall 年产值的具体数据，但 PRISM 网站信息足以证明 Recall “领头羊” 的地位。PRISM 介绍会员规模时指出：95%的会员都是小公司（年产值约为 300 万美元）；只有两家大公司，一家是 Iron Mountain，另一家就是 Recall。[①] 有关这两大典型的详细信息，笔者将在后文细述。

综合以上两方面，国外商业性文件中心无论是分布的典型性，还是个案的典型性，都以美国居首。笔者认为原因有多方面，既有商业性文件中心在美国起步最早的因素，也基于美国经济实力雄厚、市场需求旺盛、技术水平先进、效益意识突出等诸多因素。一言以蔽之，国外商业性文件中心尽管分布遍及全球，但就影响力而言，美国的 “统领地位” 毋庸置疑。

① See “How big is the commercial information management industry?”, see http://www.prismintl.org/faqs, 2011-03-05.

6.3 国外文件、信息商业化服务机构的典型分析

前文提到国外商业性文件中心的两大典型——Iron Mountain 和 Recall，是全球规模最大、影响力最强的文件、信息商业化服务机构，引领文件、信息服务整个行业的发展。此外，GRM（General Records Management）是一家规模仅次于上述两个典型的商业性文件中心，虽然其规模相对较小，运营中心的分布仅局限于美国和中国，但 GRM 却是第一家也是截至目前唯一一家进入中国市场的国际商业性文件中心，因此也具有典型性。笔者分别对这三大典型进行剖析，揭示它们的发展历史与现实规模，总结推动它们发展的关键性因素。

6.3.1 典型之一：Iron Mountain[①]

Iron Mountain 是一家规模巨大的跨国集团，是当今世界最具知名度和影响力的商业性文件中心之一，也是文件管理服务业的全球领导者。其总部设在波士顿，市场范围覆盖除非洲外其他大洲的 39 个国家。

6.3.1.1 Iron Mountain 的发展阶段

Iron Mountain 的历史可以追溯到 1951 年，其发展历程大致分为三个阶段。

起步阶段：1951—1980 年

1951 年，美国商人赫曼·克瑙斯特（Herman Knaust）利用

① See http：//www.ironmountain.com/.

纽约州北部一个废弃的铁矿山创建了 Iron Mountain 原子存储公司(Atomic Storage Corporation)，这是美国第一个地下文件存储中心。Iron Mountain 成立的原因主要有两方面：一是二战后，赫曼曾资助过很多移民美国的犹太人，却发现能证明犹太人身份的文件都毁于战争；二是整个世界开始进入冷战时期。这两点原因促使赫曼开始关注文件存储和保护，使其免遭战争或其他灾难破坏。

在起步阶段，Iron Mountain 首先着眼于业务推广和基础设施建设。赫曼将保管库房设在矿山内，将营销部门设在纽约的帝国大厦。为了宣传和提高公司的知名度，他邀请名人前来参观，著名的麦克阿瑟上将就是其中之一。这种营销手段很成功，公司在纽约市场的业务不断增长。1975 年，公司又购买了纽约附近的地下矿山和地下设施，用于存储数量急剧增长的纸质文件。1978 年，公司购买了位于纽约的地上文件中心，开始发展高密度文件存储系统。

Iron Mountain 的起步阶段面对的是文件数量急剧增长的社会环境，创建者赫曼敏锐地预测到文件管理方面的潜在需要，从保存重要文件起步，逐步占领了文件管理行业的先机。公司前身Iron Mountain 原子存储公司作为美国第一个地下文件存储中心，开创了文件实体安全保管的新途径。

快速发展阶段：1980—1988 年

Iron Mountain 从 20 世纪 80 年代起在纽约州之外的美国其他地区拓展市场。1980 年，公司的市场范围扩展到新英格兰地区，业务内容扩大到计算机备份数据的保护。1986 年，公司收购了位于波士顿的新英格兰存储仓库（New England Storage Warehouse)，这是公司的第一次并购，帮助公司进入了医疗和法律文件管理市场。同年，公司把总部设在波士顿，市场范围向新罕布什尔州和新泽西州扩展，成为美国东北部主要的文件管理公司。

1988年，公司迈出了其历史上关键的一步，并购了规模庞大的Bell & Howell文件管理公司。Bell & Howell文件管理公司当时是整个行业的领导者，服务客户遍及美国12个主要的州，而这12个州是Iron Mountain先前未曾涉及的。通过这一并购，Iron Mountain发展成为文件管理行业第一个全国性的服务提供商。

在快速发展阶段，Iron Mountain的服务内容从纸质文件保管扩展到计算机数据备份保护，服务领域也延至医疗和法律行业。这一阶段公司规模不断扩大，1986年和1988年两次关键性的举措使公司从地区性主要的文件管理公司发展成为全国性的文件管理服务企业，为以后进行国际化扩张奠定了坚实基础。

需要说明的是，1981年，理查德·里斯（Richard Reese）加入Iron Mountain任总裁兼首席执行官，1995年他被任命为董事会主席。2003年他被全球四大会计行之一的安永（Ernst & Young）评为年度最佳企业家。至今他仍担任董事会执行主席。他在Iron Mountain工作了30多年，为公司的发展壮大做出了重大贡献，也见证了公司从地区性公司发展为全国性公司、再扩张为跨国集团的演变历程。

全球扩张阶段：1988年至今

Iron Mountain演变为全国性文件管理服务企业后，走上了发展的高速路。公司在服务内容、市场范围、发展规模和经营收入上不断突破，持续扩张，取得了更加明显的规模效益。1991年，公司推出专属的文件库存管理系统SafeKeeper。1994年，公司推出文件管理咨询服务。1995年公司年销售额超过一亿美元。同年，理查德被任命为董事会主席，这成为公司发展的分水岭，因为自此之后公司开始对文件管理服务行业进行整合。1996年，公司在纳斯达克上市，进入了兼并时代。1997—2007年，Iron Mountain

以每年兼并一到两个公司的速度来扩展服务类型、扩张公司规模、扩大服务市场和开发新技术。有关兼并的事件及影响，笔者将在后文详述。

除兼并外，Iron Mountain 在扩张阶段也推出了一些新的举措。2000 年，建立了机密销毁处（后更名为信息销毁处）；2001 年，推出信息保护和存储关键技术的两个解决方案——在线备份和恢复的电子保险库服务方案、针对电子文件管理的数字档案馆方案；2006 年，扩展了政府服务组织，在弗吉尼亚州达拉斯开设了新的以政府部门为主要客户的分支机构。这些新的机构设置、技术和服务推广促进了公司的业务发展。

6.3.1.2 Iron Mountain 的现状规模和综合实力

伴随着国际化扩张，Iron Mountain 的综合实力越来越得到国际社会的认可，其因提供全面、安全而周到的服务也受到广泛赞誉。1999 年，Iron Mountain 在纽约证券交易所上市，交易代码为 IRM。2009 年，Iron Mountain 入选标准普尔 500 强。笔者依据 Iron Mountain 的网站信息用表 6—4 展示其现状规模和良好声誉。

表 6—4　　Iron Mountain 的现状规模和所获荣誉

发展规模	主要荣誉和奖项
覆盖范围：覆盖北美洲、欧洲、南美洲、大洋洲、亚洲，遍布 39 个国家和地区，共设 600 多个运营中心。	2002 年：被《波士顿商业周刊》评为“年度最佳公司”。
基础设施：拥有 1 000 多个库房、10 个数据中心和 3 500 辆汽车等。	2003 年：首席执行官理查德·里斯被安永评为“年度最佳企业家”。
客户数量：97%以上的财富 1 000 强企业均为其客户，客户总数达 14 万，涉及医疗保健、法律、金融、零售、音像、能源等行业及政府部门、家庭办公室等领域。	2005 年：被《波士顿商业周刊》评为“增长最快的百强企业”。

续前表

发展规模	主要荣誉和奖项
员工数量：20 000 名专业人员。	2006 年：理查德·里斯被波士顿领导人峰会评为“有远见的领导人”。
保存文件信息总量：超过 4.4 亿立方英尺的纸质文件，7.4 拍字节的电子文件，750 万盒计算机备份磁带，2 500 万台个人电脑和两万台服务器。	2007 年：被《福布斯》杂志评为“400 强公司”。
企业排行榜：2003 年在财富 1 000 企业中排名 887 位；2004 年排名 857 位；2005 年排名 811 位；2006 年排名 783 位；2007 年排名 780 位；2008 年排名 722 位；2009 年排名 681 位；2010 年排名 644 位；2011 年排名 643 位；2012 年排名 675 位	2008 年：被《安全》杂志评为“年度安全 500 强公司”；同年，再次被《福布斯》杂志评为“400 强公司”。
影响力：连续九年（2005—2013）被《财富》杂志评为“世界最令人羡慕的公司之一”。	2009 年：入选“标准普尔 500 强公司”。
	2010 年：总裁拉马纳·文卡塔（Ramana Venkata）与首席管理官拉维（Ravi）被评为“2010 保管超级明星”。
	2011 年：被《信息周刊》评为美国全国技术创新公司前 50 强；同年，再次被《安全》杂志评为“年度安全 500 强公司”。
	2012 年：连续第十年被评为“全国技术创新公司前 50 强”；被《安全》杂志评为“年度安全 500 强公司”。
	2013 年：被《信息周刊》杂志评为“全国技术创新公司前 100 强”；被《安全》杂志评为“年度安全 500 强公司”。

资料来源：“About us”，see http：//www. ironmountain. com/company/about-us. html，2012－11－07；“Awards and honors”，see http：//www. ironmountain. com/company/awards-and-honors. html，2012－11－07。

总之，Iron Mountain 富于经验、知识和安全的声誉使其在文件管理、数据保护和恢复、信息销毁等领域成为世界领先的最优供应商。

6.3.2 典型之二：Recall[①]

Recall 也是提供文件、信息商业化服务的一家大型公司，是美国商业性文件中心的又一典型。该公司成立于 1999 年，总部位于美国佐治亚州的诺克罗斯。Recall 主要为企业的重要文件和信息提供存储、保护和优化等各项服务，具体服务内容包括提供文档管理、数字解决方案、数据保护和安全销毁服务，也是全球文件管理服务行业的领头羊之一。

Recall 是 Brambles 旗下的子公司。Brambles 是一家提供信息链服务和信息管理服务的全球性支持服务公司，资产高达 52 亿美元，总部设在悉尼。Brambles 成立于 1875 年，从屠宰业起家，通过不断扩展服务范围，实施多元化发展战略，由最初的屠宰店发展为公共汽车经销商。二战后 Brambles 业务更加多元化，20 世纪 60 至 90 年代已发展为一家包括工业服务、运输、物料搬运、化学工程、机械工程等在内的多元化经营的大型公司。进入 20 世纪 90 年代后，Brambles 开始涉足文件管理领域，并在这一领域进行了一系列收购和扩张，最终于 1999 年建立了现在的 Recall 公司。

6.3.2.1 Recall 的发展阶段

Recall 的发展历程可以分为两个阶段。

起步阶段：1991—1999 年

20 世纪 90 年代是 Recall 的起步阶段。Brambles 在成立 Recall

① See http://www.recall.com/.

前已开始涉足文件管理领域，并进行过几次较大规模的收购，为 Recall 的成立奠定了良好的基础。可以说 Recall 的建立是基于 Brambles 在文件管理领域的几次收购，这包括：1991 年，Brambles 在文件管理方面进行了第一次海外收购——收购了位于美国佐治亚州亚特兰大的 Vault 公司；1992 年，Brambles 意识到文件管理领域的发展潜力，在欧洲开始开拓市场——收购了为文件和载体提供安全存储、收集和传输业务的英国公司 Security Archives plc；1995 年，Brambles 又在美国和加拿大完成了几次收购。经过一系列的收购，Brambles 很快成为美国文件管理服务行业的第二大运营商，并成功进军亚洲和欧洲。直到 1999 年，Brambles 将其全球范围内的诸多文件管理公司汇集到 Recall 名下，成立了资产为 1 000 万美元的 Recall 公司。

优化整合阶段：2000 年至今

进入 21 世纪后，Recall 步入优化整合阶段。其继续发展部分得益于母公司 Brambles 对自身业务的优化整合。这一阶段，以多元化经营为特点的 Brambles 对其各项业务进行优化整合，2006 年将公司旗下的工业服务业务和区域业务全部出售，将精力集中在两项具有核心竞争力的业务——CHEP① 和 Recall 上。

6.3.2.2 Recall 的现状规模

经过十几年的不断发展，Recall 如今已成为一家大型的跨国集团，拥有员工 4 500 多名，在全球 21 个国家设立 300 多个运营中心，是国外文件管理服务行业的第二大运营商。Recall 能为各行业的中小型私营企业和大型跨国集团提供一流的专业解决方案，业

---

① CHEP 即集保，是全球提供托盘和料箱共享服务的行业领先者，目标是帮助众多全球知名公司不断降低供应链成本。

务范围涵盖整个信息生命周期，包括文档管理、数字解决方案、数据保护和安全销毁等多项服务。Recall 已经成为全球文件管理服务领域的引领者，通过智能化战略解决方案和成熟的专业知识，帮助众多企业和机构客户应对与文档管理、数据保护和文档销毁相关的挑战。2011 年 10 月，Recall 荣获 2011 年 TAG 神剑奖（Excalibur Awards），巩固了其在文件、信息服务行业的领先地位。①

6.3.3 典型之三：GRM②

GRM 信息管理公司于 1987 年成立于纽约，是美国一家规模较大的商业性文件中心，凭借其在文件管理服务的专业性在文件管理服务行业获得广泛认可，且规模不断壮大，已经开始向美国以外的世界其他国家和地区进行扩张，迈出了跨国建设的步伐。另外，GRM 是唯一一家进入中国市场的商业性文件中心，凭借中国巨大的市场不断发展壮大。

6.3.3.1 GRM 的发展阶段

GRM 的发展阶段以 20 世纪末 21 世纪初为界可划分为前后两个阶段。

稳固发展阶段：1987—2000 年

1987 年 GRM 在纽约成立，其最初成立主要是基于客户需求考虑。面对客户对文件管理业务的极大需求，GRM 开始尝试进入文件管理服务这一行业，并取得较好的成绩，进入 20 世纪 90

---

① 《Recall Corporation 获 2011 年 TAG 神剑奖（Excalibur Awards）中型企业类别最终候选人提名》，见 http：//www. recall. com. cn/news-and-events/2011/q4/finalist-in-the-2011-tag-excalibur-awards，2013-03-15。

② See http：//www. grmims. com/.

年代，GRM 的信誉得到进一步提升，客户数量稳步增加，并形成一定规模的固定客户群，业务规模不断扩大，在纽约市区设有三个文件中心，总面积达到 150 万平方英尺。经过十几年的发展，GRM 在跨入 21 世纪前可以说已在文件管理服务行业站稳了脚跟。

不断扩张阶段：2000 年以后

首先，GRM 着手于全美范围内的扩张计划，到目前为止，CRM 已经在亚特兰大、芝加哥、洛杉矶、迈阿密、纽约、费城、旧金山、华盛顿、休斯敦、波士顿、巴尔的摩 11 个地区设立运营中心，业务范围涵盖全美。其次，GRM 开始了全球扩张的脚步。2000 年，GRM 在中国上海设立了其在中国的首个分公司——上海信安达档案文件管理有限公司。它是 GRM 和上海市档案馆所属上海创造实业公司建立的中外合作公司，主要为各类企业、组织和个人等提供文件保存、文件安全销毁、信息管理咨询等服务，是中国首家得到政府许可从事文件管理服务的供应商，经过不断发展，已经从最初的上海信安达档案文件管理有限公司发展为信安达（中国）信息管理服务公司。GRM 已在中国设立 6 个分公司——上海分公司、北京分公司、广东分公司、青岛分公司、大连分公司和成都分公司，遍布 9 个城市——上海、北京、天津、深圳、苏州、广州、东莞、大连和青岛。可以说，信安达（中国）是第一家进军中国文件管理服务市场的国外商业性文件中心，它的进入打破了我国单一档案中介机构的原有格局，将国外典型的商业性文件中心经营理念、运作模式、优势和特色等引入我国，为我国文件管理商业化服务行业注入了新鲜的血液，也从实践层面推动了商业性文件中心本土化的发展，引发了理论和实践上对我国商业性文件中心建设的探索。

6.3.3.2 GRM的现状规模

GRM是全球范围内较有影响的商业性文件中心之一，在文件管理服务行业中具有较高的信誉和较大的影响力。经过20余年的不断发展，GRM现已发展成为一家跨国经营的大型商业性文件中心。从运营中心来看，到目前为止，GRM在全球范围内共有20个运营中心，遍布美国及中国各大城市，在美国的11个运营中心分别设立在亚特兰大、芝加哥、旧金山、迈阿密、纽约、费城、华盛顿、洛杉矶、休斯敦、波士顿和巴尔的摩11个城市，在中国的9个运营中心分别设立于上海、北京、天津、深圳、苏州、广州、东莞、大连和青岛。这些运营中心都具有相当的规模，且数量每年都在增加。从客户方面来看，GRM的客户规模不一，既有大型跨国公司，又有中小型企业，且遍布包括医疗、法律、金融、零售、政府、娱乐、建筑、能源、人力、会计等在内的各行各业。从发展水平来看，GRM在美国占有一定的市场份额，同时也在中国文件管理服务行业中位列翘楚，是文件管理服务领域的领军企业之一，它所提供的全方位、高质量的业务内容使其能够在美国和中国市场始终占据较高的地位，正如GRM一贯坚持的理念一样：GRM并不是想成为最大的文件管理公司，而是要成为给客户提供最好服务、让客户最满意的公司。

6.3.4 推动三大典型发展的重要原因——兼并式扩张

在Iron Mountain、Recall和GRM的发展历程中，笔者认为兼并（并购）发挥了关键性作用。这一点在Iron Mountain和Recall表现得尤为明显。笔者用表6—5列出Iron Mountain的兼并事件及影响，用表6—6列出Recall的兼并过程，帮助读者了解兼并式扩张的重要推动作用。

表 6—5　　Iron Mountain 的兼并时间和事件及影响

Iron Mountain 的兼并时间	Iron Mountain 的兼并事件及影响
1997 年	兼并国际证券数据公司（DSI），成为世界上主要的软件托管公司； 兼并文件掌管者（HIMS公司），进入医疗信息管理服务市场。
1998 年	兼并 Arcus 数据安全公司（2001 年改名为异地数据保护公司），成为美国主要的异地数据保护公司。
1999 年	兼并英国数据管理公司（BDM），建立第一个国际网点； 兼并墨西哥 SAC 公司，进入墨西哥市场。
2000 年	兼并位于阿根廷的南美洲保管公司，进入拉丁美洲市场； 兼并美国第二大文件管理公司 Pierce Leahy Archives，成为整个西半球和欧洲唯一提供完善的文件和信息管理服务的公司，这是公司发展规模显著扩大的重要表现。
2003 年	兼并 Hays plc 的信息管理服务单元，大大增加了在欧洲的市场占有率。
2004 年	兼并域名管理公司 Arcemus，扩展了知识产权管理服务； 兼并加拿大安大略省经销商 Proshred 国际安全公司，扩展了在加拿大的安全销毁服务； 兼并在线备份和分布式数据保护领域的领头公司 Connected，组建了 Iron Mountain 数字化业务部。
2005 年	兼并 Pickfords 文件管理公司（PRM）澳大利亚和新西兰的业务，进入环太平洋地区； 兼并基于磁盘在线服务器备份和恢复解决方案的主要供应商 LiveVault 公司，进一步扩大了公司的市场份额。
2006 年	兼并澳大利亚和新西兰地区数据保护服务的主要供应商 DigiGuard 公司。
2007 年	兼并 Accutrac 软件公司，扩展了文件管理投资组合； 兼并 Stratify 公司，扩展了电子发现服务。
2010 年	兼并电子邮件和内容归档公司 Mimosa，为信息管理巨头不断增长的数据归档业务注入强心剂。
2012 年	兼并信息存储公司 Information Storage Companies，优化公司业务。

资料来源："Historical Milestones"，see http：//www. ironmountain. com/Company/About-Us/Historical-Milestones. aspx，2011－09－08。

表 6—6 **Recall 的兼并发展过程**

兼并时间	兼并事件及影响
1991 年	Brambles 收购了位于美国佐治亚州亚特兰大的 Vault 公司，开始进入美国文件、信息服务市场。
1992 年	Brambles 收购为文件和载体提供安全存储、收集和传输业务的英国公司 Security Archives plc，开始进入欧洲文件、信息服务市场。
1995 年	Brambles 又在美国和加拿大完成了几次收购，进一步扩大市场范围。
1999 年	Brambles 将所有文件管理公司合并为 Recall，成为文件、信息服务领域的第二大运营商。
2005 年	Brambles 宣布优化业务，将重心放到 CHEP 和 Recall 上。

资料来源："leading document management under the name Recall since 1999"，see http：//www. recall. com/about-us/recall-history，2011-09-09。

兼并作用主要体现在三方面：一是扩展市场范围。Iron Mountain 通过并购不断扩大市场范围，从最初的纽约扩张到美国东北部，再扩大为全国性的文件管理服务提供商，最后成为覆盖除非洲以外其他大洲 39 个国家的世界最大的商业性文件中心。Recall 也通过不断的并购为其正式成立铺平道路，在成立后又通过并购开拓了其在欧洲、美洲以及亚洲的市场，成为文件管理服务领域的后起之秀。二是拓展业务领域。例如，Iron Mountain 正是通过并购进军医疗、法律、信息技术等行业，增加了软件托管、知识产权管理、安全销毁、在线备份和恢复、电子发现、数据归档等业务类型。三是增强综合实力和国际影响。Iron Mountain 和 Recall 均被公认为商业性文件中心的全球领导者，成为文件、信息服务业的"龙头"，它们提供的安全、高效和优质的专业服务也受到广泛赞誉。

6.4 国外文件、信息商业化服务行业的历史与现状

6.4.1 国外文件、信息商业化服务行业的发展历史

国外文件、信息商业化服务行业的源头可追溯至商业性文件中心行业的形成。前文述及，商业性文件中心形成行业是在 20 世纪 80 年代，强劲的发展势头推动商业性文件中心开始组建联盟。1980 年，商业性文件中心协会成立。第一批会员来自美国和加拿大，以美国的居多。代表有明利阿波利斯市 Mohawk 商业性文件中心、芝加哥文件管理公司、底特律 Leonard 兄弟文件服务中心、芝加哥文件公司、波士顿 Iron Mountain 集团、加拿大 STACS 文件管理公司等。80 年代起，美国几乎所有城市都建有一个或多个商业性文件中心，并带动了加拿大和其他国家这方面的发展，商业性文件中心在世界各地纷纷建立，逐步形成了商业性文件中心行业。

国外文件、信息商业化服务行业的真正形成始于 1996 年。是年，商业性文件中心协会与美国国家安全数据保险库协会合并组成国际文件与信息管理服务行业协会（PRISM），被定性为"商业性信息管理行业的非营利性行业协会（the not-for-profit trade association for the commercial information management industry）"①。PRISM 之所以由商业性文件中心协会和美国国家安全数据保险库协会合并组建，不仅是因为两者拥有许多共同会员提供了合并基础，而且是因为新机构可将两者的服务范围进行结合，使行业扩展到文件、信息服务领域。合并之前，商业性文件中心以提供文

① "About PRISM", see http：//www. prismintl. org，2011 - 04 - 22.

件实体服务为主，安全数据保险库以提供信息服务居多。合并之后，PRISM的会员可为客户提供文件实体和数字信息的保存、保护、维护、利用和处置等一系列服务。可以说，PRISM的建立揭开了国外文件、信息商业化服务业发展成熟的序幕。

6.4.2 国外文件、信息商业化服务行业的现状特点

尽管国外文件、信息商业化服务业的形成发展不过短短30年，但整个行业在行业协会的领导下逐步发展成熟。笔者从四个方面概括国外文件、信息商业化服务业的现状特点。

6.4.2.1 建立了结构完备、会员广泛的行业协会

行业协会是行业的领导中心，其含义有多种表述。如美国《经济学百科全书》的定义是“为达到共同目标而自愿组织起来的同行或商人的团体”①。百度百科的解释是“介于政府、企业之间，商品生产业与经营者之间，并为其服务、咨询、沟通、监督、公正、自律、协调的社会中介组织”②。一般而言，行业协会是由某一行业的从业者加入组建的非营利性组织，建立目的主要是协调行业成员的关系，形成有效的行业领导、保障与监管机制，促进行业的良性发展，树立行业的良好形象。

PRISM作为国外文件、信息商业化服务业的领导中心，形成了完善的组织结构。PRISM的组织结构体系由理事会、专员和任务小组三种机构组成。理事会（Board of Directors）是最高权力机构，负责制定协会的使命、愿景、战略规划和政策，设定协会的

---

① 翟鸿祥：《行业协会发展理论与实践》，北京，经济科学出版社，2003。

② 百度百科：行业协会，见 http://baike.baidu.com/view/670853.htm#sub670853，2011-04-22。

职位，并决定协会的计划和活动。专员（Staff）是协会日常工作的执行者，包括执行主任、活动和客户关系专员、财政专员、营销专员、会员发展专员。任务小组（Task Groups）是协会下设的一系列委员会，职能是开展研究和其他工作来帮助协会实现其战略目标。它们包括年会小组、提名小组、会员小组、研发小组、出版小组、资格和标准小组、道德准则小组、战略规划小组、数据保护小组、影像小组、灾难恢复小组、网络营销小组、亚太地区小组、美国小组和欧洲小组。这三类机构的精心设置使 PRISM 兼具宏观决策、日常业务到专项研究的多种职能，成为职能完备的行业领导中心。

同时，PRISM 具备一定的会员规模，为其行业影响力奠定良好的基础。前文对其会员数量及分布情况已有论述，此处不再赘言。

6.4.2.2 形成了明确的行业宗旨、行业价值观和行业道德准则

行业宗旨

国外文件、信息商业化服务业的宗旨由 PRISM 的愿景（vision）和使命（mission）来体现。PRISM 在主页上将前者描述为“协会将是最富远见且最有效的全球行业领导者，为行业成员提供支持性、教育和网络化服务，帮助它们增加客户和提高收益”①；将后者描述为“协会将通过大力吸引和维持会员，成为全球商业化文件信息服务商不可或缺的家园”②。

PRISM 对行业宗旨的描述虽然简单，却体现了文件、信息商

① “Mission & vision”, see http://www.prismintl.org/mission-vision, 2011-04-28.

② Ibid.

业化服务业的发展目标——整个行业凭借优质高效的文件管理和信息服务，帮助行业成员获取良好收益，最终实现行业的健康持久发展。

行业价值观

国外文件、信息商业化服务业形成了“信任（trust）、价值（value）、安全（safety & security）、集成（integrity）、合作（partnership）”五位一体的行业价值观。在 PRISM 看来，信任是要求整个行业尊重客户，不断了解并满足客户需求以赢得其信任。价值是要求整个行业运用人力、物力和技术的投入来提供高效率的专业服务，帮助客户降低成本、提高工作效率和更好地专注于核心业务。安全是要求整个行业了解危及文件的各种灾害，谨记维护人员、设施和程序安全的职责，为客户及其信息资产营造安全的工作和保管环境。集成是要求整个行业立足道德准则，集成业务决策、公司政策、沟通实践和人员行为，信守公平交易、诚实经营和坦诚沟通，实现全行业的可持续发展。合作是要求整个行业建立团队精神，与客户及竞争对手互相学习，不断提升。

归结起来，国外文件、信息商业化服务业之行业价值观的核心是“以客户为本”。信任是争得客户的信任，价值是与客户分享共同的价值理念，安全是保障客户文件信息资产的安全，集成是一种提高客户满意度的管理方式，合作是与客户互相学习保持合作。可见，PRISM 倡导的行业价值观时时、处处从客户的需要出发，为客户提供优质高效的专业服务，在赢得客户满意的基础上实现行业长久的健康发展。

进一步说，国外文件、信息商业化服务业之行业价值观的五个要素——信任、价值、安全、集成和合作是密切关联、相辅相成的。信任是文件、信息商业化服务业存在和发展的基石，只有赢得客户的信任，行业才可能形成和发展。价值是文件、信息商业化服务业与客户的连接点，只有与客户达成价值共识，才能为客户提供高效服务来体现行业成本效益上的优势。安全是文件、信息商业化服务业的生命线，只有帮助客户预防和消除对其信息资产的各种危险，才能体现行业的安全优势。集成是文件、信息商业化服务业的运行方式，行业的政策、决策到程序、行为都受到行业准则的约束，不能任意为之。合作是文件、信息商业化服务业的发展指引，无论是对外部的客户还是对内部的同行，行业都要秉持团队合作、取长补短的精神。缺少任一要素，行业价值观就不够完整。

行业道德准则

国外文件、信息商业化服务业也形成了明确的行业道德准则，PRISM要求行业成员共同遵守。这种准则实际上是一种针对不同对象——客户、行业成员（会员）及社会公众做出的承诺。笔者用表6—7说明文件、信息商业化服务业行业道德准则的具体内容。

表6—7　　文件、信息商业化服务业的行业道德准则

承诺对象	承诺内容
客户	1. 制定条款清晰的服务合同并严格履行； 2. 确保客户文件信息的安全和机密； 3. 启动最佳实践和质量控制来提供信息服务； 4. 确保自身设施、人员、管理和程序的规范性。
会员	1. 就保管客户信息资产的职责达成共识； 2. 开展有效沟通和合作以保持高水准服务； 3. 推动会员的教育和参与信息交流来提高行业服务质量； 4. 共同努力以提升行业形象。
社会公众	1. 认真处理对行业成员的投诉； 2. 确保会员履行职责以服务社会； 3. 不断增长行业发展所需要的知识、资源、实践、产品和服务； 4. 传授他人专业知识。

资料来源："Values statement & code of ethics"，see http：//www. prismintl. org/values-statement-code-of-ethics，2011-04-29。

从 PRISM 选定的承诺对象分析，可以看出文件、信息商业化服务业的行业准则具有内外兼顾、层次递进的特点。说其内外兼顾，是因为 PRISM 制定的行业准则既针对行业内部的所有成员，又面向行业服务的客户群；说其层次递进，是因为 PRISM 依循会员、客户到社会公众的顺序，将行业承诺依次递进地展示。客户是行业准则执行的关键点和中心点，也是连接会员与社会的纽带。只有借助客户承诺，文件、信息商业化服务业的行业准则才能从内向外传递出去，辐射到更广范围的公众，提升到更高层次的社会层面。这种关系用图 6—1 可以更清晰地展示。

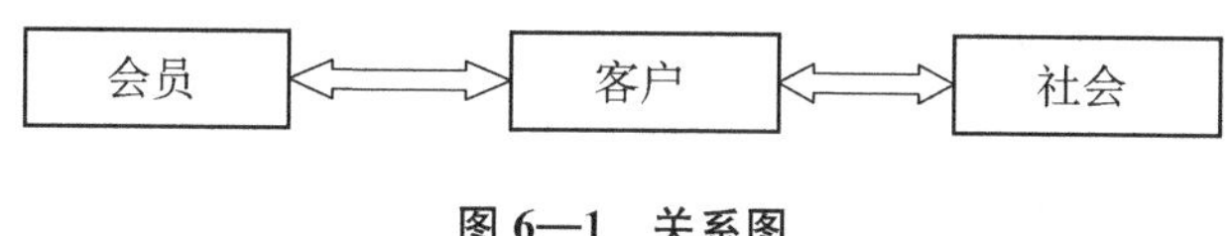

图 6—1 关系图

解读文件、信息商业化服务业行业承诺的具体内容，可以发现 PRISM 对不同对象的承诺各有侧重。对行业成员，PRISM 强调的是“合作”；对客户，PRISM 强调的是“服务”；对社会，PRISM 强调的是“行业形象”。这种认识和把握是很精准的。因为合作是形成行业的基础，没有合作，缺乏共识，整个行业就如同一盘散沙。服务是行业的根本职能，不能提供优质服务，行业就无法生存。每一种行业都身处社会环境之中，都会在每一个社会公民头脑中形成印象。一旦无法树立起良好的行业形象，行业的发展就只能是空谈。因此，PRISM 通过成员合作、服务客户和树立良好行业形象的承诺，准确地诠释出文件、信息商业化服务业行业文化的核心内容。

6.4.2.3 构建了内外兼顾的行业保障途径

国外文件、信息商业化服务业通过行业协会构建了内外兼顾的两种途径——会员服务和客户宣传来保障行业的健康发展。

对内保障：会员服务

PRISM有公司会员（Company Member）、附属会员（Affiliate Member）、联合会员（Associate Member）和会员伙伴（Corporate Partner）四种会员类型。公司会员是主体，包括商业性文件中心、载体设施公司、销毁公司、影像服务公司以及其他信息服务外包公司等；附属会员是公司会员的分支机构；联合会员是非商业性的机构，包括政府文件中心和自营文件仓库等；会员伙伴是为公司会员提供产品或服务的公司。

PRISM属非政府组织，会员加入基于自愿原则。为吸引会员，它提出以下理由：参加行业会议提升专业能力和提高利润；与同行交流共享行业信息并建立友谊；学习协会营销策略获得新客户；借助行业出版物保持联系；借助协会现金价值服务节省金钱；获得行业问题的答案；支持有益行业的活动；了解行业的最新产品和服务；使用协会认证标识来增强专业认可程度；获取行业资源、培训及更新材料。① 这些理由既是会员享受的益处，也是PRISM提供会员服务的内容。

会员服务是协会对内保障职能的充分体现，可概括为三点：构筑行业交流合作平台，实施会员辅导计划，组织开展行业调查。

第一，构筑行业交流合作平台。

PRISM主要通过会议讨论、信息交流和网络共享三种方式，构筑行业交流合作平台。首先，会议是行业交流合作的重要平台。PRISM除每年5月召开全体年会外，还在4月和11月分别召开亚太地区年会和欧洲年会。三次年会是行业规模最大、影响力最强

① See "10 reasons to join PRISM International", see http://www.prismintl.org/benefits-of-membership-in-prism, 2011-07-21.

的会议，会员可就各种议题——销售管理、客户满意度、人力资源管理、员工培训、灾备计划、载体发展趋势、行业标准、行业前景等展开探讨；可与同行分享经验、听取反馈意见和建议；还可学习掌握行业的最新动态和资源。

其次，PRISM 借助信息交流来推动行业合作。信息交流主要有两种形式：一是编制会员名录和资源指南；二是出版刊物。协会每年都更新会员名录（Member Directory）和资源指南（Resource Guide）。前者是会员名称、地址、业务、联系方式等信息的详细记录，后者以手册形式记录了协会及行业的发展情况，它们均免费向会员提供，便于会员交流合作。协会还出版季刊 *InFocus* 和双月刊 *InFo*，便于会员交流信息。*InFocus* 每期设不同主题，涉及行业前景、技术发展、人员培训和管理方法等会员关注的问题。*InFo* 是会员通讯，内容有行业培训、协会活动和会员动态等。

最后，PRISM 充分利用网络实现行业信息的共享。PRISM 建有网站提供丰富的行业信息，还提供会员共享的专门数据库。比较典型的有信息管理资源名录（Information Management Resource Directory），这是一种网络数据库，所有会员的产品和服务信息都列在其中，会员不仅能查询，还能下载。此外，会员通过网络还可浏览和下载行业培训的最新资料。

第二，实施会员辅导计划。

PRISM 可为新会员及有需要的会员提供辅导计划（Mentoring Program），目的是帮助会员了解行业情况和提高服务水平。针对新会员的辅导是提供行业普遍遵守的大量指南性文件，如标准保存协议、员工保密协议、出版物订单、灾备手册、编码要求、保险及风险转移指南、载体设施指南、文件保管期限指南、排架指南、行业术语手册等。这些文件可帮助新会员尽快熟悉行业环境，了解行业的基本要求。

针对从业经验较短或希望扩展业务的会员，PRISM 也能提供辅导。它首先指定专员帮助被辅导者与辅导员建立起初始联系，辅导员必须有 5 年以上的行业从业经验并愿意每两周抽出时间与被辅导者进行交流讨论。辅导周期为一年，辅导员定期与被辅导者联系，回答后者的专业问题并提供建议。通过辅导，PRISM 可帮助会员解决实际困难，提高专业水平，有利于整个行业塑造良好形象。

第三，组织开展行业调查。

PRISM 利用自身优势，每年组织开展行业调查，收集和发布行业信息，为会员提供帮助。PRISM 通常在年度战略规划中公布本年度行业调查的内容。例如，2009 年度行业调查的内容有两个重点：一是调查行业知识存在的缺陷，二是调查行业的财务状况。再如，2010 年度行业调查的重点是行业相关技术和标准，如数据加密技术、非现行文件的处置标准等。每一年度的行业调查结果只对会员公布，一般不对外公开。这说明，PRISM 组织开展行业调查也是会员服务的一种形式。

对外保障：客户宣传

客户宣传是协会对外保障职能的充分体现。PRISM 在会员与客户和社会之间充当“纽带”，需要让客户了解会员的产品和服务，需要让社会认识行业的价值。这些目标需要借助宣传手段来完成。只有在社会树立起良好的行业形象，才能吸引更多的潜在客户，也才能推动行业的持续发展。协会的宣传内容和方式合理有效，很好地行使了对外保障职能。

一方面，宣传内容合理，逻辑思路清晰。

PRISM 明确文件、信息商业化服务业的宣传对象是购买专业产品和服务的客户，笔者将其宣传内容归结为二：宣传行业的使命和价值，宣传会员的特色和优势。这两点具有清晰的逻辑思路——从大到小，从整体到局部。

第一，立足行业整体，宣传本行业的使命和价值。

为让客户了解行业的使命，PRISM 从揭示企业文件管理现状入手，指明文件管理缺乏或不善会造成诸多问题，提醒企业重视文件管理。它在宣传手册中指出，国际数据公司（IDC）对企业经营者所做的调查显示，70%的受访者认为糟糕的文件管理会妨碍企业运营，但很多企业都存在文件管理缺乏或不善的情况，于是造成诸多问题。一是成本问题。每年一个企业会丢失或错放 3%～5%的文件，会错误归档 2%～7%的文件，管理人员每年平均花费 4 周用来寻找归档错误的文件或丢失的文件，办公室人员每天花费两小时来寻找放错位置的文件。时间成本姑且不论，重新形成一页文件的平均成本高达 180 美元。二是保管问题。企业 90%的文件一旦归档就很少被查阅，即使被查阅也多集中在近三年。企业 2/3 以上的文件都需要从办公室中清除，否则会面临保管空间和成本的压力。三是销毁问题。企业文件至少有 30%以上要被销毁，如何合理合法销毁文件，特别是待销机密文件如何销毁，都是企业不能回避的难题。协会的结论是，在信息技术广泛应用、文件持续增长、企业环境日趋复杂的当下，文件管理应受到高度重视。企业每天都在进行文件管理，但真正需要的是经济有效、规范合理的文件管理。① 行业的使命和宗旨正是为客户提供经济有效、规范合理的文件管理服务。

为让客户了解行业的价值，PRISM 编制了系列宣传手册。这

① See "Free resources for information and purchasing managers", see http://www.prismintl.org/free-resources-for-information-and-purchasing-managers, 2011-07-22.

些手册包括《为什么要文件管理》、《为什么要外包》和《为什么要保护数据》等，用来说明文件管理和外包服务的重要性。例如，《为什么要文件管理》内容分三部分：为什么要文件管理；如何进行文件管理；文件管理的起源和历史是什么。第一部分从灾难、成本、法规、风险和标准五个因素分析企业文件管理的必要性；第二部分就文件管理实施标准、文件保管期限划定、归档方法、设施购买和载体选择提供详细指导和建议；第三部分说明文件管理及人员专业化发展的历史并给出文件管理表、保管期限表、重要文件分析表等样本。该手册立足客户需求，帮助客户了解文件管理的意义、方法和历史。再如，《为什么要外包》重点说明专业化文件信息服务的价值在于帮助客户降低运营成本、提高员工生产力、增值信息资产和减少诉讼风险，为客户提供低成本、高效率的文件管理和信息服务。

第二，投射行业局部，宣传会员的特色和优势。

PRISM 的宣传内容不仅基于整体角度，还投射至行业群体的组成部分——会员，因为会员才是客户所需专业产品和服务的提供者。PRISM 在网站上大力宣传会员的特色和优势，使用“安全（security）、灵活（flexibility）和高效（efficiency）”三个关键词概括出客户选择会员的好处。① 安全是指保证客户文件信息的实体安全和内容机密，会员作为客户文件管理的专业伙伴，能兼顾客户机密处理和安全保管文件的要求，帮助客户实现文件的利用受控、保管环境受控，并建立周全的灾备计划，防止灾害发生及减少损失。灵活是指保证客户获得优质的专业服务，包括文件的接收、送交、生成目录、检索、保管、载体转换、数字化归档和销

① See “Why use a PRISM member?”, see http://www.prismintl.org/why-use-a-prism-member, 2011-07-22.

毁等。服务是全天候、全方位的。高效是指保证客户减少成本和提高生产力，会员拥有专业受训的文件管理团队，提供专业化服务帮助客户降低文件保管成本，使其更专注于核心业务。

上述“安全、灵活和高效”算是会员的总体特色和优势，尚不足以展现会员个体的特色。为弥补这一不足，PRISM 借助会员名录和资源名录等工具更加详细地宣传各会员及其产品和服务。前文提到，会员名录包含名称、地址、业务范围等详细信息，信息管理资源名录也收入了所有会员的产品和服务。这些资料在行业年会、展会或其他活动中都会向客户发放，客户借此能了解会员的个体特色。此外，PRISM 还推出“客户简讯项目（Customized Newsletter Program)”用以宣传会员的个体特色。该项目是协会的宣传策略之一，旨在帮助客户更好地了解会员的个体特色和优势。客户简讯限定为两页纸篇幅，有纸质和电子两种版本，内容是简要介绍和展示会员特色，形式灵活多样，可采用短文、漫画或谜题形式介绍公司业务和特点，还可设计公司独特标识。客户简讯可在年会或展会中发放，也可挂在公司网站上，还可用通过邮件发送给客户。这种宣传方式具有短小灵活的优点，会员制作不太费力，客户阅读也饶有兴趣，效果甚佳。

此与同时，宣传方式灵活多样，富有成效。

PRISM 的宣传方式可归纳为四种：年会宣传、材料宣传、网络宣传和活动宣传。这些方式灵活多样，相互补充，各有特点，均取得了良好的宣传效果。

三次年会不仅是会员交流信息的重要平台，也是行业对外宣传的重要渠道。参加年会的除会员外，还有客户代表、赞助商、相关机构、研究人员以及其他感兴趣人士。年会中的讨论、交流、展览等各项活动也具有对外宣传的作用，能展示行业的发展规模和特点，增进客户及公众对行业最新动态的了解，扩大行业的影响力和知名度。

材料宣传也是行业宣传的重要方式。材料形式既有纸质也有电子形式。前文提到的名录、刊物、手册、简讯等均属于材料宣传的范畴，尽管特点和形式不同，但它们都向客户宣传了会员、协会及行业的多种信息。有的材料甚至成为广告载体，如刊物 *InFocus* 和 *InFo* 均可刊登公司广告，被会员视为对外宣传和吸引客户的有效工具。

网络宣传是信息社会技术先进性的体现，PRISM 自然不会忽视。最典型的表现是 PRISM 建有网站（http：//www. prismintl. org）作为对外宣传的重要阵地，提供自身及行业的丰富信息。网站通常会及时公布 PRISM 及行业的活动信息，链接的会员网站也能传递会员产品和服务的最新信息。客户访问网站就能了解行业的发展动态。

活动宣传也是行业对外宣传的常见方式。PRISM 及行业活动除年会外，还有行业培训、专题讲座、展览、展销会、社交联谊等活动。这些活动有的面向会员，有的针对客户，还有的旨在加强与外界沟通，均发挥了对外宣传的作用。PRISM 借助各种活动宣传行业动态，有利于塑造良好的行业形象。

四种宣传方式各有特点，相互补充。年会宣传侧重于宣传行业的整体动态，有利于提升行业的影响力和知名度。材料宣传稳定持久，时效性较为突出。网络宣传在传播范围、传播速度和受众面方面效果最为显著。活动宣传灵活机动，可突出某一方面的主题。协会正是借助多种宣传方式，面向社会树立起良好的行业形象——“一种至关重要的外包型服务行业，能帮助客户降低文件管理成本、抵御自然和人为灾害、确保机密信息安全、销毁期满文件、有效管理迅速增长的电子文件”①。

笔者认为，会员服务和客户宣传体现了 PRISM 保障途径内外兼顾的明显特点。之所以有此特点，是因为 PRISM 是会员与客户之间的“桥梁”，代表会员面对客户。PRISM 一方面在业内积极为会员服务，保障会员利益以赢得会员认可，另一方面向业外的客户积极宣传本行业的产品和服务，保障客户知晓行业价值和会员优势。可见，内外兼顾的保障途径成为国外文件、信息商业化服务业健康、持续发展的重要原因。

6.4.2.4 形成了规范严格的行业监管体系

国外文件、信息商业化服务业形成了严格的监管体系。监管是对某种行为、某个人的一种约束。无论社会组织还是管理系统，若缺乏约束就会失去控制，陷入放任自流状态。有效的监管，对一个行业也具有重要作用。笔者认为，国外文件、信息商业化服务业的监管体系由行业自律与法规遵从两部分组成。

行业自律

学界对行业自律的定义存在多种认识。美国学者拉瑞·欧文(Larry Irvin) 提出，“行业自律是私人部门的特定产业或职业为了满足消费者需求、遵守行业道德规范、提升行业声誉及扩展市场领域等目的，对自我行为进行的控制”②。纽约大学学者 Andrew A. K. 和 Michael J. L 认为，行业自律是“企业的行业协会对企业集体行为的控制”③。尽管表述详略不一，但它们的核心观点基本

---

① “PRISM International Resource Guide 2009—2010”, see http://www.prismintl.org/images/downloadpdf/2011%20 Resource%20 Guide.pdf, 2014-05-09.

② http://www.ntia.doc.gov/reports/privacy/intro.htm, 2011-08-02.

③ Andrew A. K. and Michael J. L., “Industry self-regulation without sanctions: The chemical industry's responsible care program”, *Academy of Management Journal*, 2000, 43 (4).

相同，均把自律视为对行业成员行为的控制。可见，行业自律是对业内成员行为的规范和控制，目的是协调同行利益关系，维护行业公平竞争，促进行业健康发展。

行业自律必须建立在行业协会的基础之上，若一个行业缺乏行业协会，行业自律就无从谈起。PRISM 的行业自律主要表现为两方面：一是树立行业道德准则；二是制定行业标准并监督其应用。行业道德准则是总体行规的代言，行业标准是具体行约的体现，PRISM 正是通过制定行规和行约来行使监管职责。

第一，树立行业道德准则。

前文述及 PRISM 的行业道德准则——针对客户、行业成员及社会公众的承诺。对客户，它强调行业的服务质量，承诺提供规范、安全和优质的专业服务；对行业成员，它强调沟通与合作，承诺提供会员教育以促进合作；对社会，它强调行业形象，承诺确保会员履行责任并推动行业发展。概言之，PRISM 通过承诺成员合作、服务客户和树立良好行业形象，全面合理地树立起行业需普遍遵循的总体行规，指明行业自律的基本导向——会员行为以行业道德准则为基准。

第二，制定行业标准。

PRISM 还制定有行业标准——要求会员共同遵行制度和规范的统称，是行约的体现。PRISM 一系列行业标准多以指南性文件发布，包括商业性文件中心运营标准（Standard Operating Procedures for Commercial Records）、建筑标准［全称为典型建筑代码与国家防火协会规定（Model Building Code and NFPA Requirements)］、灾备手册（Disaster Planning Workbook for Commercial Information Management Companies）、保险及风险转移指南（Insurance and Risk Transfer Guidelines）、载体设施指南（Media

Vault Guide)、文件保管期限指南（Retention Schedule）、排架指南（Shelving and Racking Guide）、行业术语手册（Glossary of Industry Terms）等。

PRISM 行业标准具有紧扣业务、全面灵活、操作性强的特点。首先，因会员以商业性文件中心为主，故行业标准紧扣商业性文件中心的业务活动。从划分文件保管期限到选择载体设施，从建筑设计到内部排架，从灾难恢复到风险转移，PRISM 均制定出行业标准，便于会员规范开展业务。其次，行业标准既全面又灵活。说其全面，是因为上述标准大致涵盖了商业性文件中心的运营程序和业务活动，可帮助会员实施规范统一的运营管理和专业服务。说其灵活，是因为上述标准的特点不一。一些标准带有指令特点，典型的如建筑标准、灾备手册等，所有会员必须执行标准规定的基本要求；一些标准偏重推荐色彩，典型的如文件保管期限指南、载体设施指南等，会员可结合自身实际灵活应用。最后，行业标准操作性强，这主要是由行业应用性特点决定的。笔者仔细阅读了 PRISM 一系列行业标准，深切感受到标准内容丰富和详细，操作性突出。限于篇幅，笔者仅列举两个典型标准，简要分析其内容。

一是商业性文件中心运营标准，其内容主要包括软件及技术（software & technology）、布局及排架编号体系（locator & shelf numbering systems）、安全及机密（security & confidentiality）、安全及培训（safety & training）、保管设施要求（material handling equipment）、员工及职责规定（staffing & job descriptions）、工作流程（work flow procedures）、交通运输（transportation）、文件中心或大客户重新安置（record center or large client relocations）九个部分。① 每一部分的规定并非泛泛而谈，相反十分细致具体。笔者用表 6—8 列出各部分内容，不难看出这一标准的规定相当具体，有助于会员直接操作。

表 6—8　　　商业性文件中心运营标准的结构及内容

标准的主要部分	每部分的主要内容
软件及技术	说明文件管理软件的功能要求和文件软件系统的运行功能。
布局及排架编号体系	列出库房布局及文件排架编号的示范。
安全及机密	要求确保文件实体安全和内容机密，从员工、库房设施、库房访问流程、客户利用和防火控制等方面注明安全事项，还提供员工保密协议、客户保密协议、安全要求和利用程序的范本。
安全及培训	确立安全总则，提供在升降运载设施、楼梯检查、运送卡车等方面的安全培训，还特别注明中心司机的安全培训内容。
保管设施要求	列出保管设施的范围，说明不同设施的使用要求。
员工及职责规定	列出客服代表、数据输入员、司机（运送员）、清点人员及其他工作人员的职责要求，并图示各类员工职责之间的顺序和关系。
工作流程	详细分解中心的工作流程：签署协议、接收文件、文件箱检索、案卷检索、文件箱整理、案卷整理、数字化要求、复制传真电话、邮寄要求、永久性清除、销毁。
交通运输	指明文件在中心、路上、客户公司的运输要求，并注明返回中心的运输注意事项。
文件中心或大客户重新安置	列出中心文件转移或重新安置的计划和时间安排，并对这些活动涉及的内容——新库房设计、排架、设备等提出要求。

二是商业性文件中心排架指南，其内容主要包括供应商选择

① See "Standard Operating Procedures for Commercial Records", see http://www.prismintl.org，2014-05-09.

(vendor selection)、项目监督（project/vendor supervision)、设计选项和运行考虑（design options and operational considerations)、材料及安装（materials and installation）等四个部分。① 这些内容注明了中心选择供应商应考虑的事项，提供了排架系统设计的监督程序，分析了不同高度、不同层次排架环境的优缺点，说明了不同材质和特点的档案架的适用范围和安装方法。借助这一指南，行业成员就能直接掌握库房设计及排架的方法。

PRISM 的监管职责不仅体现在制定行业标准上，还通过有效方式监督会员应用行业标准。培训是方式之一，PRISM 定期举办行业标准培训，还把培训内容发布在其网站上，便于会员掌握和应用行业标准。除培训外，另一种有效方式是发放标准应用的对照检查表，监督会员执行标准并反馈执行效果。笔者列举一个典型佐证这一点。PRISM 为监督商业性文件中心运营标准的应用，还专门编制并向会员发放“商业性文件中心自我检测表（Commercial Records Center Self Evaluation Checklist)”。该表内容如表 6—9 所示。

表 6—9　　商业性文件中心自我检测表的内容

检测的主要方面	具体检测指标
总体情况	中心宗旨、行业道德准则、中心选址、中心库房、价格、灾难恢复、保险、总体服务能力、运送和交通服务、不间断服务、运营现代化、员工、设备、排架、防火、安全保障、整体保管活动。
纸质文件的保管及服务	未细分
缩微品的保管及服务	未细分
磁介质的保管及服务	未细分

① See “Shelving and Racking Guide”, see http: //www. prismintl. org, 2014-05-09.

该表被设计为问卷形式，有“是”、“否”、“不适用”三个答案选项。会员通过自我检测可判断自身的运营情况及服务质量，再对照行业标准要求就能发现自身的不足。若存在明显不足，会员就需要有针对性地进行改进。可见，PRISM 发放标准应用的配套材料有助于监督行业标准的实施。

法规遵从

法规遵从通俗而言是指遵守、服从法律法规，是近年来企业界较为流行的一个概念。笔者通过百度搜索，发现有文章给出如下解释：“企业和组织在业务运作中，不仅要遵守企业自己的各项规章，而且要遵守政府和行业制定的各项法律及各种规章，同时又能证明自己确实做到了相关的要求。”① 法规遵从也是国外文件、信息商业化服务业监管体系的组成部分，PRISM 同样要求会员行为和活动必须遵从法律法规，不仅包括国际、国家、各级政府层面的法规，也包括相关行业的法规。

第一，遵从国际组织法规。

PRISM 要求会员遵守国际组织法规，制定的行业标准自然也遵从国际组织法规。笔者仅以 PRISM 的建筑标准为例，说明它与国际组织的法规标准保持一致。该标准的前言就指明其遵从“国际建筑官员和代码管理者协会（The Building Officials and Code Administrator's International）”1993 年发布的《国家建筑标准（修订版）》，遵从国际建筑官员大会（The International Conference of Building Officials）和国际南部建筑代码大会（Southern Building Code Congress International）制定的建筑标准；在防火要求上遵从美国国家防火协会（The National Fire Protection Association）

---

① 《什么是法规遵从?》，见 http：//blog. sina. com. cn/s/blog _ 5946bd590100pdjf. html，2011 - 08 - 03。

1991 年发布的《生命安全规范》和《材料存储架标准》。此外，PRISM 还要求会员遵循与文件、信息服务相关的国际组织的法律法规。典型的如国际文件管理者和指导者协会（ARMA International)、国际标准化组织（ISO）的相关法规，都是 PRISM 行业标准遵从的对象。

第二，遵从国家和政府法规。

PRISM 也要求会员遵守各国及各级政府的法规。因会员分布以美国最集中，故 PRISM 对美国联邦及各州政府的有关法规十分重视，要求会员加以遵从。一个典型案例就是对美国“萨班斯法案”的遵从。该法案的出台主要归因于安达信案件，安达信会计师事务所曾是全球最大的会计专业服务公司，承担安然公司的审计和咨询工作。2001 年，安然爆发财务丑闻，存在逃税、虚报利润、隐瞒债务等问题受到美国证券交易委员会调查。11 月，证券交易委员会向安达信发出传票，调查它是否违反联邦安全法。2002 年 1 月，安达信承认销毁了与安然公司相关的审计文件，但辩称销毁始于调查和进入司法程序之前。3 月，联邦检察官指控安达信的文件销毁妨碍司法公正。6 月，法院裁定安达信罪名成立，并给予严厉处罚。安达信对文件的非法销毁并非个别案例，从 20 世纪 90 年代末起，美国曝光了多起公司的丑闻，不少与业务文件的伪造和销毁有关。如世通公司伪造财务报表、迪士尼公司销毁土地使用费征收记录、ImClone 公司销毁证券交易文件等均属于文件管理的不当行为。

2002 年，美国国会出台了“公众公司会计改革和投资者保护法案”(即“萨班斯法案”)。它规定上市公司的首席执行官和财务总监对呈报证券交易委员会的财务报告负责，确保其完全合法。为确保财务报告的真实准确，法案要求财务报告必须包含内控报告，由管理层对建立和维护财务报告的内控体系及控制流程负责，还必须附有其内控体系和流程有效性的年度评估。法案涉及多个伪造或篡改文件追究刑责的条款，目的是要求公司更加关注业务和财务文件的真实性和恰当保存，避免文件的非法生成或不当销毁。PRISM 对该法案十分关注，要求会员了解法案中文件、信息服务的相关规定并予以遵从。

PRISM 同样要求会员遵从美国之外其他国家和政府的法规。如欧盟颁布的“EU 数据保留法令”、英国颁布的“数据保护法”涉及文件、信息数据保留或保护的规定都是会员必须遵从的。前者规定了数据的强制保留期，后者规定了数据的安全性，这些要求都对会员，特别是当地会员的行为形成制约。

第三，遵从相关行业法规。

PRISM 会员的客户群十分广泛，涉及医疗保健、金融服务、零售、法律、能源和音像等行业。为此，PRISM 要求会员还要遵从与自身业务或与客户服务相关的行业法规。为帮助会员更好地遵从相关行业法规，PRISM 依据客户所在行业，遵从法规针对性地制作了法律文本或合同范本。

笔者用一个典型行业的例证说明 PRISM 是如何监督会员遵从相关行业法规的。金融服务业是其客户所在的主要行业之一，美国 1999 年颁布的“金融服务现代化法案”既是一部联邦法律，又是金融服务行业的法规。PRISM 专门制作了遵从“金融服务现代化法案”的合同范本，作为行业普遍使用的标准协议。该范本是会员与客户签订合同的补充，主要内容是明确双方在客户信息保存、使用和安全等方面的权利和义务，确保合同的条款遵从“金融服务现代化法案”。这样一来，会员使用这种范本就无须担心出现违背金融服务行业法规的情况。

与之类似，PRISM还针对医疗保健行业的“健康保险责任法案”以及零售业的“公平准确信用交易法案”，制作了合同范本。这些范本均能帮助会员遵从相关行业法规，更规范地提供服务。

笔者认为，国外文件、信息商业化服务业的监管体系具有严密规范的特点，突出表现在体系结构上。这一体系包含的两个部分——行业自律和法规遵从是相互配套、相辅相成的。前者偏重于体现行业协会的引导作用，后者偏重于展示法制环境对行业的约束特点；前者更多表现的是行业成员的主动性，后者更多反映出行业成员的受制性。行业成员主动自律与被动遵法的有机结合，有利于整个行业在行业协会的带领下步入良性发展的轨道。进一步而言，行业自律涉及的总体行规和具体行约具有明确、规范的特点，法规遵从包含的法规层次也具有清晰、规范的特点。PRISM构建的严密规范的监管体系成为国外文件、信息商业化服务行业健康、持续发展的重要原因。

7 我国文件、信息商业化服务机构的历史与现状

7.1 我国文件、信息商业化服务机构的发展历史和现状特点

7.1.1 我国文件、信息商业化服务机构的发展历程

我国文件、信息商业化服务机构的起源最早可追溯到第一批档案中介机构的兴建。从 1992 年至今，文件、信息商业化服务机构的发展经历了三个阶段。

7.1.1.1 起源：档案中介机构建立（1992 年）

新中国成立后，我国实行高度集中统一的行政管理体制，“全能型政府”在各类事务上均需独当一面。这种管理体制在新中国成立初期具有一定的积极意义，但随着社会政治经济的发展，其不合理性日渐显露。1993 年 11 月，党的十四届三中全会发布了《中共中央关于建立社会主义市场经济体制若干问题的决定》，正式拉开了我国政治经济体制改革的序幕。为适应市场经济体制，需要清除影响生产力发展的体制性障碍，大力推进行政体制改革，进一步转换政府职能，建立廉洁高效、运转协调、行为规范的公

共服务型政府，把政府的行政职能真正转到经济调节、社会管理、市场监督和公共服务上。

在国家机构大变革背景下，档案行政管理体制也发生了重大变化，档案行政管理机构不再是直接承担档案管理工作监督指导职责的唯一部门，而是以间接手段，通过宏观调控引导档案工作的可持续发展。与此同时，国家的政治经济体制改革，从根本上改变了国家与企业的关系，企业确立了独立的法人地位，自主经营、自负盈亏，并出现了所有制多元化的趋势。企业档案工作也从计划经济时期由中央或地方专业主管机构领导和管理的模式变为企业档案工作自主管理模式。于是，在档案行政管理部门直接管理职能的转变与企业文件管理的业务需求之间便出现了空档，我国文件管理的市场需求由此产生，应运而生的则是运用商业手段提供文件管理服务的各种类型专业机构。1992 年，浙江省建德市档案事务所、湖州市档案事务所相继宣告成立，揭开了我国档案中介机构建设的序幕。成立后的档案事务所为自收自支、独立核算的事业单位，其主要职能有：为企事业单位提供文书处理、档案管理技术咨询；提供档案立卷服务；承办档案法制事务；进行档案工作水平评估；转让、介绍档案编研成果、科技档案；培训档案人员等。笔者认为档案中介机构的建立是我国文件、信息商业化服务机构发展的起源。

7.1.1.2 起步：档案中介机构兴起（1993—1999 年）

继建德市、湖州市档案事务所成立之后，1992 年 12 月，浙江省档案技术开发服务部成立；1993 年 3 月，浙江省档案事务所成立。随后，上海、深圳、辽宁等地也相继成立了一批档案中介机构，如 1993 年上海档案咨询服务中心成立，1998 年深圳市档案寄存中心成立。我国掀起了建设档案中介机构的浪潮。据不完全统计，截至 20 世纪 90 年代末，全国建有 100 多所档案中介机构。

我国档案中介机构在起步阶段表现出的一个特点是相对集中，主要指的是建立的地区集中。笔者通过文献研究发现，浙江省和上海市是档案中介机构起步最早、典型较为突出的地区，相比之下，浙江省更是走在全国的最前端。上文提到，浙江省建德市和湖州市档案事务所揭开了档案中介机构建立的序幕，后来浙江全省都建立了档案中介机构。上海市档案中介机构的起步稍晚于浙江省，但其发展速度并不逊于前者。1993 年 2 月，上海市档案局决定成立上海档案咨询服务中心，1993 年 6 月上海市黄浦区工商行政管理局批准核发营业执照，这是上海第一个市级档案中介机构。此后上海市闸北区、浦东新区、崇明县等地也相继成立了档案事务所或档案咨询服务中心。1998 年，上海市档案局完成的“档案中介机构理论与实践研究”课题，明确提出上海市档案中介机构发展规划：到 2000 年前，在现有全市档案中介机构的基础上逐步增加上海嘉定、静安、南市等三至五个档案中介机构；到 2005 年前，在大多数区县和一部分主管机构试点建立档案中介机构，形成总体框架，具有一定规模。① 可见，在起步阶段我国档案中介机构的建立和设置相对集中在特定地区。

我国档案中介机构在起步阶段表现出的另一个特点是依附性较强。由于我国第一批档案中介机构是档案行政管理部门职能改革和转变的产物，它们大多挂靠在档案行政管理部门之下，带有浓厚的官办色彩，通常被称为体制内的档案中介机构。这种性质上的行政特点和官方色彩决定了它们不是完全意义上的市场化、

---

① 参见上海市档案局：《档案中介机构研究》（内部资料），25 页，上海，1999。

社会化机构，只是档案局（馆）的依附机构。档案中介机构的依附性可能会滋生很多问题：一方面，官办档案中介机构常常利用主管部门的行政权力垄断本地市场，阻止其他地区档案中介组织在本地区开展业务，导致市场垄断。另一方面，官办档案中介机构可以利用主管部门的行政权力获取重要的市场信息和业务，造成不公平竞争。可见，在起步阶段我国档案中介机构的类型较为单一，发展不够全面。

7.1.1.3 初步发展：文件、信息商业化服务机构真正出现（2000 年至今）

2000 年以来，我国政府机构改革步入深化发展阶段。尤其是加入世界贸易组织以后，为使社会经济的发展与国际接轨，我国加快了政府职能转变的步伐。在档案领域，一方面，2000 年 7 月，美国第三大商业性文件中心 GRM 进入中国市场，合作创办上海信安达档案文件管理有限公司。这是我国首家纯商业性档案管理服务公司，标志着我国开始出现文件、信息商业化服务机构。它的成立是我国文件、信息商业化服务机构发展进程的重大转折点，具有里程碑意义。另一方面，档案中介机构出现“蜕变”，很多依附档案行政管理机构的档案中介机构开始脱离“温床”，转变为自主经营、自负盈亏、产权明晰、权责明确的企业法人组织，成为真正意义上的文件、信息商业化服务机构。文件、信息商业化服务机构的产生和成长，进一步激活了我国的文件管理市场，也由此进入了初步发展阶段。

真正意义的文件、信息商业化服务机构诞生

入世后，国外资本开始进入中国文件、信息服务市场。2000 年 7 月，GRM 与上海创造实业公司合作投资成立了上海信安达档案文件管理有限公司，通过社会化、市场化的运作方式提供全方位的文件管理服务。它是一家拥有独立产权，自主经营、独立核算、自负盈亏的公司制企业，也是我国首家纯商业化文件管理服务机构，它的出现标志着我国真正意义的文件、信息商业化服务机构诞生。经过十多年的变革与发展，GRM 已由最初中外合作式的上海分公司发展为全新的外商独资企业信安达（中国）信息管理服务公司，除上海外，旗下还有北京、广东、青岛、大连、成都 5 家分公司，遍布北京、上海、天津、广州、深圳、东莞、苏州、青岛、大连 9 个城市。信安达（中国）为众多知名企业提供服务，其中既有大型跨国公司也有当地的大型企业，这些客户从事的行业涵盖了保险、银行、金融、制造、会计、咨询、工程、高科技等不同领域。

信安达（中国）是第一家进军中国文件管理领域的国外文件、信息商业化服务机构，它的进入对我国的文件、信息商业化服务机构的发展意义重大、影响深远。一方面，为我国刚刚起步的文件管理市场注入了新鲜血液，在推动其逐步走向规范化、社会化和产业化的发展轨道方面大有裨益。另一方面，作为我国首家完全商业化的文件管理机构，引领了我国文件、信息商业化服务机构发展的新浪潮。继信安达（中国）之后，这种公司式或企业式文件、信息商业化服务机构逐渐在全国遍地开花。这其中既有专门的文件管理公司，如深圳国信档案寄存服务有限公司、深圳粤档信息评估鉴定事务所有限公司、上海育林档案管理咨询服务有限公司、杭州伟邦档案管理咨询有限公司、北京航星永志科技有限公司、紫光档案等；也有一些在信息技术、软件行业做大做强的企业或企业集团以档案信息化作为其拓展业务的重要方向进入该领域，积极开展档案数字化、档案管理软件和系统开发、档案信息化解决方案服务，如深圳市世纪科怡科技发展有限公司、珠海泰坦软件系统有限公司、北京量子伟业时代信息技术有限公司、北京紫光慧图信息技术有限公司等。

国内文件、信息商业化服务机构初步发展

由于我国第一批档案中介机构是档案行政管理部门改革和职能转变的产物，它们大多挂靠在档案行政管理部门之下，带有浓厚的官办色彩，通常被称为体制内档案中介机构。这种机构的行政特点和官方色彩决定了它们不是完全意义上的市场化、社会化中介服务机构，只是档案局（馆）的依附机构。2000 年后，随着我国市场经济体制的完善，我国档案中介机构内部出现“蜕变”，一批档案中介机构被推向市场，以独立的企业法人这一崭新面貌续写文件管理专业化、商业化服务的新篇章，国内文件、信息商业化服务机构进入初步发展时期。

目前，档案中介机构向文件、信息商业化服务机构“蜕变”的典型就是“深圳模式”。深圳的档案中介机构基本上由体制内产生，例如深圳市档案寄存中心隶属于市档案局，内设于市档案馆，现归市档案局文档服务中心管理，深圳粤档信息评估鉴定档案事务所有限公司隶属于档案学会。在这些机构成立之初，鉴于市场环境不理想，档案行政管理部门在行政许可的范围内给予一定的扶持，如在机构设置、人员编制上由档案局领导出面与有关职能部门协商解决，为机构提供注册资金和办公场所等。一旦机构运作步入正轨，就主动“放飞”，推向市场。深圳市档案寄存中心（深港档案寄存中心）、深圳粤档信息评估鉴定事务所有限公司就是“放飞”的成功典型。鉴于我国档案中介机构绝大多数由体制内生成，深圳模式对大多数地方具有指导意义。有关文献表明，目前浙江省已有不少档案中介机构组建成有限责任公司或股份公司，实行现代企业制度，开展规范管理，提供优质服务，形成了良好的信誉和口碑，取得了较好的社会和经济效益。目前，文件、信息商业化服务机构在我国呈现出良好的发展前景。

7.1.2 我国文件、信息商业化服务机构的现状特点

笔者借助文献研究梳理了我国文件、信息商业化服务机构的发展历程，也大致掌握了其发展的现状信息。为了更全面地展示我国文件、信息商业化服务机构的现状特点，笔者于 2011 年 6 月和 2012 年 5 月进行了两次网络调研。调研的直接目的是对目前我国已成立的文件、信息商业化服务机构（含档案中介机构）的客观存在状况进行摸底调查。为确保调研信息的可靠性和全面性，笔者以百度、谷歌两大主流搜索引擎为信息检索来源。在检索词方面，笔者遵循开放性原则，凡是与档案中介机构和文件、信息商业化服务机构相关的关键词均被列入检索范围，如档案寄存中心、档案咨询服务中心、档案事务所、档案管理技术服务中心、档案科技信息服务中心、档案文件中心、档案管理软件、档案管理咨询、档案托管等。调研获取的信息和数据将在下文相关部分呈现。笔者认为，我国文件、信息商业化服务机构的现状特点可归纳为五个方面。

7.1.2.1 数量不断增长

据不完全统计，截至 20 世纪 90 年代末，全国已有 100 多个档案中介机构。进入 2000 年以后，我国档案中介机构的数量不断增多，且保持着持续增长的趋势。除 20 世纪 90 年代成立的一些代表性档案中介机构——上海档案咨询服务中心（1993 年）、深圳市档案寄存中心（1998 年）之外，2000 年深圳市设立文档咨询服务中

心，随后济南、常熟等地也相继建立起文档咨询服务中心。特别是 2001 年国家档案局经调研后开始在全国逐步推广这一新举措，目前全国各地档案馆设立文档咨询服务中心的现象十分普遍。典型的代表有沈阳档案信息开发服务中心（2002 年）、浙江省档案服务中心（2003 年）、深圳市文档服务中心（2004）等。此外，相关文献表明，目前我国大多数档案馆设有档案寄存服务中心，为私营机构或个人提供档案寄存服务。如浙江省档案寄存中心（2000 年）、山东省档案馆档案寄存服务中心（2001 年）、长春市档案资料寄存服务中心（2002 年）、石家庄档案寄存中心（2004 年）、江苏省档案馆寄存服务中心（2008 年）等。

此外，笔者在第一次网络调研中查找到 246 家文件、信息商业化服务机构的相关信息，在第二次网络调研中查找到的机构数量增加到 376 家。从成立时间来看，绝大多数的文件、信息商业化服务机构成立于 2000 年之后，这一现象也说明我国文件、信息商业化服务机构在 2000 年之后具有数量不断增长的特点。

7.1.2.2 分布日益广泛

通过对我国文件、信息商业化服务机构的发展历程进行梳理，笔者发现它们最早兴起于经济较为发达的省市和地区，以浙江、上海最为典型。随着我国社会经济的发展以及文件、信息管理需求的日益增长，除浙江、上海以外，全国各地也相继成立了档案中介机构。如 1995 年，济南市非公有制企业档案服务中心成立；1998 年，深圳市档案寄存中心成立；1998 年，辽源市企业档案寄存服务中心成立；另外还有大连市档案培训管理中心、沈阳市档案信息开发服务中心、福建省文件档案管理服务中心、北京碧海兰台咨询有限公司、安凯晓荣档案信息技术服务中心等。

笔者在网络调研中发现，文件、信息商业化服务机构在全国29个省市均有分布。表7—1反映了笔者在网络调研（2012年5月）中查找到的文件、信息商业化服务机构的总体情况。

表7—1　　全国部分文件、信息商业化服务机构概览

所在省市	序号	机构名称	机构性质	成立时间
广东	1	深圳市档案寄存中心	事业单位	1998-10
	2	深圳档案信息管理培训中心	事业单位	2001-12
	3	深圳市文档服务中心	事业单位	2004-5
	4	深圳市城建档案寄存服务中心	事业单位	2001-9
	5	深圳深港档案寄存中心	国有企业	2004
	6	深圳粤档信息评估鉴定事务所有限公司	国有企业	2002-12
	7	深圳市世纪科怡科技发展有限公司	企业	1999-11
	8	深圳东方信腾数码技术有限公司	企业	2008-10
	9	深档数码技术有限公司	企业	2001-6
	10	深圳国信档案寄存服务有限公司	企业	2006-11
	11	深圳实信达科技有限公司	企业	1995-6
	12	深圳市治中档案技术服务有限公司	民营企业	2006
	13	深圳市世纪伟图科技开发有限公司	企业	
	14	深圳市易图咨讯有限公司	企业	
	15	深圳市万腾档案用品有限公司	企业	
	16	深圳葫芦宝科技有限公司	企业	2006
	17	深圳市深档档案寄存服务有限公司	企业	2008-9
	18	深圳市金档档案技术有限公司	企业	2001-3
	19	深圳市三密档案技有限公司	企业	
	20	深圳市德瑞克科技有限公司	企业	1996
	21	深圳市嘉福铭科技发展有限公司	企业	2006
	22	深圳市创天舆信息技术有限公司	企业	
	23	深圳市崇景档案技术服务有限公司	企业	2006
	24	深圳市翰林档案服务有限公司	企业	
	25	深圳市行佳亿捷档案数字化技术有限公司	企业	
	26	深圳市万鸿档案服务有限公司	企业	

续前表

所在省市	序号	机构名称	机构性质	成立时间
广东	27	深圳市阿卡夫档案服务有限公司	企业	
	28	珠海市档案寄存中心	事业单位	
	29	珠海泰坦软件系统有限公司	企业	1992
	30	佛山市金的信档案管理咨询有限公司	企业	2001
	31	佛山市诚泰档案技术服务有限公司	企业	
	32	中山市兰台档案事务咨询服务中心		
	33	中山市档案事务咨询服务部		2002-11
	34	肇庆市蓝图档案信息服务中心	企业	2004-11
	35	遂溪县企业档案咨询服务中心		2002-6
	36	顺德亚凯斯档案咨询服务中心	企业	
	37	广州澳源档案寄存服务有限公司	民营企业	
	38	广州融创电子科技有限公司	企业	2003
	39	广州历康信息科技有限公司	企业	
	40	广州市荔湾区文档资料信息服务中心		1995-6
	41	广州市慧信企业档案管理咨询有限公司	企业	2011-5
	42	广州市惠森档案用品有限公司	企业	1996
	43	广州华鑫档案用品有限公司	企业	
	44	广州市久久档案办公设备有限公司	企业	
	45	广州华信档案用品有限公司	企业	
	46	福建泉州惠安兰台档案设备有限公司广州分公司-广州番禺闽华印刷厂	私营企业	1995
	47	广东万维博通信息技术有限公司	企业	2000-8
上海	1	上海市闸北区档案事务所	事业单位	1993-2
	2	上海浦东档案事务所	事业单位	1993-9
	3	上海市档案咨询服务中心	国有企业	1993-8
	4	上海市崇明县档案咨询服务中心	集体企业	1995-2
	5	上海市奉贤档案咨询服务中心	集体企业	2002
	6	上海育林档案管理咨询服务有限公司	私营企业	2000-9

续前表

所在省市	序号	机构名称	机构性质	成立时间
上海	7	上海三哲档案咨询服务有限责任公司	企业	2000
	8	上海城盛档案综合服务有限公司	企业	2002
	9	上海中信信息发展股份有限公司	企业	2009－8
	10	上海仁通档案管理咨询服务有限公司	企业	
	11	上海南汇档案咨询服务中心	企业	2003－5
	12	上海金清科科技有限公司	企业	2004
	13	上海市嘉定档案咨询服务中心	企业	2003－7
	14	上海兰台信息技术有限公司	企业	2006－12
	15	上海新影捷信息技术有限公司	私营企业	2005－3
	16	上海文试档案科技有限公司	企业	1994－5
	17	上海金档信息技术有限公司	企业	
	18	上海国安档案装具有限公司	企业	
	19	上海半球档案设备有限公司	企业	2006
	20	上海东观档案设备有限公司	企业	
	21	上海万佳档案设备有限公司	企业	2003
	22	上海远洋档案设备有限公司	企业	2006
	23	上海档案设备制造厂	企业	2006
	24	上海档案设备有限公司	企业	
	25	上海密集架厂	企业	
	26	上海发力电子箱柜有限公司	企业	
	27	上海亚泰消防工程有限公司	企业	
	28	上海顺秋档案管理咨询服务有限公司	企业	
	29	上海成纳劳务咨询服务中心	股份公司	2005－3
	30	德保档案文件管理（原名欧吉斯中国）	外资企业	2003
	31	信安达（中国）（原上海信安达档案文件管理有限公司）	外资企业	2000－7
浙江	1	浙江省档案事务所	事业单位	1993－3
	2	浙江省档案技术开发服务部	事业单位	1992－12
	3	浙江省档案干部教育培训中心	事业单位	1993－4
	4	浙江省档案寄存中心	事业单位	2000－12

续前表

所在省市	序号	机构名称	机构性质	成立时间
浙江	5	浙江天娱档案设备有限公司	企业	
	6	浙江省档案服务中心		2003－2
	7	浙江档案科技信息咨询事务所		
	8	杭州富浙信息技术有限公司	国有企业	2009
	9	杭州伟邦档案管理咨询有限公司	企业	2003－8
	10	杭州腾信档案事务所	个体工商户	2002－10
	11	杭州市高新兰台档案事务所		2009－8
	12	杭州远大档案技术有限公司	企业	
	13	杭州中大档案管理咨询有限公司	企业	2002－4
	14	杭州兰台档案整理服务有限公司	企业	
	15	杭州文渊档案管理咨询有限公司	企业	
	16	杭州华标办公设备有限公司	企业	
	17	杭州市泰宇电脑有限公司	企业	1998
	18	建德市档案事务所	事业单位	1992－9
	19	宁波市奉化市档案寄存服务中心	事业单位	2005－3
	20	宁波市档案馆档案寄存中心	事业单位	2005－9
	21	宁波海曙天一档案技术服务中心	企业	2003－11
	22	宁波海曙文兴档案服务有限公司	企业	
	23	宁波圣达精工实业有限公司	企业	
	24	宁波圣达精工智能科技有限公司	企业	
	25	宁波邦达实业有限公司	企业	
	26	宁波八益实业有限公司	企业	
	27	台州市档案局（馆）档案寄存中心	事业单位	2007－5
	28	台州市档案事务所		1905－6
	29	台州市兰台文档事务所有限公司	企业	2005－3
	30	台州市路桥区兰台档案事务所		
	31	台州市天台县档案事务所		
	32	台州市黄岩区档案事务所	事业单位	1996
	33	温岭市兰台档案整理咨询事务所		2003－9
	34	湖州市档案事务所	事业单位	1992－9
	35	湖州市长兴县档案事务所		
	36	湖州浙北档案事务所		
	37	绍兴市兰台档案事务所		2003－7

续前表

所在省市	序号	机构名称	机构性质	成立时间
浙江	38	绍兴市兰台档案技术服务有限公司	企业	2008-12
	39	丽水市档案事务所		
	40	丽水市云和县档案技术服务部		
	41	温州市泰顺县档案综合服务部		2000
	42	温州市博导文化用品有限公司义乌分公司	企业	
	43	舟山市档案事务所		
	44	嘉兴市秀洲区盛源档案技术咨询服务部		1999
	45	嘉兴市海盐县新欣档案事务所	集体企业	
	46	嘉兴市海宁市档案事务所		2001
	47	金华市焕华档案管理有限公司	私营企业	
	48	嘉善江南档案用具有限公司	企业	
	49	义乌创美文化用品有限公司	企业	
	50	海发（宁波）办公设备有限公司	企业	
	51	华东档案用品网		
	52	兰台中宝科技有限公司	私营企业	2005
	53	德清县治中档案事务所		2008-1
	54	浦江县档案事务所	事业单位	
北京	1	北京碧海兰台咨询有限公司	事业单位	1999-4
	2	安凯晓荣档案信息技术服务公司	事业单位	1999-4
	3	北京市兰星档案事务所	国有企业	1999-7
	4	北京清大思创科技发展有限公司	企业	2006
	5	北京量子伟业时代信息技术有限公司	企业	1999-4
	6	北京文储物流有限公司	企业	2004
	7	北京航星永志科技有限公司	企业	2002-3
	8	北京金匮缘信息技术服务有限公司	企业	2010-7
	9	紫光档案	企业	1994
	10	北京数聚万卷科技发展有限公司	企业	2006
	11	北京市宏业兰台咨询服务中心	企业	2000
	12	北京丰盛诚信档案事务咨询中心	企业	2003
	13	北京方正电子政务信息科技有限公司	企业	2007-3

续前表

所在省市	序号	机构名称	机构性质	成立时间
北京	14	北京博睿思达数字科技有限公司	企业	2005－6
	15	北京东方飞扬软件技术有限公司	企业	2000－7
	16	北京市爱利特科技中心		2000－11
	17	北京网智朗通科技有限公司	企业	
	18	潽尔森文档	企业	2007
	19	北京亿想辰光科技有限公司	企业	2007－10
	20	北京档案事业服务中心	企业	2002－6
	21	北京市人才档案公共管理服务中心	事业单位	
	22	北京东方博泰档案文件管理咨询有限公司	民营企业	
	23	北京图书档案用品服务中心	企业	1980
	24	北京齐元伟业档案技术发展有限公司	企业	
	25	北京华龙全档案设备有限公司	企业	2004
	26	北京中大佳华档案设备有限公司	企业	
	27	北京星瑞兰台档案技术服务有限公司	企业	2010－8
	28	北京盛世兰台档案科技有限公司	企业	
	29	北京金亿兰台档案科技有限公司	企业	
	30	北京宝库兰台科技有限公司	私营企业	2006－7
	31	北京数字兰台信息技术有限公司	民营企业	2001－12
	32	北京天之健办公家具展览有限公司	企业	2003
	33	北京天之健档案管理公司	企业	2001
	34	北京天宇智通信息技术有限责任公司	企业	2005
	35	北京市三海达档案用品销售中心	企业	
	36	北京市鑫跃辰档案用品有限公司	企业	
	37	北京创美时代办公家具有限公司	企业	
	38	北京市飞狐灵通软件技术有限公司	民营企业	
	39	北京市汉龙实业有限公司	企业	1992
	40	前进档案设备中心	企业	
	41	德保档案文件管理（上海）有限公司北京分公司	企业	2003
	42	新华信企业档案在线	企业	

续前表

所在省市	序号	机构名称	机构性质	成立时间
辽宁	1	沈阳老顾头档案设备有限公司	企业	1991
	2	沈阳市档案信息开发服务中心	集体企业	2002-4
	3	沈阳市兰台档案信息咨询服务中心		
	4	沈阳市东陵区档案事务所		
	5	沈阳集美档案管理有限公司	企业	
	6	沈阳沈飞档案设备联合公司	企业	
	7	大连市档案培训管理中心		
	8	大连市档案寄存咨询服务中心		2002
	9	大连市西岗区兰台建筑工程档案咨询服务中心		
	10	大连家诚档案设备经销有限公司	企业	
	11	辽源市企业档案寄存服务中心		
	12	鞍山市档案咨询服务公司	企业	2000
	13	盘锦市兰台档案服务咨询中心	集体企业	2002-8
	14	抚顺市档案用品服务公司	企业	
	15	辽宁档案设备厂有限公司	企业	1992
	16	辽宁大学档案事务所		
	17	华丰档案用品有限公司	企业	1985
四川	1	四川海诺数据资讯有限公司	企业	2001-5
	2	四川省兰台档案咨询服务有限责任公司	企业	2000-10
	3	四川兰台档案管理服务有限公司	企业	2009
	4	四川蓝宇档案管理服务有限公司	企业	2008
	5	成都博阳档案管理服务有限公司	企业	2011
	6	成都金钥匙档案管理咨询有限公司	企业	
	7	成都扬帆档案管理咨询有限公司	企业	
	8	宜宾市翠屏区城市档案技术咨询服务中心	私营企业	2004-3
安徽	1	安徽省档案事务所	事业单位	1997
	2	合肥市破产改制企业档案寄存中心	事业单位	2004-7
	3	安徽省当代科技信息咨询中心	企业	2004-9
	4	安徽诚和档案科技有限公司	企业	
	5	安徽新科档案用品服务有限公司	企业	2004-9

续前表

所在省市	序号	机构名称	机构性质	成立时间
安徽	6	安庆市档案事务所	企业	
	7	怀远县城建档案咨询服务中心	企业	2003-5
	8	宿州市城建档案咨询服务部	企业	2002-5
江苏	1	江苏省档案事务所	事业单位	
	2	江苏省档案馆寄存服务中心	事业单位	2008-8
	3	江苏长诚档案设备有限公司	企业	
	4	南京市档案咨询服务中心	事业单位	
	5	南京市玄武区档案服务中心	事业单位	
	6	南京轩恩软件开发有限公司	企业	2006
	7	南京中坦科技有限公司	企业	2003
	8	南京文盛科技有限公司	企业	
	9	南京润慧科技有限公司	企业	2007
	10	南京珥仁科技有限公司	企业	1995-6
	11	南京优创科技有限公司	国有企业	2001-4
	12	南通市档案事务所		1999-6
	13	南通市实佳档案事务所有限公司	企业	
	14	连云港市档案事务所		
	15	无锡市安信档案管理有限公司	企业	2004-5
	16	无锡市锡山区档案寄存中心		2001-5
	17	永嘉县城建档案信息咨询服务中心		2007-4
	18	镇江通达档案装具设备有限公司	企业	
	19	镇江市文杰档案管理服务中心		
	20	徐州市档案馆寄存中心		2003-5
	21	徐州市铜达档案用品服务部	企业	
	22	徐州市档案事务所		
	23	苏州市名城档案服务中心		
	24	苏州工业园区苏航档案服务	企业	
	25	扬州市江都市档案事务所		2002
	26	常熟市档案事务有限责任公司	企业	1996
	27	江阴市暨阳档案服务有限公司	企业	
	28	海安县档案用品服务部	企业	
	29	常州神马图书档案设备有限公司	企业	
	30	铜山县档案馆劳动服务站		
	31	张家港兰台档案用品有限公司	企业	
	32	金湖县档案馆技术服务部		

续前表

所在省市	序号	机构名称	机构性质	成立时间
福建	1	福建省文件档案管理服务中心		1995
	2	福州盛禧档案技术服务有限公司	企业	
	3	厦门蓝极档案技术有限公司	企业	2003－8
	4	厦门市铭城档案技术有限公司	企业	
	5	厦门路城档案技术有限公司	民营企业	2000－1
	6	厦门强维档案技术服务有限公司	企业	
	7	福建科易计算机技术服务有限公司	企业	2000－5
	8	泉州市档案学会技术服务中心		1997－10
	9	泉州市城建档案技术服务部		1990－9
	10	泉州市惠安兰台档案设备有限公司	企业	1991
	11	泉州市文博档案用品专卖店	集体企业	
	12	南平市南台档案服务有限公司	企业	2004－9
	13	南安市城建档案技术咨询有限公司	企业	2002－4
	14	连江县创新档案服务中心		
湖北	1	湖北省档案技术咨询中心	事业单位	2002－8
	2	阳新县档案事务所	事业单位	2009
	3	黄石市档案事务所	事业单位	1994－11
	4	鄂州市兰台信息服务中心		2004－10
	5	襄樊市兰台档案技术咨询服务中心	事业单位	
	6	十堰市繁荣城建档案技术服务中心	集体企业	2000－5
	7	武汉和众和科技有限公司		2007
	8	武汉市档案馆档案资料寄存中心	事业单位	2000
	9	汉正街民营企业档案协会	民营企业	2002
	10	随州市曾都档案事务所		2003－12
	11	荆州市民营企业档案工作协作组		2004
	12	宜昌市档案服务公司	国有企业	2006
	13	中国档案寄存中心网	民营企业	2008
山东	1	山东省档案馆档案寄存服务中心	事业单位	2001
	2	山东青岛莱西市文档服务中心	事业单位	2001
	3	青岛万马档案设备有限公司	民营企业	
	4	威海档案用品服务公司	企业	
	5	烟台建设档案科技开发公司	企业	1994－3
	6	山东齐元档案技术发展有限公司	企业	

续前表

所在省市	序号	机构名称	机构性质	成立时间
山东	7	日照市城建档案咨询服务中心	集体企业	
	8	菏泽市城建档案技术咨询服务中心	私营企业	2006
	9	山东东方飞扬软件技术有限公司	私营企业	2006
	10	山东档案用品专卖中心	企业	
	11	山东金诺集团有限公司	企业	
	12	济南宝葫芦档案数字化服务有限公司	企业	2009－8
	13	济南金伟丽档案设备有限公司	企业	
	14	济南冠通智能科技开发有限公司	企业	
	15	济南恒大视讯科技有限公司	企业	
	16	包头市鑫利办公用品有限公司	企业	
	17	德州华文档案文化用品有限公司	企业	
	18	文海档案公司（山东）	企业	2006
	19	济宁腾润科技贸易有限公司	企业	2005－6
河南	1	科阳档案设备有限公司	企业	1997
	2	河南省兰台人档案服务有限公司	企业	2004
	3	河南精诚档案管理咨询有限公司	企业	2006
	4	河南中宝档案技术服务有限公司	企业	2003
	5	河南东方飞扬软件技术有限公司	企业	2005
	6	河南新泰科技发展有限公司	私营企业	2004－11
	7	河南昊博办公档案用品有限公司	企业	2003
	8	河南省科阳档案设备有限公司	企业	2007
	9	郑州简博信息技术有限公司	企业	2009－6
	10	开封市伟成城建档案技术服务咨询中心	企业	1999－11
	11	洛阳市博信城建档案技术服务中心	社会团体	
	12	洛阳兰台业档案用品专卖中心		
河北	1	河北省档案咨询服务中心	事业单位	
	2	河北省盛大档案用品厂	企业	
	3	河北省文昌档案用品厂	企业	
	4	河北省华艺档案用品厂	企业	
	5	河北宏昌档案用品厂	企业	
	6	河北省国昌档案用品厂	企业	

续前表

所在省市	序号	机构名称	机构性质	成立时间
河北	7	河北强印档案用品有限公司	企业	
	8	河北省文化档案用品厂	企业	
	9	河北鸿兴档案用品厂	企业	
	10	河北省平乡县富兰特档案用品有限公司	企业	
	11	河北鑫旺档案用品厂	企业	
	12	河北华彩档案装具用品厂	企业	1994
	13	石家庄档案寄存中心	事业单位	2004－11
	14	河北科怡科技开发有限公司	企业	2001－5
	15	廊坊市档案咨询服务中心		1997
	16	沧州市城建档案咨询服务中心	国有企业	
	17	邢台平乡信达档案用品厂	企业	
	18	平乡县三军档案用品厂	民营合股	1980
	19	河北平乡孟华档案用品有限公司	企业	
	20	宣化档案用品经销部	企业	
	21	张家口市桥西档案用品经销部	企业	
	22	房县档案馆档案用品服务部	企业	
	23	兴达档案用品有限公司	企业	
内蒙古	1	包头市兰台科技咨询有限责任公司	企业	2001
广西	1	桂林市档案馆档案技术咨询服务中心	事业单位	1997－6
	2	南宁富兰特档案用品有限公司	企业	
湖南	1	湖南省杰灵信息技术有限公司	企业	2009－5
	2	永州市档案科技咨询服务中心	集体企业	
	3	长沙经典档案技术服务有限公司	企业	2010
	4	湖南省档案服务中心		
	5	湖南新宇金属制品有限公司	企业	
	6	衡阳兰欣档案科技（湖南）有限公司	企业	
江西	1	南昌市城建档案咨询服务中心	集体企业	1998－7
	2	新余市兰台城建档案技术咨询服务中心	集体企业	2002－10
	3	赣州地区档案科技服务中心	事业单位	1997－1
	4	赣县兰台科技服务部	企业	

续前表

所在省市	序号	机构名称	机构性质	成立时间
江西	5	南宁富兰特档案用品有限公司	企业	
	6	江西兰台档案保密装备有限公司	企业	2001
	7	华龙全档案办公家具设备用品有限公司	企业	
	8	江西金虎保险设备（集团）有限公司	企业	
	9	江西阳光安全设备有限公司	企业	20 世纪 80 年代
陕西	1	西安市临潼区城建档案技术咨询服务中心		
	2	陕西杰胜信息科技有限公司	企业	
	3	西安鑫创科技有限公司	企业	
	4	西安立人行档案文件管理咨询有限公司	企业	2010
	5	西安新飞档案设备厂	企业	1999
	6	西安焱晟科技有限公司	企业	2008
宁夏	1	石嘴山市兰台技术信息咨询服务中心	事业单位	2002-9
山西	1	运城市绛县档案事务所	事业单位	2001-2
	2	临汾市兰台档案服务中心	事业单位	2002-4
	3	朔州市城建档案技术咨询服务中心	企业	2005
	4	太原市尖草坪区安邦档案技术事务所		
	5	山西明昊鑫科技发展有限公司	私人企业	1998
黑龙江	1	黑龙江省档案技术服务中心	事业单位	2005
	2	桦甸市城建档案信息服务中心	国有企业	2001
	3	哈尔滨市城建档案信息咨询服务中心	企业	2000
	4	佳木斯市城建档案咨询服务中心	企业	1998-5
	5	本溪满族自治县城建档案技术服务中心	事业单位	2000-7
	6	佳木斯市民营企业档案工作协作	社会团体	2009-8
吉林	1	吉林市永吉县档案寄存服务中心	事业单位	2005-1
	2	长春市档案资料寄存服务中心	事业单位	2002-4

续前表

所在省市	序号	机构名称	机构性质	成立时间
吉林	3	敦化市档案资料寄存服务中心	事业单位	2005
	4	延边市档案寄存中心	事业单位	2003-12
	5	吉林省档案用品经销中心	企业	
天津	1	天津市档案咨询服务中心	事业单位	
	2	天津市档案教育培训中心	事业单位	
	3	杰伟世展翅光盘销售（天津）有限公司	企业	
甘肃	1	甘肃省档案馆资料寄存服务中心	事业单位	2003-12
	2	兰州金恒城建档案综合服务中心	集体企业	1998-3
云南	1	云南省档案现代化管理技术服务中心	国有企业	
	2	云南经济档案技术咨询服务部	集体企业	2000
	3	云南省普洱市景东彝族自治县档案局档案寄存中心	事业单位	
	4	云南兰台商贸有限公司	企业	2001
	5	昆明邦力档案事务有限公司	企业	2006
青海	1	青海省档案技术服务中心	国有企业	2003-6
海南	1	海南省琼兰档案服务中心	事业单位	2009-7
贵州	1	贵阳云岩兰台档案技术咨询服务部		
	2	贵州合众志达档案管理咨询有限公司	企业	2006
新疆	1	新疆维吾尔自治区民营企业档案工作协作组	社会团体	2011-5

注：在网络调研中，机构性质和成立时间有注明的均已在表格中标记，未注明的则保留空白。

笔者用表7—2展示文件、信息商业化服务机构在全国29个省市的分布情况。

表7—2　　全国部分文件、信息商业化服务机构的地区分布

分布省市	机构数量
浙江	54
广东	47
北京	42
江苏	32

续前表

分布省市	机构数量
上海	31
河北	23
山东	19
辽宁	17
福建	14
湖北	13
河南	12
江西	9
安徽	8
四川	8
湖南	6
陕西	6
黑龙江	6
山西	5
云南	5
吉林	5
天津	3
甘肃	2
贵州	2
广西	2
内蒙古	1
新疆	1
青海	1
海南	1
宁夏	1
合计	376

7.1.2.3 名称类型多样

目前，我国文件、信息商业化服务机构在名称类型上具有多样化的特点，如有档案事务所、档案咨询服务中心、档案培训与成果交流中心、档案寄存服务中心、档案管理技术服务中心、档案科技信息服务中心等。还有大量名称上并未突出“档案”字样的民营企业也能提供文件管理的商业化服务。笔者根据文献调研将我国文件、信息商业化服务机构的常见名称类型归纳为五种：

第一，档案事务所。

这是文件、信息商业化服务机构最为常见也是相对运行较好且数量较多的名称类型。档案事务所的性质和服务方式应与目前比较完备的律师事务所相一致。档案事务所主要分布在上海、浙江等省市，服务内容以提供档案整理、编目服务和档案咨询为主。

第二，档案寄存中心。

这是由档案管理部门或其他管理机构建立起来的文件、信息商业化服务机构，主要为当地居民提供档案寄存服务。例如在上海不少社区都有社区档案寄存中心，用于寄存保管社区居民的个人或家庭档案。此外，较为典型的档案寄存中心是深圳市档案寄存中心。它在全国最早建立，其服务职能主要是接收国有与非国有及破产企业、社会团体或个人在工作、生产、经营等各项活动中形成的档案，并将之寄存在市档案馆中。

第三，档案咨询服务中心。

由于市场经济的快速发展以及档案信息意识的提升，社会上涌现了越来越多的档案信息咨询服务机构。其主要业务是以科学为依据，以档案信息、档案知识为基础，综合运用现代科学知识技术和方法，为解决人们所面临的各类有关档案问题而进行的一系列智力活动。具有代表性的档案咨询服务中心有上海市档案咨询服务中心、上海育林档案管理咨询服务有限公司、杭州伟邦档案管理咨询有限公司等。它们直接为机关、企事业单位及个人代办档案事务。

第四，档案管理技术服务中心。

这是主要为用户提供档案信息服务的文件、信息商业化服务机构，大多以企业形式建立，提供档案数字化管理系统软件开发、档案数字化加工等服务。代表有深圳东方信腾数码技术有限公司、北京量子伟业时代信息技术有限公司、北京清大思创科技发展有限公司、北京碧海兰台咨询有限公司、浙江档案科技信息咨询事务所等。

第五，档案用品专卖中心。

这是以档案馆、办公室、图书馆的装具、设备和用品的研发、生产、销售和服务为主导的综合型企业。主要提供与档案、图书馆（室）有关的设备、用品和服务，如档案密集架、档案密集架拆迁和改造，书架、文件柜、展示柜、期刊架、档案盒及各种档案图书装具设备用品和办公家具，除湿机、加湿器、防磁柜、档案消毒柜、档案灭菌机、碎纸机、各类打孔（切纸、装订）机，档案库房温湿度控制检测设备和用品、照明设备和用品、消防设备和用品，档案库房装修改造和搬迁等。较为突出的企业有沈阳沈飞档案设备联合公司、北京中大佳华档案设备有限公司等。

7.1.2.4　机构性质多元

学界通常将机构的性质分为三类：行政机构、事业单位和企业。由于我国文件、信息商业化服务机构的名称类型众多，机构性质也具有多元化的特点。笔者通过网络调研发现，我国文件、信息商业化服务机构的性质主要有企业制和事业制两种。其中企业制中又区分为国有企业、集体企业、民营企业、私营企业、外资企业和个体工商户等不同形式。国有企业的典型有深圳粤档信息评估鉴定事务所有限公司、云南省档案现代化管理技术服务中心等；集体企业的典型有云南经济档案技术咨询服务部、沈阳市档案信息开发服务中心等；民营企业的典型有深圳市治中档案技术服务有限公司、上海三哲档案咨询服务有限责任公司等；私人企业的典型有山西明昊鑫科技发展有限公司、北京宝库兰台科技有限公司等；外资企业的典型有信安达（中国）等；个体工商户的典型有杭州腾信档案事务所等。另外，事业制的档案中介机构又有挂靠与自收自支事业单位之分。目前挂靠档案机构（馆或局）的事业制档案中介机构占据着主流。

此外，笔者在网络调研中还发现目前已出现行会性质（社会团体）的文件、信息商业化服务机构，典型如黑龙江省民营企业档案工作协会，它成立于2006年10月，受档案行政管理部门委托，开展民营企业档案工作调查研究，收集、整理和分析民营企业档案工作状况、发展趋势等资料，为档案行政管理部门制定中长期规划和档案事业发展战略提供咨询，并根据民营企业档案工作的现状和特点制定相关规范、标准以及行规行约。再比如成立于2011年5月的新疆维吾尔自治区民营企业档案工作协作组，它是就民营企业档案业务相互学习、交流和协作的互助组织。新疆维吾尔自治区档案局（馆）为了鼓励、支持和引导民营企业建立健全档案工作，使档案工作在民营企业发展中更好地发挥作用，该档案局（馆）决定以成立协作组的形式为民营企业开展档案工作提供咨询指导。

7.1.2.5 机构建设初具规模

经过近20年的发展，我国文件、信息商业化服务机构的建设初具规模。通过文献调研笔者了解到，目前浙江省已有不少文件、信息商业化服务机构组建成有限责任公司或股份公司，实行现代企业制度，开展规范管理，提供优质服务，形成了良好的信誉和口碑，取得了较好的社会和经济效益。

我国文件、信息商业化服务机构的初具规模主要表现为三个方面：第一，机构数量与日俱增，范围覆盖全国。表 7—1 和表 7—2 列出了档案中介机构在全国 29 个省市的分布情况，其数量达到数百，可见文件、信息商业化服务机构的数量不少，范围分布广。这为其跨地区经营奠定了广泛的基础。第二，机构的运营建成了跨地区网络。不少文件、信息商业化服务机构在全国各地设立分支机构，典型代表有北京量子伟业时代信息技术有限公司、北京紫光慧图信息技术有限公司和信安达（中国）。以紫光档案为例，其分公司覆盖全国数十省，在全国范围内形成了较强大的营销网络。第三，机构的规模效益初步显现。例如深圳市档案寄存中心至 2004 年 6 月已接收 100 家机关、企业及公民个人的有关档案与历史资料共 13 万卷进馆寄存，案卷排架长度 2 000 多米。成立五年多来，接待查档 500 多人次，调卷 4 016 卷，取得了显著的社会效益与经济效益。再如沈阳市档案信息开发服务中心已经建成了由 180 多个机关、团体和企事业单位共同参加的档案信息开发服务网络，建立了档案信息目录网，编辑网刊《沈档信息》，方便快捷地为利用者有偿查询各类档案、现行文件和政策法规。中心还成立了“档案管理咨询论证委员会”进行档案法律、法规和较大规模基建项目档案、较大规模档案库房建设和布局以及其他较大档案管理项目的咨询论证工作。

7.2 我国文件、信息商业化服务机构的典型调研

需要说明的是，鉴于项目研究主要基于文献调研和网络调研，

有关文件、信息商业化服务机构现状特点的数据和信息也主要是从相关文献中获取的，因而在材料的全面性方面难免存在不足。据此笔者决定运用典型调研，借助以点代面、窥斑见豹的研究手法，尽最大努力揭示我国文件、信息商业化服务机构的总体状况。

本次典型调研的基础是笔者所做网络调研获取的数据，选择典型的依据包括机构的地域分布、业务类型和影响力等综合因素。笔者在调研中发现，我国文件、信息商业化服务机构的地域分布很不平衡，业务类型具有多样化特点，影响力存在大小之别。为此，笔者重点选择集中在经济发达地区、业务类型具有代表性、专业影响力或知名度较大的机构作为典型。最终，笔者选择了北京量子伟业时代信息技术有限公司、深圳市世纪科怡科技发展有限公司、信安达（中国）、潽尔森文档、北京紫光慧图信息技术有限公司作为典型调研的对象。笔者以网络调研为主，结合访谈和实地考察等其他方法，梳理上述公司的基本情况，并进行调研分析及思考。

7.2.1 北京量子伟业时代信息技术有限公司①

7.2.1.1 调研概况

机构简介

北京量子伟业时代信息技术有限公司（简称量子伟业）是我国最具规模的档案管理系统研发、业务咨询服务、数字化加工建设整体解决方案的提供商，是经北京市科委认定的高新技术企业和双软企业。公司于1999年4月成立，注册资金1 384.12万元人民币，现有员工300余人。自创业伊始，公司便以推动我国档案

---

① 调研信息参考该公司网站 http：//www.pde.cn/。

信息化建设进程为企业宗旨，始终专注于档案信息化领域的研发。公司总部位于北京中关村科技园区，分支机构覆盖上海、广州、杭州、南京、济南、郑州、沈阳、长沙等地区。凭借领先的技术、丰富的产品线、专业的咨询服务、优良的实施队伍和及时的本地化服务，公司确立了行业高端定位，是我国专业的档案信息化技术、产品和解决方案的供应商，销售收入在业内多年稳居首位。

业务内容

成立十余年以来，量子伟业长期致力于档案信息化的大型系统集成，应用软件研发、生产、销售和服务等工作，如今公司把更多的思考放在如何在流程上实现电子数据的实时信息支撑上，以数据统计的完整性为客户提供解决方案。主要业务包括以下三方面：

第一，档案管理系统研发。这里要首推公司自主研发的 PDE 档案管理系列软件，包括 PDE 综合档案馆管理系统、PDE 流媒体管理系统、PDE-EDM 企业文档管理系统、PDE 企业文档管理（知识资源管理）系统、PDE 数字档案管理系统 V7.2、PDE-PORTAL V1.0.1 档案门户功能等。该系列软件先后获得国家档案局“国家档案局优秀科技成果奖”、“优秀档案管理系统软件”认证等奖项，通过了 ISO 9001 质量体系认证，成为推动我国档案信息化建设的主流应用软件。公司目前在国家商标局成功注册了 PDE 商标，且完全独立拥有多项软件版权。2012 年 9 月，公司隆重发布了中国首款智慧云平台档案管理软件——PDE 数字档案管理系统 V9.0（简称 P9），它以开放档案信息系统（OAIS）参考模型与文档生命周期管理（ILM）模型为设计理念，对档案的收集、管理、利用和保存等进行全过程信息化管理，并运用文件信息加密、文件封装和身份验证等技术为电子文件提供解决方案。

第二，档案数字化加工。公司 PDE 档案数字化加工中心目前在北京、上海、济南、南京、郑州、福州、昆山、杭州、南昌等地设有长期专业档案数字化加工生产线，拥有专业扫描、录入人员 300 余人，各种平板扫描仪、高速扫描仪、工程图纸扫描仪等专业设备 100 余台。中心秉承为客户提供“专业服务，优质品质”的服务理念，已为一大批国内高端用户提供加工服务。

第三，档案信息化方案咨询服务。在计算机技术辅助档案管理工作越发重要的形势下，对集团化、扁平化档案管理工作体系与实体档案、电子档案信息资源集约管理的规划、实施过程中遇到的问题进行解决，是公司近几年对高端客户的主要增值服务内容。公司通过咨询与规划服务，对管理、业务、IT 三个层次进行发掘，提炼有意义的主要问题，就如何解决问题与客户讨论并达成一致，同时通过主要问题进行风险识别，最后利用公司的专业优势提供包含咨询、规划、研发、数字化、实施、服务在内的整体解决方案。

服务客户

量子伟业现已成为中国档案信息化建设的首选品牌，全国用户超过 10 000 家。客户涵盖通信、能源、航空、金融、化工、制造、房地产、专业档案馆、政府等 30 余个行业机构。量子伟业在国内首创“智慧档案馆”模式，并成功实施了国家数字档案馆示范工程绍兴市数字档案馆项目，赢得了中国电信、中国移动、中国联通、中煤集团、五矿集团、联想集团、万科集团、苏宁电器、万达集团、娃哈哈集团、复星集团等用户的信赖。

资质荣誉

公司已确立了行业高端定位。截至 2012 年，其获得的主要荣誉包括：2009 年 11 月，“基于 oss 模式文档信息延伸管理的数字档案馆建设的研究”获 2009 年度国家档案局优秀科技成果奖；2009 年 11 月，“基于信息生命周期的企业文档管理方案研究”获 2009 年度国家档案局优秀科技成果奖；2010 年 3 月，PDE 数字档案管理系统 V8.0 获“上海市档案科技成果和产品应用推荐证书”；2010 年 10 月，入选 2010 年度“德勤高科技、高成长中国 50 强”；2010 年 12 月，入选 2010 中国制造业信息化年度值得信赖品牌奖；2011 年 1 月，入选 2010 中关村战略性新兴产业高成长 10 强；2011 年 2 月，入选 2010 年中关村最具发展潜力十佳创新企业；2011 年 3 月，入选 2010 中关村高成长企业 TOP100；2011 年9 月，获 2011 中国档案行业信息化年度突出贡献企业奖；2011 年 10 月，入选 2011 年度“德勤高科技、高成长中国 50 强”。

7.2.1.2 调研分析及思考

建设特色

笔者通过调研认为，量子伟业形成了核心竞争优势——档案信息化。在同行中，量子伟业擅长的是档案信息化的大型系统集成项目。在信息时代，各行业公司均有集成海量信息的需求，并试图通过信息获得有价值的知识。量子伟业从建立目录数据库系统、档案原件扫描起步，逐步抓住档案信息化的细分市场，立志在这一细分市场做大做强。公司先人一步看到了企业和机构客户在信息化时代背景下对文件、信息进行系统化、电子化管理的需求，准确地把握了行业大势。

成功经验

笔者认为，量子伟业的成功经验可归结为三点：

一是技术支撑。公司的核心竞争力在于拥有自主研发的多项档案管理核心系统技术，并以核心的档案管理信息系统软件为母系统，在多年的档案信息化服务过程中，逐渐发展了能源、金融、建筑等行业的专业化档案管理软件，在提供标准化服务的同时，满足客户的个性化需求。

二是规模化经营。公司以国家高新技术产业园区——中关村软件园区为枢纽，设有华北、东北、华东、华中、华南、西南、西北 7 大营销中心，北京、南京两个研发中心，同时在上海、江苏、浙江、广东等地成立了子公司，在山东、辽宁、湖北、湖南、安徽、四川、广西、江西、福建成立了办事处，全国其他省市的办事处正在筹备建设阶段，已基本建成覆盖全国的技术服务网络。

三是多方合作，注重创新研究。公司十分注重创新研究，截至 2012 年，其参与并承担完成的国家档案局优秀科技成果课题已有 10 项，是目前国内同行业内参与和承担国家档案局优秀科技成果奖项课题最多的企业，充分体现了量子伟业在中国档案信息化科研和技术创新领域的实力。2002 年 12 月，PDE 档案管理系列软件荣获“国家档案局优秀科技成果二等奖”。2003 年 10 月，与江苏吴江市档案局合作承担国家档案局关于“多媒体档案技术的应用研究”的科研课题，取得了创新性成功。2008 年 4 月，与绍兴档案馆合作承担国家档案局“数字环境下档案馆 BPR 的研究与系统开发”科技项目，该成果为国家档案馆数字环境下档案馆的工作管理做出了许多有实效意义的尝试。此外，经内蒙古自治区档案局推荐，由量子伟业和中国移动通信集团内蒙古自治区有限公司共同承担完成的“数字档案管理模式及其企业管理战略的耦合关系研究”课题荣获国家档案局 2011 年度优秀科技成果奖。2012 年 9 月，公司又隆重发布了中国首款智慧云平台档案管理软件——PDE 数字档案管理系统 V9.0。由此可见，量子伟业十分注重与多方机构的合作，不论是企业还是高校，且立足于不断提高档案信息服务的科技水平，不断研究开发满足国家或企业需求的产品和技术服务，而且注重研究创新。

7.2.2 深圳市世纪科怡科技发展有限公司①

7.2.2.1 调研概况

机构简介

深圳市世纪科怡科技发展有限公司（简称世纪科怡）是一家内容管理领域专业从事大型系统集成项目建设以及应用软件开发、生产、销售和服务的IT企业，成立于1999年11月，由国家档案局科学技术研究所、广东开平春晖股份有限公司等股东共同投资设立，总部设于深圳。公司技术力量雄厚，拥有专业的研发队伍，在深圳、北京等地建立了科研开发基地，与诸多科研院所及高等院校建立了长期合作关系，还与微软、CISCO、甲骨文、SUN、BEA等国际IT企业建立了战略合作伙伴关系，保证了公司的产品与技术同国际接轨。公司秉承“科技创造有序世界”的经营理念，以“振兴民族软件产业”为使命，致力于树立中国人自己的软件企业形象，积极推动我国信息化建设进程。

业务内容

世纪科怡拥有自己的核心技术和主营业务，主要包括：软件产品开发与销售、解决方案提供与实施、增值代理与服务、软件加工出口等。简介如下：

第一，信息管理软件系列产品。产品方案涵盖档案管理、知识管理、教学管理、电子政务、影像管理和公证管理。被广泛应用的有世纪科怡2008档案管理系统、办公信息平台、校园信息门户、政

---

① 调研信息参考该公司网站 http：//www.infosoft.com.cn/。

府信息门户、银行信贷资料管理系统、公证业务管理系统等。

第二，数字工程系列。主要包括数字政府、数字档案馆和企业信息管理平台。数字政府是世纪科怡基于网络技术、数据仓库技术、内容管理技术、地理信息管理技术、工作流技术等一系列先进技术，为推动政府全方位信息化而提供的整体应用系统和全程解决方案；数字档案馆是一个具有对各类信息数据进行数字化处理与管理能力的系统，是综合性档案馆的组成部分；企业信息管理平台是基于数据仓库技术、运行于 Intranet/Internet 环境下，集数据库管理、数据采集与处理、数据维护更新与数据发布为一身的系统开发平台。

服务客户

公司市场渠道稳定成熟且销售网络覆盖面广，分公司、办事处、控股公司、代理商以及合作伙伴遍布全国 27 个省市自治区。公司客户已遍及政府机关、公检法司系统、教育系统、金融系统、工程建设系统、卫生系统、航天航空系统、交通系统、文化出版系统及军队系统等。其中成功的典型有中国南方航空公司企业级办公和文档管理系统、中国银行办公自动化档案管理系统、国家安全部档案管理系统、中国海关总署档案信息管理系统、中央档案馆综合档案与数字档案加工系统等。

资质荣誉

公司拥有版权技术 40 余项，其中 3 项已经在国家版权局注册登记。核心产品“世纪科怡 2000 档案管理系统”以其杰出性能和优秀品质，屡获殊荣：2001 年 8 月，被国家科技部列为“2001—2005 年国家科技成果推广计划重点推广项目”之一，是推广项目中唯一的信息类软件产品；2003 年 3 月，“深圳市数字档案馆项目”被深圳市政府列为深圳市信息化重点工程。在管理规范上，公司严格遵循 ISO 9001 质量体系标准，建立了软件产品质量管理体系并通过了深圳市质量认证中心的质量认证，获得了 GB/T19001—2000—ISO 9001：2000 质量体系认证证书。

7.2.2.2 调研分析及思考

建设特色

笔者通过调研认为，世纪科怡的特色有两点：

一是组织模式——合作企业。公司由国家档案局科学技术研究所、广东开平春晖股份有限公司等股东共同投资设立，是一家由政府参与投资的股份制合作企业，其投资主体呈现出明显的多元化特点。

二是发展定位——政府信息化和档案信息化一体化运营。政府信息化是社会信息化的基础，是国民经济信息化的重要推动力。政府信息化离不开档案信息化，档案信息化紧跟政府信息化。世纪科怡坚持走档案领域事业和数字政府工程项目一体化经营的道路，充分发挥现有优势，大力发展海外合作业务。

成功经验

笔者认为，世纪科怡的成功经验可归结为四点：

第一，高素质人才队伍。公司（含分支机构）现有员工 500 余人，大学本科以上学历的占 95%。公司主要领导及核心骨干员工都具有硕士以上学历，并具有 IT 企业管理、大型项目管理、技术研发与市场运作的丰富经验。

第二，科研力量雄厚。这一方面得益于公司的高素质人才队伍，另一方面受益于公司在科研方面的大力投入。为了提升科研能力，公司组建了专业的研发队伍，在北京、上海等地建立了科研开发基地，并与科研院所及高等院校建立了长期合作关系，聘请了知名技术专家和学者为客座教授，共同进行科研课题的研发。

同时，公司还与国际上著名的 IT 企业建立了战略合作伙伴关系，保证了公司的产品与技术同国际接轨。

第三，“品牌”战略。好的企业需要宣传，好的产品需要推广，为提升公司的知名度，创立“世纪科怡”优质品牌，公司针对目标市场有计划、有步骤地利用高交会、技术研讨会、产品发布会、贸易展销会、行业及地区会议、国际互联网、电视传媒等多种途径进行公司产品与形象宣传，促进产品销售。在宣传推广中，公司使用统一标识、统一品牌、统一服务规范，树立了公司及其产品的良好形象，取得了社会的广泛认同。《人民日报》、《北京日报》、《中国档案报》、中央电视台等数十家媒体对公司与产品进行了专题报道。

第四，规模化经营。公司在短短的时间里，已经在全国重点城市建立了 7 个分公司、12 个办事处，并委托了 196 家各级代理商，形成了辐射全国的销售网络。另外，公司与思科、柯达、美国佳达国际软件有限公司、美国金门科技公司、印度赛内贝尔等建立了战略合作关系，对外承接软件开发项目。

7.2.3 信安达（中国）[①]

7.2.3.1 调研概况

机构简介

信安达（中国）是 GRM 的中国分部，也是我国首家许可从事文件档案管理服务的供应商。作为第一家将文件档案专业管理理念带入中国的公司，自从信安达（中国）设立了第一个文件信息保管中心以来，公司一直致力于通过建设完善的文件保管设施，

---

① 调研信息参考该公司网站 http：//www.grmchina.com/zh。

为客户提供先进、全面的信息管理手段，不断推动文件管理行业的发展步伐。信安达（中国）在此行业中位列翘楚，是文件档案管理领域的领头人，为众多知名企业提供服务，其中既有大型跨国公司也有当地的大型企业，这些客户从事的行业涵盖了保险、银行、金融、制造、会计、咨询、工程、高科技等不同领域。

业务内容

信安达（中国）是一家技术专业、敢于创新的文件档案与信息管理专业公司，致力于为客户提供一流的服务。公司的主营业务分纸质文档管理与电子文档管理两大类，包括五项核心服务。

第一，纸质档案文件保管。公司提供安全的纸质档案文件保管服务，其设施先进的文件保管中心是根据保管档案文件的要求而专门设计制造的。

第二，特藏库电子文档保管。在先进的温湿度监控环境中保管备份磁带和其他敏感的磁性介质。其特藏库专为磁性介质，特别是网络备份磁带和其他磁性介质的长期储存、保管而设计，具有更高等级的安保和消防措施，恒温、恒湿的环境由电脑监控，让客户的物品得到安全妥善的异地保管。无论是计算机备份、原始软件磁碟，还是服务器或缩微胶片、技术资料、胶片、录像磁带，特藏库都能提供安全的保管服务。

第三，文件扫描。公司提供的文件扫描服务是把客户的纸质文件转化为电子文档，这样既可方便调阅、提升信息安全系数，还可大幅提高工作效率。文件扫描与电子文件索引编写工作对于客户建立自己的电子文档管理系统是相当重要的。电子文档管理系统使客户可随时调回自己的文件，为公司创造价值。无论客户在哪里，都可调阅自身所需的信息，通过 OCR/ICR 技术搜寻文件，安全地实现信息共享。

第四，文件销毁。公司提供的销毁服务确保客户的秘密信息按照国际信息安全标准的规定得到安全、专业的销毁。公司保证所有销毁文件在等待销毁以及运输过程中均会得到妥善的保管。所有物品以安全的方式销毁，而纸制品会依据相关的环保规定进行再生利用。

第五，信息管理咨询。公司为客户提供一整套有关信息文件管理方面的咨询服务，提供从构建文件管理系统到对信息安全状况作出风险评估的所有帮助。主要有以下三大特色服务：(1) 信息风险管理服务。整体评估客户信息状况，设计出将风险降至最小限度的信息管理方案，并在方案实施时为客户提供建议和帮助。(2) 业务持续性管理和灾难恢复预测咨询服务。公司认为，在为灾难策划恢复预案之前，首先要做的是尽一切可能尽量避免灾难的发生，为客户提供业务持续性管理和灾难恢复预测咨询服务。(3) 内部审查管理。公司可为客户提供内部审计，帮助客户掌握全局。

服务客户

信安达（中国）设有 6 个分公司——上海分公司、北京分公司、广东分公司、青岛分公司、大连分公司和成都分公司，遍布 9 个城市——上海、北京、天津、深圳、苏州、广州、东莞、大连、青岛。公司客户主要有两大类——大型跨国公司和中国本地的企业，其中包括许多名列世界 500 强的公司，如著名的律师事务所、银行、保险公司、制造企业、制药公司和高科技产业公司等。对信安达（中国）而言，任何公司都是潜在客户。

7.2.3.2 调研分析及思考

建设特色

笔者通过调研认为，GRM 是全球范围内较有影响的商业性文件中心之一，在文件管理服务行业中具有较高信誉和较大影响力。经过 20 多年的不断发展，GRM 现已发成为一家跨国经营的大型商业性文件中心。信安达（中国）作为其在中国的分支机构，在资金、技术、管理理念方面占据着天然优势，以全球化的母公司为依托，借助独到的应用技术以及与当地政府密切的合作关系，在文件保管领域具有其他公司无可比拟的优势。客户无论是需要一整套世界一流信息管理系统发展的解决方案，抑或只是想找一个地方存储文件，信安达（中国）都可为其提供一流的服务。

成功经验

笔者认为，信安达（中国）的成功经验可归结为三点：

一是服务至上。与客户构建良好关系、为其提供优良服务是信安达（中国）企业文化的核心元素。无论是在理念层还是在操作层，为客户提供优质的服务已经融入企业建设的血脉。在理念层次上，公司提出精确无误、完善周到、负责精神、团队合作、良好关系、顾客至上的服务理念；在操作层次上，公司成立了专门的客户服务部，由专门的客户服务团队负责公司的客户关系管理。

二是先进的技术支撑。信安达（中国）运用先进可靠的服务系统为客户提供优质的文档信息管理服务。随着文档保管领域的技术与服务种类的发展，公司不断地改进服务系统，尽力提高服务效率，确保精确追踪所保管的文档信息。凭借着主动的服务态度、先进的管理技术和可靠的管理系统获得了事业上的成功。笔者在调研中发现，信安达（中国）的条形码追踪系统就是其先进技术的代表。条形码追踪系统由系统软件、条形码和扫描器三部分组成。公司用 O'Neil RSSQL 文档管理专业软件配合自己开发的专有软件共同管理文档，生成服务工作单，根据工作单上的内容提供服务；使用条形码对客户物品进行实时追踪，无论物品在文档保管中心、客户公司，还是在运输途中，一切尽在掌控之中。文件传递人员使用扫描器确保递送准确。与扫描器配合使用的便携式打印机由司机随身携带，可随时在取件与递送过程中打印收据提供给客户。

三是有利的合作背景。GRM 是一家全方位提供文件保管与信息管理服务的公司，GRM 自建立起便致力于用最优质的服务、最完善的设施、最先进的技术、最优秀的员工让客户得到最实惠的文件保管服务。如今，它已位列世界顶级文件管理专营公司的行列。信安达（中国）作为 GRM 在中国的分支机构，其价值理念、业务内容、技术支持等都与 GRM 有着深层的合作并深受 GRM 的影响，这也促进了其在文件管理领域的成功。

7.2.4 潽尔森文档①

7.2.4.1 调研概况

机构简介

潽尔森文档是中国第一家立足企业文件中心运营、专业从事档案管理/文件管理外包服务的公司，总部设在北京。公司聚集了一批经验丰富、具有强烈事业心和使命感的档案管理领域专业人士，立志于宣传和推广“文件中心”概念和相关服务，开发档案领域资源，为客户提供安全、低成本、专业化、集约化的文件档案管理外包服务，降低用户文件档案管理风险和费用，为整个社会节约文件档案管理的投入和成本。

这里的“文件中心”特指以提供文件档案管理/档案代存/档

① 调研信息参考该公司网站 http：//www.poolsun.com.cn/pool/。

案代管服务为主的机构。只要一个企事业单位产生的记录基于法律、审计、诉讼或其他商业目的被要求在较长的期间内得到完整保管，这些记录就都可称为“档案”或“文件”。文件中心的代存代管服务就是帮助其他公司和团体高效管理归档后的文件档案。

业务内容

第一，档案文件保管/检索/递送。滑尔森文档为企事业单位提供档案代管、档案代存、检索、递送服务。文件档案保存在具备国家级专业档案馆保管条件的文件中心内，根据客户要求提供按箱或按单个文件的检索，并提供每天 24 小时、每年 365 天的服务。公司提供标准的文件档案隔日送达和紧急情况下的即时送达服务。

第二，电子文件异地备份/介质迁移。滑尔森文档提供完美的电子文件存储介质的保管方案，为敏感的高价值数据提供保护。公司提供专用的磁介质存储区域和装置，并可根据客户要求提供按日、按天和按月的备份服务。

第三，档案文件销毁。滑尔森文档提供异地文档的安全销毁服务，包括纸质文件的粉碎和私密文件的销毁。因为能通过互联网查看文件目录，所以客户可以便捷地跟踪文件销毁过程。保证最高安全是滑尔森文档销售流程的原则。

第四，文件归档整理/建立索引。建立索引是通过对文件档案进行分类、标识，把描述项目录入到软件系统中，例如客户名称、案卷号、账号等，以便检索。建立索引帮助客户节约时间和费用，并提供一种详细的组织方式以便根据目录从库房调阅实体档案。

第五，文档扫描。滑尔森文档拥有专业的档案数字化加工线，包括专业的缩微、扫描技术和设备，以及独创的工艺流程和先进的文档二次加工技术，能够把纸介质、缩微品和其他传统介质保存的文字、图像、图形、图表和工程图纸转化为以磁、光介质存储的电子数据，根据最终需要进行深化加工以提供相应的交付格式，并提供简单、快捷、成本低廉的文件档案查询和检索解决方案。

第六，档案管理咨询。澘尔森文档非常乐意帮助客户建立和维持一流水平的文件档案保管流程。澘尔森文档有多年的档案管理/档案代存/档案代管服务经验，能帮助客户建立合适的管理规范和流程，确保客户文件档案得到完整归档和高效管理。

服务客户

澘尔森文档的客户以企业为主，文件中心运营以北京为中心，已经开展档案管理/档案代存/档案代管服务业务的城市包括北京、武汉、深圳、西安、哈尔滨等。澘尔森文档的客户分布在众多行业，包括银行、保险机构、会计师事务所、律师事务所、房地产公司、医院医疗机构、学校和其他社会团体。

7.2.4.2 调研分析及思考

建设特色

笔者在调研中发现，公司的特色体现在发展定位和理念上。一方面，公司将发展定位在档案管理/文件管理外包服务上，立志要引领档案管理/文件管理外包服务之道，是一家典型的传统型文件、信息商业化服务机构。另一方面，公司以“认真只能把事做正确，用心才能把事情做完美”为理念，依托训练有素的团队成员、严密精细的核心业务流程，为客户提供系统化、高质量的档案代存/档案代管等服务。

成功经验

笔者认为，潽尔森文档的成功经验可归结为两点：

一是突出文件保管的安全性。公司不断整合推广最佳实践，以保证快捷、高效的日常运营，确保客户档案文件的安全性和可访问。在实践层面上，所有员工都要让客户保持对公司的信赖，签署保密协议。在理念层面上，保证最高安全是公司销售流程的原则。

二是突出产品和服务的质量。一方面，坚定不移地承诺“不仅仅让客户满意，更要让客户开心”是潽尔森文档最根本的基石。“不仅仅让客户满意，更要让客户开心”的承诺是潽尔森文档成为文件档案管理服务顶级公司的保证，潽尔森文档承诺为客户提供超越其期望的服务品质。另一方面，质量控制是潽尔森文档“不仅仅让客户满意，更要让客户开心”原则不可分割的一部分。公司承诺积极地通过质量控制来管理好服务流程。其最终目标就是不发生任何错误地完成每一个服务细节。独创的关键核心业务流程是走向成功的基石，公司吸取营运中最好的想法并开发涵盖文件中心每一个细节的系统化业务流程，总结所有分支机构的最佳实践并在核心业务流程中实现，尽可能为客户提供完美品质的服务。

此外，潽尔森文档还采用“现场完美服务奖金”的方式鼓励员工树立服务意识。潽尔森文档的员工都有资格申请该奖金，公司让客户来决定谁有资格获得奖金，因为顾客才是客户服务方面最具权威性的专家。任何时候，只要完成了一项突出的任务并且获得了客户的称赞，潽尔森员工都能申请到“现场完美服务奖金”。

7.2.5 北京紫光慧图信息技术有限公司①

7.2.5.1 调研概况

机构简介

北京紫光慧图信息技术有限公司（简称紫光慧图）是国内领先的以知识管理为导向的企业内容管理整体解决方案提供商。作为行业内的领军企业，紫光慧图已经成功将“泛档案观”的理论应用到实践中，将原有单一的档案数字化产品进行了全面拓展，现拥有 TH-AMS（紫光电子档案综合管理系统）、TH-DOC（紫光文档管理系统）、TH-SCAN（紫光文档影像管理系统）等完全自主知识产权的三大系列产品，为企业用户文件全生命周期管理提供最佳实践，在此基础上还为广大客户提供信息咨询、综合解决方案和相关增值服务。

紫光慧图坚持以“创新发展，服务客户”为基本出发点，为客户提供强大的整体服务方案。未来，紫光慧图将继续以“提升企业内容管理的价值，推动社会知识财富的积累”为企业宗旨，为打造企业内容管理领域的“中国第一”品牌而努力。

业务内容

第一，内容管理平台。基于信息生命周期管理理念，针对信息生命周期，形成从数据创建、保护、访问、迁移、归档、销毁的全过程管理，实现文档一体化的安全协同管理。该业务提供跨平台检索方式，具有强大的工作流引擎，遵循统一权限、统一存储的管理模式并且适用法规遵从。公司通过 DLP 技术防止数据泄露，保障其数据的安全性。

---

① 调研信息参考该公司网站 http：//www. thams. com. cn/about. php。

第二，软件、硬件、增值服务相结合的模块化协同应用模式。公司以高效采集、安全管理、加密存储和个性应用为特点，针对软件、硬件和软硬件提供对应的整体解决方案。其中，数据处理系统针对软硬件服务，提供基于安全的数据处理系统和安全的外包服务。数据安全系统、安全存储系统和PCI加密卡采用国际领先的硬件解决方案，集安全与存储技术为一身，协同内容管理平台对数据进行有效保护。

第三，为政府、军工、企事业单位、个人等提供基于安全数据管理的咨询、实施与服务。公司以知识管理为导向，拥有一批有着跨国上市公司工作背景的高端技术人才与管理人才，以“创新发展，服务客户”为基本出发点，为客户提供强大的信息咨询服务方案。

服务客户

紫光慧图在中国内地和港澳地区均存在广泛的客户。目前它在内地的主要客户涉及档案馆、电力部门、石油化工、煤炭、电信通信、水利、冶金矿业、交通建设、烟草、铁路交通、国防军工、金融保险、公检法系统和机械电子汽车等。同时，它在香港的服务对象有政府及有关机构、金融服务业、商业、教育、制造业和一些非营利团体。澳门地区的客户主要集中在政府机构、商业和教育行业。

7.2.5.2 调研分析及思考

建设特色

通过调研笔者发现，紫光慧图有三大建设特色：一是全流程管理与控制。公司基于信息生命周期理论，实行信息的全过程管理。二是高度重视建立广泛全面的合作伙伴关系。据调研发现，公司与清华大学、北京大学、中国人民大学等高等学府，国家档案局、中华人民共和国商务部等政府部门，《中国档案》、《档案界》、档案知网等学术期刊及网站，IBM、DELL 等 IT 公司均建立了合作伙伴关系。三是注重企业文化建设。公司明确提出“提升企业内容管理的价值，推动社会知识财富的积累”的企业宗旨，“梦想、热诚、胜利、成就”是其企业文化的表达。

成功经验

笔者认为，紫光慧图的成功经验可归结为三点：

一是企业文化建设。公司著名的一首小诗即反映了这种高度凝聚的文化力量：如果说紫光慧图是一艘巨轮/那我们就是一群有梦想的水手/即便是海面风云莫测/海底暗流涌动/也始终保持一颗热诚的心/为了梦的彼岸/挥动我们的双臂/迎接每个黎明第一缕写满胜利的阳光/因为我们深信/下一次的成就仅与我们有一臂之遥。良好的企业文化氛围无形中树立了坚毅的企业形象，凝聚了许多高素质人才，对公司的发展大有裨益。

二是广泛合作，开发市场。截至 2012 年，公司共拥有 24 家合作伙伴，它们来自不同的领域：高等院校、政府机关和 IT 精英企业等。通过广泛建交，公司拥有不少智力资源、政府资助与技术支持，这些资源的补充和利用为紫光慧图的业务发展提供了良好基础。

三是做好服务承诺，体现专业水平。紫光慧图明确提出自身的服务承诺，以一种诚信的良好企业形象展现在社会和公众面前。便捷、到位的各种服务方式便于满足各类客户的不同需求，例如公司提供远程维护的服务方式，可以突破空间和时间的限制，最大限度满足客户需求。同时，公司特别强调服务的安全性，让顾客用得安心。

7.2.6 典型调研总结

根据以上典型调研，笔者从宏观角度将我国文件、信息商业化服务机构建设的现状特点作如下总结。

7.2.6.1 我国文件、信息商业化服务机构发展模式多元化

一是服务内容的多元化。首先，我国文件、信息商业化服务机构的管理对象已不再仅仅局限于对半现行文件的管理，现行文件、半现行文件乃至非现行文件均可作为其开展服务的对象，这也是目前我国文件、信息商业化服务机构与国外商业性文件中心的重要区别之一。从典型调研中笔者发现，以上几家公司提供文件、信息服务时并未将管理对象严格限定在半现行文件上，而是只要有管理需求，无论是现行、半现行还是非现行文件均被纳入管理范围。其次，文件管理服务的基础职能、专业职能、数字化职能并立，从多个方面满足客户的个性化需求。这也是我国文件、信息商业化服务机构服务内容多元化的突出表现。有些机构是以文件管理的基础职能为主的，如澧尔森文档，它提供的主要是简单的文件管理服务，即文件存储、整理、检索、归档、销毁等服务，偏重传统型服务。这些机构多是借助先进的运输设施、空间充足的库房和精良齐全的文件保管设备对纸质文件进行管理。特点是专业性强、层次低，属于基础服务。有些机构则是以文件、信息商业化服务机构的专业职能或数字化职能为主，具体包括档案管理咨询、档案管理系统的开发销售、档案信息化解决方案的提供、档案数字化加工、档案信息资源开发等，偏重现代型信息管理服务。这些机构多是凭借先进信息技术手段或高素质的专业

人才队伍为客户提供文件、档案管理解决方案。特点是专业性较强，属于知识技术密集型劳务输出。世纪科怡和量子伟业均属于此种类型，前者致力于以信息管理软件产品研发与数字工程项目为发展方向的路线方针，形成有明确主线的综合产业体系，后者则是将更多的思考放在了如何在流程上实现电子数据的实时信息支撑，以数据统计的完整性为客户提供解决方法。还有些机构则是兼顾基础职能、专业职能、数字化职能，为顾客提供全方位的文件、信息管理服务，其典型代表就是信安达（中国），既提供传统的文件管理服务如文件保存，也提供专业化文件、档案管理方案服务。

二是投资主体的多元化。我国文件、信息商业化服务机构投资主体的多元化表现在，参与机构建设的主体不仅有民营成分，国有成分、外资成分也纷纷加入进来，如世纪科怡是由国家档案局科学技术研究所、广东开平春晖股份有限公司等股东共同投资设立的，是一家由政府参与投资的股份制合作企业。而信安达（中国）则是 GRM 的中国分部，是一家外资独资企业。相信随着我国社会主义市场经济的日益完善，这种多元化的组建模式也会逐渐发展起来。

7.2.6.2 我国文件、信息商业化服务机构市场细分和竞争差异化

市场细分是指把市场划分为若干个不同的购买群体。我国一些文件、信息商业化服务机构将自己的目标市场锁定在一些专门区域内，如医疗、能源行业等。如量子伟业依靠领先的技术、丰富的产品线、专业的咨询服务、优良的实施队伍和及时的本地化服务确定了行业高端定位，拥有 8 000 余家高端用户，其中，中国百强企业的 21%是量子伟业的用户。

竞争差异化主要体现在服务内容的差异化方面，以求在激烈的市场竞争环境下做到人无我有、人有我优，凭各自的相对竞争优势立于不败之地。我国的文件、信息商业化服务机构或以基础职能、专业职能、数字化职能中某一方面见长，或以三方面有机组合见长，或集三方面于一身。如潽尔森文档以传统文件、信息管理基础职能见长，专注于文件、档案代存和代管。世纪科怡和量子伟业则以专业职能和数字化职能为重，致力于档案管理系统的开发、档案信息化整体解决方案的供应。而信安达（中国）则集三者于一身，即有传统的文件管理职能（代存），又提供一系列文件及电子文档专业管理方案。北京紫光图文系统有限公司专注于连锁图文服务，同时发展打印管理服务、扫描管理服务，并进行设备销售和软件产品销售，对市场的划分更加细致，这有利于形成独特优势，抢占市场领地。[①]

7.2.6.3 我国文件、信息商业化服务机构重视先进的技术支持

在当今信息时代，科技毫无疑问成为推动社会进步的第一生产力。科学技术的发展，特别是现代信息技术的发展，已经从根本上改变了人们的生产和生活方式。无论是传统型还是现代型文件、信息商业化服务机构，要想在日益激烈的市场竞争中赢得一席之地，先进的信息技术都成为它们不可回避的战略选择。世纪科怡和量子伟业作为现代型、专业型文件、信息商业化服务机构，其科技实力不言而喻。量子伟业的核心竞争力在于拥有自主研发的多项档案管理核心系统技术，并以核心的档案管理信息系统软件为母系统，在多年的档案信息化服务过程中逐渐发展了能源、

---

① 参见 http：//www.arc-uds.com/about.aspx。

金融、建筑等行业的专业化档案管理软件，在提供标准化服务的同时，满足客户的个性化需求。即便是传统型的潽尔森文档在其文件代存/代管业务及文件保管库房建设方面也重视档案管理系统建设以及现代化的库房建设。

7.2.6.4 我国文件、信息商业化服务机构注重提升服务质量

服务质量对文件、信息商业化服务机构至关重要。高质量的服务有利于提升企业形象，树立企业品牌，形成企业优势。我国文件、信息商业化服务机构注重提升服务质量。首先，思想上树立服务至上的理念；其次，行动上进行严格的质量控制。与客户构建良好关系、为其提供优良服务是信安达（中国）企业文化的核心元素。在理念层面上，公司提出精确无误、完善周到、负责精神、团队合作、良好关系、顾客至上的服务理念；而在操作层面上，公司成立了专门的客户服务部，由专门的客户服务团队负责公司的客户关系管理。潽尔森文档突出产品和服务的质量，“不仅仅让客户满意，更要让客户开心”是公司最根本的基石，这一承诺是潽尔森文档成为文件管理服务顶级公司的保证。公司承诺积极地通过质量控制来管理好服务流程，其最终目标就是不发生任何错误地完成每一个服务细节。独创的关键核心业务流程是公司走向成功的基石。公司吸取营运中最好的想法并开发涵盖文件中心每一个细节的系统化业务流程，总结所有分支机构的最佳实践并在核心业务流程中实现，尽可能为客户提供完美品质的服务，并逐渐树立起良好的企业形象。

7.2.6.5 我国文件、信息商业化服务机构注重多方合作

在经济全球化背景下，我国文件、信息商业化服务机构注重

多方合作并寻求长足发展。合作方式多种多样，或是合资经营，或是建立合作关系。信安达（中国）以 GRM 为母体，其价值理念、业务内容、技术支持等均深受 GRM 影响，借助其世界顶级文件管理专营公司的优势，致力于用最优质的服务、最完善的设施、最先进的技术、最优秀的员工让客户得到最实惠的文件保管服务。北京紫光图文系统有限公司是由中国著名的清华大学校属高科技上市企业紫光股份有限公司（简称清华紫光）以及全球最大的专业图文服务公司纽约证交所上市企业 ARC（American Reprographics Company）在中国联合投资创建的合资公司，依托清华紫光和 ARC 的技术、资金、人力等获得发展优势。而量子伟业十分注重与多方机构的合作，不论是企业还是高校，立足于不断提高档案信息服务的科技水平，不断研究开发满足国家或企业需求的产品和技术服务。世纪科怡为提高科研能力，组建专业的研发队伍，并与科研院所和高等院校建立了长期合作关系，同时与国际著名的 IT 企业建立了战略合作伙伴关系，共同进行科研课题的研发。这种多方合作的方式，使我国文件、信息商业化服务机构具有广阔的发展空间和良好的发展前景。

第三部分

文件、信息商业化服务机构的理论解读

8 国外文件、信息商业化服务机构的理论解读

由于商业性文件中心是国外文件、信息商业化服务机构的表现形式，笔者的理论解读就以商业性文件中心为对象，阐述其定义、性质、类型和特征。

8.1 商业性文件中心的定义和性质

国际档案界对商业性文件中心较为权威的定义当属国际文件管理者和指导者协会（ARMA International）的术语手册（Glossary of Records and Information Management Terms）给出的解释——“保存其他组织的文件并以盈利为目的、提供有偿服务的文件中心。（A records center that stores the records of other organizations and provides services on a for-profit，fee basis.）”这一定义表明商业性文件中心是文件中心的一种类型。

为了更清晰地认识商业性文件中心的定义，笔者列举国外文件中心的三种代表性定义：一是联合国教科文组织（UNESCO）规定“文件中心是在档案行政管理机关管理之下的，对各个不同行政机构的半现行文件进行经济的保管和提供利用，并在这些文

件被销毁或移交到档案馆之前进行系统处置的保管机构"①。二是国际档案理事会（ICA）的《档案术语词典》规定"文件中心是为半现行文件最终处置之前进行廉价储存、保管和利用的一种机构"②。三是美国档案工作者协会（SAA）主编的《档案人员、文件管理人员和手稿管理人员术语手册》规定"文件中心是对因利用率较低而不再适宜保存在形成机关的半现行文件进行低成本集中保管的机构"③。这些代表性定义都揭示出文件中心的基本性质——"过渡性"以及主要特点——"成本低廉、管理高效"。

商业性文件中心除具有文件中心的基本性质和特点之外，还表现出一些特殊性。ARMA 的定义强调了商业性文件中心的营利性，这表明商业性文件中心是一种营利性机构。综合来看，商业性文件中心是一种私人创办的独立核算、自负盈亏的营利性、服务型企业，借助高科技手段为有需要的企业、机构、组织和个人提供商业化、专业性和社会化的文件管理服务。

理解商业性文件中心的定义可以从以下四点入手：

第一，商业性文件中心的开办主体是私人企业。商业性文件中心是满足文件管理市场需求的产物，本身是一种私人企业。笔者研究美国商业性文件中心的起源时发现，创办第一个政府文件中心和商业性文件中心的都是美国国家档案馆的工作人员艾默特·里赫。他在离开国家档案馆后把建立海军部文件中心的成功经验引入商业领域，于 1948 年投资建立了商业档案中心，也即美国第一个商业性文件中心。当前国外商业性文件中心都是以私人投资的方式建立的，在业务开展、经营管理、发展决策等方面享

① 黄霄羽：《外国档案事业史（第二版）》，162 页，北京，中国人民大学出版社，2011。

② 同上。

③ 同上。

有独立自主的权利，也承担着自负盈亏的责任。

第二，商业性文件中心的服务对象以私人企业、组织和个人为主，也包括政府机构。起初商业性文件中心的主要客户是公共档案机构管辖范围之外的企业、组织和个人，这些企业、组织和个人或因为没有设立文件管理机构，或因为发现自行管理文件的成本不够合算，因此委托商业性文件中心代管文件。20 世纪 90 年代之后，由于业务外包的普遍盛行，越来越多的政府机构在精简高效的目标驱动下开始成为商业性文件中心的新客户。当然，目前商业性文件中心的服务对象仍以私人企业、组织和个人为主。

第三，商业性文件中心的服务内容是专业性的文件信息管理服务。商业性文件中心从建立伊始就确定了专业性的服务内容，包括文件的运送、日常管理、安全保存、鉴定销毁等传统服务项目。后来随着社会发展、技术进步和需求变化，又增加了文档数据恢复、文档管理软件设计、文档管理系统开发、信息利用、知识管理、域名托管等新型服务项目。目前，商业性文件中心已经发展成为一种专业性行业——文件、信息管理服务行业。

第四，商业性文件中心的基本性质是商业性和有偿性。这是商业性文件中心与政府文件中心的根本区别。商业性文件中心本身是一种服务型企业，盈利是其根本目标。它作为市场主体，其运作方式、管理模式和经营特点等都与市场紧密相连，目标是追求利益的最大化。同时，商业性文件中心提供的服务凝结了劳动，具有商品属性和经济价值，因此采取有偿提供的方式。客户需要通过付费来获得服务，这一点在 ARMA 的定义中得到明确体现。

8.2 商业性文件中心的类型

笔者研究国外商业性文件中心的现状发展特点时发现，当前商业性文件中心数量众多，分布广泛，已经遍及全球。而且，商业性文件中心的典型突出，已经形成了较为成熟的行业。对数量众多、规模不一、业务各异、特色各具的商业性文件中心进行分类，并非易事。笔者将选取若干标准，对商业性文件中心进行类别划分。

8.2.1 按市场范围分为国际型、洲际型与国内型

商业性文件中心的市场范围有大小之分。国际文件与信息管理服务行业协会（PRISM）编制会员名录时就设有“市场范围（Market Area)”一栏，用来区分各商业性文件中心的市场规模。最大的是跨国公司，市场范围是“全球（worldwide)”；次之的是以欧洲、北美洲、南美洲、亚洲、非洲和大洋洲中的某一个洲作为市场目标的公司；最小的是以本国作为市场目标的公司。如果从绝对数量来看，国内型商业性文件中心最多。如果从影响力而言，国际型商业性文件中心最强。

当今世界最具知名度和影响力的商业性文件中心当属两家跨国公司——排在首位的 Iron Mountain 和位居次席的 Recall。前者总部设在美国马萨诸塞州的波士顿，在北美洲、南美洲、欧洲、亚洲和大洋洲的 39 个国家和地区建立了 600 多个分支机构，拥有全球 14 万客户。后者总部设在美国佐治亚州的诺克罗斯，在北美洲、南美洲、欧洲、亚洲和大洋洲的 21 个国家和地区建立了

300 多个分支机构，拥有 8 万客户。

8.2.2 按业务内容分为传统文档保管型与现代信息服务型

商业性文件中心的业务内容有传统与现代之别。以文件保管为主要业务的属于传统型商业性文件中心，以信息管理服务为主要业务的属于现代型商业性文件中心。国际文件与信息管理服务行业协会编制会员名录时还设有“提供业务（Services Offered)”一栏，用来明示各商业性文件中心的业务内容。这些业务包括文件搬运、装具或设备提供、文件清洁、文件整理立卷、影像载体保存、开放排架、库房管理、缩微复制、文件回收、文档销毁、硬拷贝、编制检索工具、文件管理方案设计、文件数字化、文件管理系统开发、文件管理软件设计、数据重置、灾备计划编制、电子保存、电子文件管理、信息管理、文件和信息咨询、业务外包、员工培训等。

传统型商业性文件中心往往借助先进的运输设施、空间充足的库房和齐全的文件保管设备，主要开展传统业务，包括文件搬运、装具或设备提供、文件清洁、文件整理立卷、影像载体保存、开放排架、库房管理、缩微复制、文件回收、文件销毁、硬拷贝、编制检索工具等。这些业务的特点是劳务成分较多，偏重于文件的搬运、代存和日常管理。

现代信息服务型商业性文件中心大多借助技术和智力优势，主要开展现代色彩浓厚的业务，包括文件管理方案设计、文件数字化、文件管理系统开发、文件管理软件设计、数据重置、灾备计划编制、电子保存、电子文件管理、信息管理、文件和信息咨询、业务外包、员工培训等。这些业务的特点是智力成分突出和技术水平先进，偏重于帮助客户解决电子文件管理的诸多问题，并向客户提供文件、信息管理方面的咨询和培训服务。

商业性文件中心的业务内容偏重于传统或是现代，受到经营规模、区域分布等多种因素的影响。一般而言，跨国公司以及在发达国家或地区建立的商业性文件中心多属现代信息服务型，而国内公司以及在发展中国家建立的商业性文件中心多属传统文档保管型。当然，现在随着信息技术的发展，越来越多的商业性文件中心的业务向现代信息管理服务倾斜。

8.2.3　按发展特点分为综合型与专业型

商业性文件中心的发展特点有综合与专业之异。综合型商业性文件中心一般具有较长的发展历史和较大的发展规模，拥有良好的客户关系和专业团队，业务覆盖面广，知名度和美誉度也比较高。这类商业性文件中心的综合特点表现在诸多方面，例如：管理对象具有综合性，包含纸质文件和电子文件；业务范围具有综合性，包含文件信息管理服务的各个方面。一句话，传统与现代兼顾，文件与信息共管。

专业型商业性文件中心，大多是随着信息技术的发展而出现的新兴企业，其特色在于业务的针对性和专业性，大多侧重于文件管理环节中的某一环节或者某个具体方面，如文件数字化扫描、文件管理软件设计、文件鉴定方案编制、信息管理系统开发等。

8.3　商业性文件中心的特征

商业性文件中心秉承文件中心的基本优点，为众多企业、机构和个人提供了经济高效、安全可靠的文件信息管理服务。不仅如此，商业性文件中心还具有一些独特之处，使之受到企业乃至政府部门的普遍青睐。笔者借助对商业性文件中心的全面考察和典型分析，将其主要特征归纳为四个方面。

8.3.1 机构性质：明确企业定位

商业性文件中心的性质具有明显的企业化特征。众所周知，企业是依法设立的一种营利性的经济组织，从事生产、流通、服务等活动，以生产或服务满足社会需要，实行自主经营、独立核算和自负盈亏。其基本职能是从事生产、流通和服务等经济活动，向社会提供产品或服务，满足社会需要。其本质是追求利益的最大化。商业性文件中心从一开始就是作为企业建立的，符合企业的定义和本质特征。

商业性文件中心是由私人投资、遵照法律规定登记注册的企业，无论类型和规模如何，都是一种服务型企业。对于企业而言，盈利是其根本目标。Iron Mountain 的年度报告都会提出经营目标，激励公司获得更多的利润和收益。例如，公司 2007 年的年度报告就提出下一个五年（2008—2013 年）的经营目标是年度收入增长达到 8%～13%。公司网站信息显示，2007 年其产值超过 23 亿美元，在美国财富 1 000 企业中排名第 780 位；2010 年其产值超过 30 亿美元，在财富 1 000 企业中排名上升到第 644 位。[①] 可见，盈利的特点在商业性文件中心表现得相当突出。

① See "About us", see http://www.ironmountain.com/company/about-us.html, 2011-05-07.

8.3.2 经营方式：紧贴市场需求

商业性文件中心作为独立核算、自负盈亏的企业，经营方式具有紧贴市场需求的特征。只有根据市场需求进行经营决策，商业性文件中心才能生存发展，实现利益最大化。这种紧贴市场需求主要表现在以下两点：

一是经营宗旨紧贴市场需求。企业的经营宗旨决定着其经营方式。商业性文件中心的经营宗旨就是紧贴市场需求，客户至上。作为服务型企业，商业性文件中心牢记只有满足客户的需求，自身才有生存和发展空间。例如，美国知名商业性文件中心之一的GRM就明确提出了客户至上的经营宗旨，宣称以负责态度、团队合作精神与创新理念为客户提供精确无误、完善周到的服务。只要客户有需求，公司就竭尽全力加以满足。

二是经营地点分布紧贴市场需求。当前，商业性文件中心在经营地点的选择和分布上也充分紧贴市场需求。从整体分布来看，截至2012年，在PRISM登记注册的592家商业性文件中心虽然遍及全球各大洲，但主要集中在北美洲和欧洲，其中北美洲有407家，欧洲有72家，数量远远超出了亚洲（48家）、南美洲（40家）、大洋洲（17家）和非洲（8家）。[①] 这是因为北美洲和欧洲是经济发达地区，文件、信息服务的市场需求最为旺盛。此外，国际型商业性文件中心更是紧贴市场需求设置经营地点，例如Iron Mountain的600多个分支机构遍及除非洲外其他大洲的39个国家和地区，Recall的300多个分支机构也遍及除非洲外其他大洲的21个国家和地区，这两大公司经营地点的选择和分布同中有异。

① See "PRISM International Resource Guide 2011—2012", see http://www.prismintl.org/images/download.pdf/2011%20Resource%20Guide.pdf, 2014-05-09.

共同点是都主要集中在北美洲和欧洲；不同点是 Iron Mountain 的设点分布偏重在北美洲，而 Recall 的设点分布偏重在欧洲。

8.3.3 业务内容：在广泛的基础上不断拓展

商业性文件中心的业务十分广泛，从传统文件保管到现代信息服务都包含在内。综合而言，商业性文件中心的业务可以有两种划分。一是从管理对象分，可分为针对纸质文件的业务和针对电子文件的业务。前者包括文件搬运、装具或设备提供、文件清洁、文件整理立卷、影像载体保存、开放排架、库房管理、缩微复制、文件回收、文件销毁、硬拷贝、编制检索工具等业务；后者包括文件管理方案设计、文件数字化、文件管理系统开发、文件管理软件设计、数据重置、灾备计划编制、电子保存、电子文件管理、电子邮件管理等业务。二是从服务特点分，可分为基本服务和延伸服务。基本服务包括运送、保管、销毁、制作目录索引、扫描、数据备份、灾后恢复、制定保管期限表等；延伸服务包括业务外包、专业咨询、技术支持、知识产权服务、员工培训等。

当前商业性文件中心的业务项目在丰富多样的基础上不断拓展，从针对纸质文件的业务扩展到针对电子文件的业务，从基本服务扩展到延伸服务，都是拓展和创新的表现。过去，商业性文件中心的服务项目偏重在文件管理，20 世纪末以来，其服务项目越来越多地向信息管理和服务拓展。商业性文件中心业务拓展的原因既来自于市场需求的变化，也来自于科学技术的发展。

8.3.4 服务质量：在确保安全前提下实现优化

商业性文件中心具有强烈的服务意识，特别注重服务的价廉质优。例如 Iron Mountain 的经营理念之一就是把客户文件当做自己的财产保管，确保其安全可靠。为此，商业性文件中心提供的优质服务是以安全为前提的。如果文件信息的安全缺乏保证，那么商业性文件中心的优质服务只能是“空中楼阁”。商业性文件中心对安全的重视和强调是摆在第一位的，保障安全的措施是多方面的，渗透到商业性文件中心运作的方方面面。像数据的备份系统、计算机和文件的加密技术、文件库房的防火系统、文件运输车辆的安保设备、文件操作流程的跟踪记录等都是保障文件和信息安全的重要措施。Iron Mountain 甚至还提出“安全是一种生活方式（Security is a kind of life way）”的宣传口号，切实将维护文件信息的安全贯彻到公司的业务流程、人员考核、设备购置与库房建设等各个方面。正因为如此，到目前为止，该公司尚未发生过安全事故。可见，注重安全正是商业性文件中心受到普遍信任的原因之一。

此外，商业性文件中心的优质服务还体现在为客户提供个性化服务。中心不仅有运作成熟的规范服务，更有为客户“量身定做”的个性化服务。除了上文提到的多种业务之外，大多数商业性文件中心都很重视为客户提供个性化服务。例如，GRM 可以为每位客户量身设计文件管理方案，满足其个性化需求。Iron Mountain 和 Recall 也声称可以根据客户需求，提供个性化的方案设计、系统开发、专业咨询、员工培训等服务项目。

9 我国文件、信息商业化服务机构的理论解读

9.1 我国文件、信息商业化服务机构的定义和含义

9.1.1 定义

前文已述，我国文件、信息商业化服务机构是从档案中介机构起步的。2000 年 GRM 进入中国市场，与上海创造实业公司合作创办上海信安达档案文件管理有限公司，这标志着我国出现了真正意义上的文件、信息商业化服务机构。之后，众多文件、信息商业化服务机构在我国相继建立。

基于上述背景，笔者提出的“文件、信息商业化服务机构”是一个综合概念，包括档案中介机构以及所有提供文件、信息商业化服务的机构。通过文献研究，笔者并未发现学界存在对此概念的界定和解释。笔者参考国外对商业性文件中心的解释，结合本国国情，提出文件、信息商业化服务机构的定义：在文件、信息管理服务领域，运用商业化手段直接面向任何有需求的个人、组织、社会团体提供文件实体管理及信息内容深度开发服务的各种组织、机构的统称。

9.1.2 含义解读

上述文件、信息商业化服务机构定义可以分解为涉及领域、服务内容、服务方式和服务对象四个方面的要素，笔者就从这四个方面解读文件、信息商业化服务机构的基本内涵。

9.1.2.1 涉及领域——文件、信息管理

文件、信息商业化服务机构，顾名思义，不难想象其涉及的是文件、信息管理领域。从国外情况看，1948年，美国国家档案馆工作人员艾默特·里赫创办了第一家商业性文件中心。历经半个多世纪的发展，文件、信息商业化服务机构逐渐增多壮大，逐步形成具有相当规模的成熟行业。从国内情况看，我国文件、信息商业化服务机构的产生与日益旺盛的文件、信息管理市场需求直接相关。20世纪80年代以来，我国进入大变革、大发展时期。经济的高速发展、行政体制改革浪潮的兴起，均增加了社会方方面面对文件、信息管理业务的社会需求。

导论部分对文件、信息等基本概念已作解读，这说明文件、信息商业化服务机构立足的是与广义文件实体管理和信息服务相关的领域。说得具体一点，文件、信息商业化服务机构针对客户的文件，提供文件实体及信息内容服务，满足客户对文件从收集、存储、检索、组织到处置等全生命周期的管理需求。

9.1.2.2 服务内容——实体管理与内容管理并存

任何事物都是内容与形式的统一体，文件也不例外。文件有外在的实体形式，也有承载的信息内容。这从根本上决定了文件、信息商业化服务机构的业务是实体管理与内容管理的统一体。所

谓实体管理，就是针对文件实体开展的一系列管理工作，也就是笔者常说档案业务的“各个环节”：收集、整理、鉴定、保管、检索、统计和利用。内容管理，则是指针对文件内容信息的开发和利用，是一种更为广泛的信息资源管理，如文件管理业务咨询、文件管理方案制定、文件管理信息系统设计、文件管理软件开发等。当前我国文件、信息商业化服务机构在实体管理与内容管理方面涉及的业务具体如下。

实体管理

实体管理包括传统纸质文件保管和电子文件保管两个方面。首先，传统纸质文件保管。它是指纸质文件存储、整理、检索、传递等，偏重于传统型服务就是文件、信息商业化服务机构借助先进的运输设施、空间充足的库房和齐全精良的文件保管设备对纸质文件进行管理。特点是专业性强、层次低，属于基础服务。其次，电子文件保管。与传统的纸质文件保管相比，电子文件保管侧重于数字化方面，技术水平更高一些。具体服务有文件档案数字化和数字归档，其中数字化服务主要针对数字化文档开展各项业务，包括扫描及介质转换、软件的第三方保存、数据保管业务等。

内容管理

许多文件、信息商业化服务机构并未将自身的业务局限于简单的实体保管方面，而是将它视为组织信息管理的一个重要组成部分，协助组织对内部进行信息采集、组织、分类等，以控制信息流在机构内部的合理运转。正是因为如此，许多文件、信息商业化服务机构为客户设计出以合理的文件管理解决方案和保管期限表为主要形式的咨询服务，并以此作为提升组织信息管理层次的主要方式。此外，在引入信息管理理念的基础上，它们还致力于为企事业单位内部的文件保管部门提供一体化管理解决方案，使其能在完全的信息流基础上科学地开展生产、管理、经营活动，最大限度地创造经济效益。

9.1.2.3 服务方式——商业化运作

商业化指的是以生产某种产品为手段，以盈利为主要目的的商品或服务交换行为。作为一种与市场经济相适应的、开放式的企业经营理念，商业化运作模式以其对市场经济独有的适应性赢得了各行各业的青睐。我国文件、信息商业化服务机构开展服务的方式是商业化运作，即适应建立和完善社会主义市场经济体制的要求，确立面向市场的全新经营理念，以市场为导向，以商品经济理论为指导，通过组织机构优化和卓有成效的经营体制改革，建立高效运作的机制，在确保普遍服务并创造良好社会效益的前提下，以优良的信誉和周到的服务满足市场多样化乃至个性化的需求，向公众提供商业化服务，从而赢得社会信赖和占有市场，以创造良好的经济效益，谋求机构的长远发展。① 在市场经济大环境下，文件、信息商业化服务机构作为市场主体，其运作方式、管理模式和经营特点都与市场紧密相连，追求利益的最大化，有明确的经营范围和服务发展方向，并参与市场经济竞争，服从市场经济优胜劣汰的原则，赢得利润，使机构得以延续和发展，并不断优化壮大实力，最终占据的市场一席之地。②

通过典型调研，笔者发现量子伟业、信安达（中国）、世纪科怡等典型的文件、信息商业化服务机构都采取了商业化运作的服

---

① 参见金传伟、陈赛翡：《商业化运作模式：现代邮政企业的新选择》，载《通信企业管理》，2003（12）。

② 参见张葆霞：《商业性档案中介机构发展趋势研究》（学位论文），天津，天津师范大学，2012。

务方式。比如：量子伟业以档案信息化服务为主要业务内容，抓住档案信息化的细分市场，为企业提供档案管理业务系统研发、档案数字化加工、档案信息化方案咨询等有偿服务；信安达（中国）致力于提供文件保管、文件销毁和信息咨询管理服务；世纪科怡则主要通过提供信息管理软件系列产品实现盈利。可见，商业化运作是我国文件、信息商业化服务机构当前以及未来开展服务的主要方式。例如，量子伟业根据市场需求，自主研发相关档案管理软件，依靠领先的技术、丰富的产品线、强大的咨询执行队伍和优秀的本地化服务，其收入持续几年在业内稳居首位。经过长期的辛勤耕耘，量子伟业的成就获得了知名投资商的关注与认可，分别于 2010 年、2011 年成功实现了两轮战略性融资。目前，量子伟业已经进入第三个五年规划时期，公司正在制定与开展未来五年内实现在国内创业板上市的工作计划。①

9.1.2.4 服务对象——社会全体

与国外商业性文件中心相比，我国文件、信息商业化服务机构的服务对象更加广泛。在完全市场经济条件下，国外商业性文件中心是适应本国工商企业文件、信息管理迫切需求产生的，与档案行政管理部门没有先天或后天联系，其服务对象主要是公共档案机构接收范围之外的企业、组织和个人，这些企业、组织和个人或没有设立文件管理机构，或发现自行管理文件成本较高，因此委托商业性文件中心代管其文件。尽管 20 世纪 90 年代后，由于业务外包日益普遍，越来越多的政府机构在精简高效的目标驱动下也开始成为商业性文件中心的新客户，但总体上来讲，国

① 参见“北京量子伟业时代信息技术有限公司简介”，见 http：//www.0349zp.com/company/company-show-710.htm，2012－11－25。

外商业性文件中心在服务对象上仍以私人企业、组织和个人为主。

我国文件、信息商业化服务机构起初在服务对象的选择上与国外有着类似的情况，主要为国家档案馆体系接收范围以外的企事业单位、社会组织提供文件、信息管理有偿服务。随着我国档案行政管理体制改革的深入，社会主义市场机制不断完善，我国文件、信息商业化服务机构的服务对象不再有明确的界限，任何有文件、信息管理需求的组织、社会团体、个人都可成为它们的客户。此外，从社会分工的角度来看，我国文件、信息商业化服务机构是社会分工细化的产物。20 世纪 50 年代起，随着经济的快速发展、管理活动的日益复杂、社会分工的日趋细化，社会生产和服务部门越来越专业化和专门化，产品和服务类型也呈现出专门化的特征。文件、信息管理作为政府机关和企事业单位普遍开展的一项活动，在社会分工细化形势的推动下也逐渐变得更加专业化和专门化。此时就需要有一种专门的机构来独立承担这种专业化和专门化的管理和服务。于是文件、信息商业化服务机构作为文件档案管理领域的专业服务机构就应运而生了。从提供专业服务的角度来说，其服务对象不存在行政界限，只要有专业需求，无论是政府机关、企事业单位、社会团体还是个人均是其服务对象。不过，一些典型的文件、信息商业化服务机构对客户选择上也有所侧重。仅以量子伟业为例，它目前在全国拥有 8 000 余家用户，涵盖通信、金融、能源、交通、制造、汽车、综合档案馆、政府等 30 多个领域，客户包括中国电信、中国移动、中国银行、中国石油、中国海油、中国外运、中化国际、中煤集团、万向集团、娃哈哈集团、雨润集团、传化集团、远大集团、浙江中烟、台塑企业、日立集团、上海通用、复星集团、太平洋保险等。由此可见，其服务对象以政府机关和国有大型企业为主。①

9.2 我国文件、信息商业化服务机构的性质

如果说档案室是隶属于机关单位的档案事业基础部门，档案馆是一个独立的科学文化事业服务机构的话，文件、信息商业化服务机构则是一种独立于任何企事业单位和国家档案行政管理部门之外的商业化服务机构，是专门提供文件、信息管理的专业化、商业化服务，在市场经济中求生存、求发展，自筹资金、独立核算、自负盈亏的经济实体。笔者认为，这种机构的基本属性主要有以下三点：

9.2.1 服务性

服务性是我国文件、信息商业化服务机构最根本的性质，是一种与生俱来的特性。

简单地说，服务就是行动、过程和表现。美国营销专家瓦拉瑞尔·A·泽丝曼尔所著的《服务营销》把服务定义为：包括所有产出为非有形产品或构建品的全部经济活动，通常在生产时被消费，并以便捷、愉悦、省时、舒适或健康的形式提供附加价值，这正是其第一购买者必要的关注所在。②

从机构的业务内容来看，我国文件、信息商业化服务机构向社会输出的是各种文件、信息管理劳务，主要是无形的服务而非

---

① 参见“北京量子伟业时代信息技术有限公司简介”，见 http://www.0349zp.com/company/company-show-710.htm，2012-11-25。

② 参见［美］瓦拉瑞尔·A·泽丝曼尔、玛丽·乔·比特纳、德韦恩·D·格兰姆勒：《服务营销》，北京，机械工业出版社，2011。

有形的商品。服务性也是我国文件、信息商业化服务机构的立身之本，提供文件、信息管理服务是该机构自身存在与发展的基础，也是其职能所在。只有向社会开展服务，才能获得社会的承认；只有提供有效的服务，才能收获经济效益乃至社会效益；只有不断地服务，才能不断发展、壮大，进而有力地推动我国档案事业的繁荣发展。服务社会是我国文件、信息商业化服务机构的出发点和最终目的。应在服务中树形象，在服务中求发展。例如，世纪科怡在深圳的客户服务中心向各分支机构和深圳地区客户提供直接的技术支持，向全国用户提供远程服务或特别服务；各地的区域技术服务中心向特约代理商、本地区用户提供咨询、演示、培训、使用指导等直接的技术服务；客户服务中心和区域技术服务中心形成网络，全面覆盖所有用户群。[①] 其提出的服务战略是，在全国建立服务网络，保证哪里有科怡产品，哪里就有科怡服务，与客服保持 7×24 小时的互动。可见其十分注重服务网络的完善。

9.2.2 营利性

营利性是我国文件、信息商业化服务机构区别于其他文件、信息服务机构的特殊属性。

我国文件、信息商业化服务机构是面向社会全体服务的组织，它是一个独立的经济实体，是依法设立的，运用文件、信息管理的专门知识和技能，按照一定的业务规则和程序为委托人提供专业文件、信息服务并收取相应费用的组织。作为市场主体，它的生存与发展要求向服务对象提供服务的同时收取一定的费用，实行自主经营、依法经营和有偿经营，自负盈亏是其重要特征，也

① 参见“深圳市世纪科怡科技发展有限公司·服务网络”，见 http：//www.infosoft.com.cn/newpages/33fwwl.asp，2012－11－25。

是必要条件。例如，紫光慧图现拥有 TH-AMS（紫光电子档案综合管理系统）、TH-DOC（紫光文档管理系统）、TH-SCAN（紫光文档影像管理系统）等完全自主知识产权的三大系列产品，为企业用户文件全生命周期管理提供最佳实践，在此基础上还为广大客户提供信息咨询、综合解决方案和相关增值服务。通过全体员工多年的辛勤努力，紫光慧图在中国（含港、澳地区）已拥有万余家客户，同时，公司在亚太地区也已成功占领一定的市场份额，随着公司对中国档案标准的推广，其产品和服务将陆续走出国门，服务更多的国内外知名企业。统计表明，其营业额正在不断增长。①

9.2.3 效益性

人类所进行的一切活动，都存在一个劳动消耗和劳动成果的关系问题，即效益问题。文件、信息管理自然不能例外。在市场经济条件下，讲求经济效益更是一种时代性的要求。我国文件、信息商业化服务机构作为市场主体，很大程度上是适应社会对文件、信息低成本、高效益的管理需求产生的。自诞生之日起，它就带有经济、节约、高效的特质。

首先，经济实用。我国的文件、信息商业化服务机构能够为文件形成单位提供廉价实用的贮存空间，从而实现机构文件经济高效的保管，降低机构管理成本。其次，规模效应。在经济学的生产理论中，规模经济是指随着企业生产规模的扩大并保持在一定规模范围内，生产成本和管理成本得以降低，从而获得成本优势。因为文件、信息商业化服务机构所投入的库房、装具、设备

① 参见“北京紫光慧图信息技术有限公司·产品中心”，见 http://www.thams.com.cn/products.php,2012-11-25。

等固定成本较高，只有通过一定的保管规模才能降低文件的单位保管成本，发挥规模经济效应。

例如，信安达（中国）为客户提供的服务有利于客户提升效率。统计表明，在大公司中，文件归档错误的发生几率平均是1/8，而文档丢失的几率平均是1/20。如果客户选用信安达（中国）为其保管公司文件信息，则会使客户的文件得到系统化的管理，提升客户的工作效率。客户只使用一套系统就能实现对文件的追踪与管理，这为行政人员解决了一系列诸如行政文件、培训资料、人事档案与其他文件管理方面所常见的问题。再如，节约成本是信安达（中国）为客户带来的最为主要的价值之一。客户每月只需花费很少的费用，如200元人民币就可以将1立方米的文件档案保管在公司的专业保管库中实现文档异地管理。这是客户自行保管需要花费的开销的几分之一，尤其是办公室位于租金昂贵的中心商业区的公司，这一节约特点将更加明显。有了信安达（中国）这样的文档异地保管服务商，客户只需租用小一些的办公室就可以满足日常办公的需要，也可以让原来用于存放文档的空间创造更多的商业价值。①

9.3 我国文件、信息商业化服务机构的类型

分类是人类认识事物的基本方法。目前，我国文件、信息商业化服务机构的形式多样、数量众多。为帮助读者更好地了解和掌握文件、信息商业化服务机构，笔者认为有必要对当前业务各

① See “GRM—Business benefits”, see http://www.grmchina.com/en/business_benefits，2012-11-25.

异、规模不一、特色各具的文件、信息商业化服务机构进行适当归类。

9.3.1 按照业务内容分可以分为传统型与现代型

文件、信息商业化服务机构的业务内容有传统与现代之分。以文件代保管、代整理为主要业务的属于传统型文件、信息商业化服务机构。将信息管理理念及现代化的信息技术引入文件、信息专业化服务的属于现代型文件、信息商业化服务机构。现代型文件、信息商业化服务机构或者将文件管理视为企业信息管理的一个重要组成部分，协助企业对内部信息进行采集、组织与分类，控制信息流在企业内部的合理运转；抑或在信息管理理念的基础上致力于为企业内部的文件信息与保存在文件管理机构的文件提供一体化管理解决方案，使得企业能在完全的信息流基础上科学地开展生产、管理、经营活动，最大限度地创造经济效益，这应该成为推动文件管理市场繁荣昌盛的“主引擎”。

例如，潽尔森文档——中国第一家立足企业文件中心运营、专业从事档案管理/文件管理外包服务的公司，立志于宣传和推广“文件中心”概念和相关服务，以提供档案管理/档案代存/档案代管服务为主，为客户提供安全、低成本、专业、集约化的档案文件管理外包服务，以降低用户档案文件管理风险和费用，节约文档管理的投入和成本，是一家典型的传统型文件、信息商业化服务机构。

据笔者的网络调查，引入信息资源管理理念和现代化的信息技术已成为多数文件、信息商业化服务机构提升自身核心竞争力的主要手段。如北京东方飞扬软件技术有限公司（简称东方飞扬），成立于 2000 年，一直专注于在文档信息资源管理领域帮助用户获得成功，是中国领先的内容管理解决方案提供商。东方飞扬的产品和解决方案涵盖基于文档信息资源的管理系统研发、实体档案数字化加工、信息化咨询、项目监理等领域。

9.3.2 按照职能分可分为综合业务型与专门业务型

综合型：如文件、档案服务有限公司等。此类文件、信息商业化服务机构是市场经济发展初级阶段的产物，专业分工还不够细化，人员多是一专多能，业务范围比较广。这类机构的典型代表是杭州伟邦档案管理咨询有限公司。它创建于 2003 年，是浙江省首家公司制档案中介机构，也是全国较早成立的档案中介机构之一。公司的业务主要有：档案整理、档案管理认证、档案咨询与指导、档案培训、档案数字化加工、档案管理软件开发销售、档案人才租赁、档案文化产品展览与策划、档案信息资源开发、档案技术推广、档案用品销售等。其业务范围较广泛，几乎涉及了档案管理的各个方面。

专业型：其特色在于业务的针对性和专业性，大多侧重于文档管理环节中的某一环节或者某个具体方面，如文档数字化扫描、文档管理软件设计、文档鉴定方案编制、信息管理系统开发等。典型代表有深圳深港档案文件寄存中心、珠海泰坦软件系统有限公司、量子伟业、紫光慧图等。2004 年，深圳深港档案文件寄存中心经深圳市档案局、深圳市工商局批准成立，是深圳市唯一获得深圳市政府特许资质的档案寄存专业机构，2009 年兼并深圳市档案局档案鉴定事务所（主要从事档案、文物鉴定），形成多元化档案文化产业链。珠海泰坦软件系统有限公司自 1992 年研发档案软件伊始，便全心投入国内档案领域的信息化建设，是国内最早从事档案管理软件开发和提供专业信息化服务的供应商。量子伟业、紫光慧图则专注于档案管理系统研发、数字化加工建设的整体解决方案。

9.3.3 按照所有制分可分为国有型、民营型与外资型

这一分类方式是从经济角度出发的。我国社会经济中，除了公有制经济成分之外，还有其他经济成分。经济基础决定上层建筑，这一特有的经济体制在文件、信息服务行业的表现就是出现了上述三种类型的文件、信息商业化服务机构。深圳深港档案寄存中心、深圳粤档信息评估鉴定事务所有限公司是典型的国有型文件、信息商业化服务机构，外资型以信安达（中国）为代表。它以 GRM 为母体，是 GRM 的中国分部，也是我国首家许可从事档案文件管理服务的供应商。根据笔者的网络调研，民营型文件、信息商业化服务机构在我国的文件、信息服务市场上占很大比重，多数机构属于民营经济，代表性的比如量子伟业、世纪科怡、紫光慧图、杭州伟邦档案管理咨询有限公司等。

9.3.4 按照体制环境可分为体制内机构与体制外机构

这一分类标准是从我国文件、信息商业化服务机构建立的体制环境来区分的。文件、信息商业化服务机构若依靠行政权力，则被认为产生于我国行政体制之内的机构，例如档案培训中心、档案信息咨询服务中心等。这类机构往往具有挂靠行政机关的特点，附属于行政部门，受行政部门的支配和主导。例如，深圳市档案寄存中心隶属于深圳档案局，并内设于档案馆内，经费和资金运转基本靠市财政支出，并且有偿服务的收入全部上缴市财政局。

相对于体制之内的则是生成于体制之外的文件、信息商业化

服务机构，例如外资和民营档案中介机构等。这类机构一般具有独立的法人地位，有独立的人事任免权和经济核算权，如量子伟业、杭州伟邦档案管理咨询有限公司、上海育林档案管理咨询服务有限公司、深圳东方信腾数码技术有限公司等。按照生成途径来看，我国有学者认为还存在第三类，即介于两者之间的一类。这类文件、信息商业化服务机构既依靠行政权力，又采取市场运作，实际上多是档案行政管理部门开设的第三产业机构。

9.4 我国文件、信息商业化服务机构的特点

事物的特征是指一事物区别于它事物特别显著的征象和标志。笔者下面所讨论的文件、信息商业化服务机构的特点是针对国家档案管理体系的档案机构以及其他内部文件档案保管机构提出的。

9.4.1 机构性质：独立的经济实体

文件、信息商业化服务机构作为文件、信息服务市场的法人主体，归根结底是一种专门提供文件、信息管理服务的独立经济实体：具有法人资格，实行独立核算、自负盈亏，自主地从事生产经营活动的组织。文件、信息商业化服务机构组织模式可以多元化，参与主体可以多元化，但作为独立经济实体的本质属性不会改变。

例如，前文提到的世纪科怡是由国家档案局科学技术研究所、广东开平春晖股份有限公司等股东共同投资设立的有限责任公司。参与主体既有政府机构又有私营企业，但世纪科怡本身是一个独立的经济实体。再如，紫光图文系统有限公司是由中国著名的清

华大学校属高科技上市企业紫光股份有限公司以及全球最大的专业图文服务公司纽约证交所上市企业 ARC 在中国联合投资创建的合资公司。该公司注册资金 1.428 亿人民币，是中国图文行业最大的投资项目。其参与主体也是多元化的，既有国内私营企业，又有外资成分，但它同样是一个具有法人资格，实行独立核算、自负盈亏，自主从事生产经营活动的组织，其独立经济实体的本质属性不会改变。

9.4.2 经营方式：市场化运作

文件、信息商业化服务机构是经工商部门注册的企事业单位，是独立的法人主体，有明确的服务方向和经营范围，有企业行为，参与市场竞争。首先，一定要做到政企分开。真正的文件、信息商业化服务机构既不应该是行政管理机构，也不应该是事业机构，而应是一种独立拥有人、财、物和管理自主权的企业化经营性质的机构。如果它的出身带有行政依附性，那么其市场行为的合理性必然受到一定影响，当它与其他无行政隶属关系的文件管理机构竞争时会有失公平，也不利于发挥市场经济规律对文件、信息商业化服务机构的调控作用。在市场经济浪潮的长期冲击之下，这类机构必然会千疮百孔，最终惨遭淘汰。其次，要根据消费者的需求来定位发展方向与方式。20 世纪 60 年代，管理大师彼得·德鲁克在其著作《管理实践》一书中就提出“企业的目的就是造就顾客”。在市场经济的浪潮下，谁赢得顾客，谁就赢得市场，谁的企业就有所发展。具备企业经营行为的文件、信息商业化服务机构也必须做到顾客至上、市场需求至上。

我国的文件、信息商业化服务机构有一部分是政府机构和私营企业共同投资建立的，比如世纪科怡。但它既不是行政管理机构，也不是事业机构，而是独立拥有人、财、物和管理自主权的企业化经营性质的机构。通过提供信息管理软件系列产品和开展数字工程系列项目占领市场份额，实现盈利。再如，量子伟业根据市场需求，致力于档案管理业务系统研发、档案数字化加工，并提供档案信息化方案咨询服务，以满足客户的各种文件、信息管理需求。此外，潽尔森文档也在提供基本档案管理服务的基础上，提供档案咨询管理服务，满足客户更高级的需求。

9.4.3 服务内容：知识技术性

文件、信息商业化服务机构所从事的工作是一项业务性和技术性很强的工作，具有知识性的特征，不是简单的劳务输出。文件、档案管理本身就是一个专门的学科，已经形成了独立的、具有自己特点的学科体系。文件、信息商业化服务机构是针对文件、信息为社会提供专业化服务的机构，所以它的工作必然有其技术知识性。而且从目前文件、信息商业化服务机构所提供的服务内容看，也大多是技术知识型的咨询服务和文件、信息管理服务等。

潽尔森文档的业务内容涉及文件管理生命周期的诸多方面，比如文件归档管理、建立索引，档案文件管理、检索、递送，档案文件销毁等。它将文件管理流程和方法运用到实践中去解决客户最需要解决的现实问题，是专业知识发挥作用的具体形式，体现了专业性、知识性。但它也不局限于文件管理的具体业务，根据客户需求，也提供档案咨询管理服务。量子伟业、世纪科怡、信安达（中国）等也注重在提供具体管理服务的基础上，拓展业务范围，开展信息管理咨询服务。文件、信息管理咨询服务对知识性、技术性的要求更高，普通的服务机构一般不能提供，而文件、信息商业化服务机构在这方面具有明显的专业优势。

9.4.4 服务目标：质量精益求精

服务质量是文件、信息商业化服务机构的一道生命线。高质量的服务有利于提升企业形象，树立企业品牌。文件、信息商业化服务机构努力提升服务质量：思想上，树立服务至上的理念，尽最大可能为客户提供完美品质的服务；行动上，进行严格的质量控制，确保精确无误、完善周到。此外，提供多样的、个性化的服务以满足客户需求是文件、信息商业化服务机构的一条准则。在服务上，没有最好，只有更好。在不断提升服务质量的过程中，文件、信息商业化机构也获得了长足发展。这种目标，在信安达(中国)、量子伟业、紫光慧图等公司均有明显体现。

第四部分

文件、信息商业化服务机构的建设依据

10 国外文件、信息商业化服务机构产生的理论依据和实践原因

商业性文件中心作为国外文件、信息商业化服务机构的表现形式，其产生的理论依据和实践原因值得笔者思考和总结。

10.1 商业性文件中心产生的理论依据

研究商业性文件中心产生的理论依据之前，笔者认为应当明确商业性文件中心与文件中心的关系。如前所述，商业性文件中心是文件中心的一种形式，是效仿政府文件中心的产物。20 世纪 40 年代，美国卷入二战之后，联邦政府机构的职能活动大量增加，致使政府文件出现了史无前例的爆炸式增长。文件的大量产生直接促成美国文件中心的出现。1941 年，美国海军部首先设置了造价低廉的临时库房，用来集中保存平时已不常使用却也不宜立即销毁或移交档案馆的大量半现行文件，这种临时库房成为文件中心的起源。文件中心费用低廉，取得了良好管理成效，很快在其他政府机构得到推广。政府文件中心的成功及推广，促使美国商业界开始认识到建立商业性文件中心的必要性。1948 年，商业档

案中心建立，成为美国的第一个商业性文件中心。可以说，政府文件中心的建立引领了商业性文件中心的起步。更能证明商业性文件中心与政府文件中心密切关系的事实是，创办第一个政府文件中心和商业性文件中心的人都是美国国家档案馆工作人员艾默特·里赫。他被派往海军部担任文件协作主管，帮助设计了文件中心方案并受到海军部嘉奖。从国家档案馆离职后，他把建立海军部文件中心的成功经验引入商业领域，投资建立了第一个商业性文件中心。由此可见，商业性文件中心的确源起于对政府文件中心的效仿。

国际档案界对商业性文件中心的定义也能证明商业性文件中心与文件中心的密切关系。笔者认为较为权威的定义当属国际文件管理者和指导者协会（ARMA International）的术语手册给出的解释——“保存其他组织的文件并以盈利为目的、提供有偿服务的文件中心。”这一定义说明，商业性文件中心是文件中心的一种类型。

文件中心的理论依据是文件生命周期理论。美国建立的海军部文件中心取得了巨大效益，后来在其他政府机构得到推广，并在美国普及，继而成为其他国家争相效仿的榜样。这种现象引起了西方档案界的普遍关注，引发了对其理论依据的思考，为了挖掘文件中心的理论根源，西方档案学者提出了文件生命周期理论，这一理论经过数十年不断发展和完善，被公认为文件中心的理论基础。

文件中心是基于文件生命周期理论的最佳实践。文件生命周期理论的基本内容包括三点：第一，文件从其形成到销毁或永久保存是一个完整的运动过程；第二，文件的完整运动过程由于文件价值形态的变化可划分为若干阶段；第三，文件在每一阶段因其特定的价值形态而与服务对象、保存场所、管理形式之间存在一种内在的关系。文件生命理论将文件视为广义概念，包括现行文件、半现行文件和非现行文件。文件从形成到销毁或永久保存呈现出明显的阶段性特征，从文件运动形态可将文件运动阶段划分为现行、半现行和非现行三个阶段，现行阶段的文件因机关需要频繁利用，一般保存在机关内部，服务对象以本机关为主。非现行阶段的文件对机关的作用基本丧失，其中大多数因为没有历史价值而被销毁，少数具有永久保存价值的文件则需永久保存，保存场所转移至档案馆，服务对象由机关扩展到社会各界。而对于半现行阶段的文件，现行作用已经开始衰退，利用率也逐渐降低，服务对象仍以机关为主，但文件的历史价值尚未得到检验，不宜过早销毁或移交到档案馆，因此这一阶段需要有一个过渡性保管机构集中保管这些文件，一方面继续发挥半现行文件为机关服务的价值，另一方面检验文件是否具有长远历史价值，为向档案馆移交做好准备。文件中心正是保管这些半现行文件的最佳场所，既能满足机关自身的利用需求，又能检验文件是否具有历史价值，并且其经济实用的独特优势能够充分满足机关低成本、高效率的要求。

商业性文件中心同样是基于文件生命周期理论的完美实践。商业性文件中心是文件中心的一种类型，具有文件中心的基本职能和作用，主要为半现行文件提供保管服务，借助高科技手段为有需要的企业、机构、组织和个人提供集成化、专业性和社会化的文件管理和信息服务，发挥过渡性保管机构的作用。与政府文件中心不同的是，商业性文件中心是一种私人创办的独立核算、自负盈亏的营利性、服务型企业，更加追求高效率和高效益。这种追求使商业性文件中心更充分地符合文件生命周期理论的要求。

文件生命周期理论指出，各阶段的文件由于价值形态的变化导致了服务对象、保管场所和管理方式等方面的差异，要求必须尊重各阶段文件的区别，针对其价值形态的变化，对文件整体运动过程实施阶段性管理，为各阶段文件找到最适宜的保管场所和管理方法。商业性文件中心正是对文件实施的阶段性管理，它依托先进的科技对半现行文件提供集成化、专业化的管理，使文件在商业性文件中心内部得到安全、高效的管理，成本更低、效率更高，更加经济实用。因此可以说，商业性文件中心是企业半现行文件最佳的保管场所，符合文件生命周期理论对阶段式管理的要求。换言之，文件生命周期理论正是商业性文件中心产生和发展的理论基础和科学依据。

商业性文件中心的产生和发展不仅符合文件生命周期理论阶段式有效管理的要求，而且更突出地体现了文件生命周期理论全过程管理的思想。由于商业性文件中心的服务对象主要是企业，企业出于效益的考虑要求商业性文件中心对其文件进行全过程管理并提供全方位服务。从文件的生成、管理和维护到最终处置，整个过程均由商业性文件中心进行高效管理。商业性文件中心的服务内容具有明确的专业性特点，从文件运送、日常管理、安全保存、鉴定销毁等传统服务到后来增加的文件数据恢复、文件管理软件设计、文件管理系统开发、信息利用、知识管理、域名托管等新型服务项目，不难发现商业性文件中心已经形成文件、信息服务这种专门行业。因此，商业性文件中心尽管名为“文件中心”，但实际上其服务范围已经涵盖了文件、信息的整个生命周期。总之，文件生命周期理论的全过程管理思想为商业性文件中心的产生和发展提供了理论依据。

10.2 商业性文件中心产生的实践原因

第二部分曾对美国商业性文件中心的发展历程和演变特点做过论述，笔者发现商业性文件中心建立的根本目的是追求企业文件管理和信息服务的经济高效。笔者认为，商业性文件中心产生的实践原因可归结为四点。

10.2.1 满足多元化的市场需求

文件管理是政府机关、企事业单位普遍开展的一项活动。20世纪40年代，美国基于联邦政府文件管理的需求，建立了联邦文件中心，以实现政府文件管理的经济高效。然而，联邦文件中心的服务对象只是联邦机构，并不包括企业和其他机构。企业与政府机构同样具有文件管理的需求，在二战结束后，美国经济开始复苏并进入持续发展期，企业数量迅速增加，企业形成的文件数量也随之大幅增长，相应产生了强烈的文件管理需求。换言之，二战后的美国对文件管理存在多元化的市场需求，除政府机构外，企业的需求最为迫切。

美国作为一个资本主义国家，私有制是其社会制度的基本形式，企业从所有权和性质而言也大多属于私有企业。这些私有企业由于追求利益最大化的本质特点，在经济发展过程中非常重视其文件管理，希望实现文件管理的安全、经济和高效，降低企业管理和运营成本，降低企业的风险。联邦文件中心只服务于联邦机构系统，无法直接满足企业特别是私有企业的文件管理需求，这就给市场留出了企业文件管理和信息服务的服务空间。艾默特·里赫正是看到了这一商机才创建了商业性文件中心。应运而生的商业性文件中心继承了联邦文件中心的优点，为企业和有需要的机构提供文件管理和信息服务。可以说，商业性文件中心正是满足文件管理多元化的市场需求而产生的，符合市场运行规律。

10.2.2 体现社会分工的细化

商业性文件中心的产生体现了社会分工的细化。20 世纪 50 年代起，由于经济的快速发展和管理活动的日益复杂，社会分工日趋细化，社会生产和服务部门越来越专业化和专门化，产品和服务类型也呈现出专门化的特征，这是社会劳动生产率不断提高的必然结果。文件管理作为政府机关和企事业单位普遍开展的一项活动，在社会分工细化形势的推动下也逐渐变得更加专业化和专门化了。此时就需要有一种专门机构来独立承担这种专业化和专门化的管理和服务。商业性文件中心的产生恰恰体现了社会分工的细化，政府部门之外的企业和其他机构，它们的文件管理职能转移到商业性文件中心，由商业性文件中心独立承担。换言之，商业性文件中心成为一种独立承担企业（机构）文件、信息服务职能的专业化和专门化机构。

例如，Recall 致力于为各行业的中小型私营企业和大型跨国集团提供一流的专业解决方案，业务范围涵盖整个信息生命周期，包括文档管理、数字解决方案设计、数据保护和安全销毁等多项服务。Recall 已经成为全球文件、信息服务领域的引领者，通过智能化战略解决方案和成熟的专业知识，帮助众多企业和机构客户应对与文件管理、数据保护和文件销毁相关的挑战。专业化的服务使得 Recall 在政府机关和企事业单位之外独立承担起文件、信息服务职能，充分体现社会分工的细化。

10.2.3 追求文件管理效益

商业性文件中心是效仿联邦文件中心的产物。联邦文件中心由于其经济实用、保管安全、管理高效等诸多优点实现了政府文件管理的经济高效，这种优势也为商业性文件中心提供了基本的目标——追求文件管理效益。

商业性文件中心满足了企业重视文件管理效益的需求。二战之后，美国企业在数量增长的同时也面临着日益激烈的竞争。企业本身作为营利性机构，追求利益最大化就是其首要目标。面对激烈的市场竞争，企业会更加重视管理效益。文件管理作为企业的一项重要职能，其质量高低必然影响企业的成败和发展。文件管理不善或是文件管理效益低下，都会提高企业的管理成本，降低企业的效益。因此，企业必须也必然重视文件管理，致力于追求文件管理的安全、经济和高效。注重效益的商业性文件中心自然会受到企业的青睐。

笔者发现，商业性文件中心在 20 世纪 40—60 年代起步，从 70 年代进入扩张阶段。对照美国的经济发展情况，无论是在经济增长阶段还是经济衰退阶段，企业对文件管理效益的追求和重视始终不变。二战结束至 20 世纪五六十年代，美国进入长期的经济发展和繁荣时期。据统计，战后 25 年中，美国经济平均每年以 3.5%的速度增长，国民生产总值由 1946 年的 2 000 亿美元增至 1970 年的近 10 000 亿美元。而进入 70 年代，美国经济形势开始恶化，出现严重的通货膨胀，1973—1975 年、1979—1980 年两次发生严重的经济危机。有统计显示，当时美国整个工业下降 15.3%，制造业生产下降 17.3%，到 1979 年，美国工业生产停止增长。在这种情况下，美国企业尤其是中小企业的发展异常艰难，时刻面临破产或被兼并的危险。为了能在夹缝中生存下去，企业需要比以前更加关注效益问题。文件的急剧增加使企业尤为重视文件管理效益，而自行管理文件则会增加企业的成本。因此，出于成本和效益的考虑，企业希望商业性文件中心为其提供价廉质优的文件管理和信息服务。这样一来，商业性文件中心的产生和发展也就顺理成章了。国外商业性文件中心的三大典型——Iron Mountain、Recall、GRM 共同的产生背景即是满足企业文件管理效益的需求，提供价廉质优的文件管理和信息服务，降低企业文件管理成本，提高企业文件管理效益。

此外，商业性文件中心也是追求文件管理规模效益的产物。因为它对文件实行集约化、专业化管理，为客户提供规模化、专门化服务，避免每个企业单独设立文件管理机构。从整个行业乃至社会而言，商业性文件中心可以降低文件管理的成本，实现文件管理的规模效益。

10.2.4 实现文件、信息服务的技术优势

商业性文件中心从产生起一直就对技术高度重视和充分依赖。20 世纪中期以来，以计算机技术为代表的第三次技术革命兴起，各项新技术取得了迅猛发展，新技术的出现往往会推动新的服务领域产生，而新的服务领域产生又会反过来刺激新技术的进一步应用和发展。以计算机技术为代表的新技术的开发和应用促进了信息服务这一新兴领域的出现。商业性文件中心也可以说是文件、信息服务领域技术发展的产物，它通过充分应用各种先进技术来提高文件、信息服务的水平和质量，借助技术优势来彰显自身特色和优点，吸引更多的客户、赢得更大的市场。换言之，商业性文件中心就是凭借其自身的先进设施和技术水平区别于传统的文

件保管机构，体现出其安全、优质、高效的专业形象。

商业性文件中心之所以非常重视技术，主要是因为市场竞争的需要。商业性文件中心完全是自主经营、自负盈亏的企业，要想在激烈的市场竞争中站稳脚跟，就必须具备吸引客户的“秘笈”。20世纪中期，全球都涌现出了科学技术迅猛发展的态势，技术在各行各业的应用都十分普遍。文件管理也成为技术含量日益提高的一项专门活动。商业性文件中心作为现代化企业，势必充分利用先进的电子、信息、通信和网络技术，提供优质、安全、高效的专业化文件、信息服务，才可能赢得用户的满意，取得市场竞争的胜利。

还以Recall为例，它是文件、信息服务行业中第一个将射频识别技术应用到实践中的企业，极大提高了其工作效率，也增强了其准确性。此外，Recall为工业自动化公司提供的应付账户文档管理解决方案中，其他国家和地区的分公司基本以300像素的分辨率（除非另行规定）将文件进行扫描，然后将数字图像安全传输到Recall位于瑞典的中心，并通过热成像光学字符识别技术在24小时内抓取数据且通过人工检查以保证质量，图像和数据文件在收到每份发票后的24小时内返回，并将数据存储在北美数据中心同时在欧洲数据中心备份。可见，商业性文件中心十分注重先进技术的应用，充分发挥文件、信息服务的技术优势。

11 我国文件、信息商业化服务机构建设的理论依据和实践条件

11.1 我国文件、信息商业化服务机构建设的理论依据

11.1.1 档案学领域的理论依据

前文已对商业性文件中心产生的理论依据阐述得十分详尽。文件中心和商业性文件中心均是以文件生命周期理论为依据建立起来的。我国的文件、信息商业化服务机构是产生在文件领域的新型机构，其目的是借助商业化的服务手段，为有需要的企业、组织和个人提供集约化、专业性和社会化的文件管理和信息服务，其业务涉及文件全生命周期过程。可以说，我国文件、信息商业化服务机构的专业理论基础也是文件生命周期理论。这一部分的内容已有阐述，在此不再赘言。

11.1.2 经济学领域的理论依据

11.1.2.1 供求理论

在西方经济学理论中，供给与需求是最基本的两个概念。虽

然从萨伊定律到凯恩斯理论对于需求与供给的地位问题有所争论，但供求理论的内容在争论中逐渐形成共识。萨伊定律认为供给决定需求，供给与需求总是处在平衡状态，供给本身就可以产生需求。以凯恩斯为代表的经济学家则认为需求决定供给。之后又出现了供给学派和新凯恩斯主义学派，分别对萨伊定律和凯恩斯理论进行了修订，使其更符合现代经济发展的实际。在科技迅猛发展的今天，生产高度发达而需求又十分多样化和层次化，单纯强调需求管理或供给管理都难以从根本上解决经济中面临的供需矛盾，必须从两方面同时着手，做到需求管理与供给管理并重，才可能实现供需总量的相对平衡。

文件、信息商业化服务机构既是在市场需求中产生的，其产生和发展又促进了文件、信息管理的需求。随着经济发展，加之企业规模扩大、物流行业兴起等因素，越来越多的机关和企事业单位产生了大量半现行文件。这些文件的现行作用在业务流程中已经消失，也不宜进入档案馆，但其保管需占用大量的库房、人力和管理资本，这就产生了对独立、专业的文件、信息商业化服务机构的强烈需求。与此同时，文件、信息商业化服务机构的产生与发展也将促进这一行业的发展，随着行业的发展与成熟，市场逐渐接受这种服务形式，企业看到这种机构对自身发展的益处以及产生利润的巨大潜力，势必又会产生更大的市场需求。

国内外文件、信息商业化服务机构的产生和发展均体现了供求理论，市场对高效文件管理的需求推动文件、信息商业化服务机构的建立，文件、信息商业化服务机构的发展和成熟反过来又会刺激更大的市场需求。当供给与需求形成良性循环时，我国文件、信息商业化服务机构的发展才会更加健康。

11.1.2.2 劳动分工理论

劳动分工是组织生产的一种方法，让每个劳动力专门从事生产过程的某一部分，是人们社会经济活动的划分和生产的独立化、专门化。英国著名经济学家亚当·斯密在《国富论》中第一次提出了劳动分工的观点，并系统阐述了劳动分工对提高劳动生产率和增进国民财富的巨大作用：劳动分工使每个劳动者的熟练程度提高；节省工作转换时间；简化和减少了劳动的复杂性。在文件、信息商业化服务机构里，专业的团队和先进的技术、合理的价格、良好的信誉可以将客户从烦琐的半现行文件管理中解脱出来。客户将非核心业务的文件交由专业化机构管理，既减轻了负担，又提高了效率。

笔者用一个典型案例来体现文件、信息商业化服务机构借助劳动分工为客户带来的益处。知名的文件、信息商业化服务机构信安达（中国）是这样向客户宣传其价值的：第一，有利于客户节约开支。对客户而言，房屋用地、人力和运输费用均是一笔很大的开销，如在一座大城市的CBD商圈里，一平米一天的租金超过两美元，而用如此昂贵的空间来保管文件是一件不合算的事情。如将文件外包给专业公司保管则会大大降低客户的开支。第二，有利于客户文件的安全。那些盗取公司信息用于实现非法目的的人多半可能是公司内部的工作人员。信安达（中国）有着完备的安保系统、独立建筑结构的文件保管库，加之严格的出入管理制度和对客户完全保密的制度，可保证文件的安全。第三，保证客户利用方便。文件由信安达（中国）保管并不影响客户对文件的利用。文件绝不会有丢失之虑，信安达（中国）可以做到在很短时间内把档案原件送到客户手中。如果客户需要的是电子格式文件的话，信安达（中国）即刻就能让客户收到。第四，帮助客户通过审计检查。信安达（中国）不仅贯彻执行“萨班斯法案”或其他针对在特定环境下保管公共或私人公司文件设立的类似法案，而且自定的标准比上述法案还要严格，它们包括为客户公司制定的内部规定，也有国际知识产权组织所列明的标准。第五，拥有精良的专业水平。信安达（中国）的员工受过良好的专业培训，并明悉自身的职责。文件、信息管理就是信安达（中国）的专长。这一案例恰恰证明文件、信息商业化服务机构的理论依据之一就是劳动分工理论。

11.1.2.3 核心竞争力理论

自美国著名教授普拉哈拉德和知名战略大师哈默尔于 1990 年在《哈佛商业评论》上发表了《公司核心竞争力》一文后，核心竞争力的概念迅速被企业界和学术界所接受。核心竞争力理论认为，企业应该确定自身的核心业务或核心竞争力。如果某项业务不是自身的核心业务，但它对企业的核心竞争力很重要，那么可把该项业务外包给最好的专业公司，从而使企业能够把更多的资源投入核心业务，创造核心优势，最终提高企业的核心竞争力。在我国古代也可找到集中资源的思想，《孙子兵法·虚实篇》在讨论集中化与分散化时作出了精辟论述——“故备前则后寡，备后则前寡，备左则右寡，备右则左寡；无所不备，则无所不寡”。这不仅说明资源不宜分散，也同时表明集中原则的重要性。企业竞争也是如此，如果想从各个方面都获得竞争优势，而企业资源又不允许，面面俱到的全线出击就有可能陷入捉襟见肘的境地，还不如将有限的资源集中到企业的核心竞争力上。

从企业需求看，随着专业化分工的细化，通信、能源、建筑、金融、医疗、高科技、化工等行业的企业迫切需要把原本属于公司内部管理的部分职能，尤其是劳动密集的、影响核心竞争力提升的那些业务，如文件存管、人事、销售管理等外包或外移，从而扩大本企业人均推动的资产规模，有效提高企业核心竞争能力。

业内专家指出，对客户而言，从外包中得到的利益主要有成本的节约、质量的提高、服务速度的加快，以及使企业更多专注于核心业务，更有效地分配和使用资源。外包服务商专业化的分工与运作使得企业产生规模效益，同时通过累积的经验与学习，不断提高劳动生产率，使得整个商业体系的运作效率与结果明显优于传统的“大而全”、“小而全”的传统企业运作模式。

文件、信息商业化服务机构正是文件、信息领域的外包服务商，客户如果把文件、信息管理交由专业化的文件、信息商业化服务机构，就能更专注于自身的核心业务，更集中高效地使用自身资源，提升自身的核心竞争力。因此，核心竞争力理论也可为文件、信息商业化服务机构提供理论支持。从营销学角度看，近年来，不少学者提倡“既合作又竞争”，提出了基于“竞合”概念的“双赢”模式。“双赢”模式是中国传统文化中“和合”思想与西方市场竞争理念相结合的产物。面对当今激烈的市场竞争，“坚持双赢，打造核心竞争力”成为许多企业的战略选择与追求目标。倘若文件、信息商业化服务机构的客户们能够集中主要精力打造自身企业的核心竞争力，一方面有利于自身的管理与效益，另一方面也给文件、信息商业化服务机构提供了机会，促进这类产业的健康良性发展，何乐而不为呢？同时也应看到，这种供求双方的合作双赢模式更为整个社会减轻了负担，优化了其资源配置，带来了显著的规模效益。基于这样实践的三赢模式正逐渐显示出其巨大优势。

11.1.2.4 效益理论

效益理论主要包括两方面的内容，即经济效益和社会效益。所谓经济效益，一般是指人们在经济实践活动中的劳动成果与劳动消耗的比例关系，或是产出的经济效果与消耗的资源总量的比例关系。经济效益的好坏表现在生产中占用或耗费一定量的劳动是否生产出符合社会需要的较多数量和较好质量的产品，或者说生产符合社会需要的同样数量和质量的产品，是否占用和耗费较少的劳动。经济效益的提高实质上反映了劳动时间节约规律的要求。

马克思认为，任何社会和企业的发展都要考虑到经济效益问题。因为它与时间节约规律联系密切，而时间节约规律是人类经济生活的根本规律。人类只有创造物质财富才能生存和发展，而人类的劳动时间在一定的历史条件下又是有限的。要想用有限的劳动时间创造出日益丰富的生活资料和生产资料就必须从各个方面节约社会劳动，这是一个不以人的意志为转移的客观规律。不论是社会、企业、组织机构还是个人，没有经济效益就没有积累，也就没有长足进步和全面发展。市场经济中企业是自主经营、自负盈亏、自我改造、自我发展、自我积累、自我约束的微观主体，企业经营的根本出发点是提高经济效益。

经济效益的提高会使生产规模扩大，从而形成规模效益。规模效益认为：在一定的市场条件下，生产规模的扩大可以导致最低成本的下降；同时由于是一个单位内部的几种有关产品的生产可以分享共同的信息、设备和库存等资源，因而在相应匹配的范围内可以节约资源。我国文件、信息商业化服务机构是独立核算、自负盈亏的营利性、服务型企业，并为客户提供商业性、专业性和社会化的文件、信息管理服务，提高经济效益是机构经营的根本出发点。文件、信息商业化服务机构能够为文件形成单位提供廉价实用的贮存空间，从而实现组织文件经济高效的保管，降低组织管理成本。文件、信息商业化服务机构所投入的库房、装具、设备等固定成本较高，机构通过不断扩大规模，降低文件的单位保管成本，发挥规模经济效应。

随着社会主义精神文明建设进程的加快，现代企业在追求经济效益的同时也逐渐重视社会效益，将社会效益放在更长远的战略目标体系中。不同的行业对社会效益有不同的认识。一般而言，社会效益，又称外部效益，是指产品和服务对社会所产生的好的结果和影响，主要表现在公众反映和社会评价体系上，即对社会需求的满足程度。相对于获得利润回报的经济效益而言，它往往是无形的。文件、信息商业化服务机构在追求经济效益的同时，注重塑造企业形象，社会效益逐步显现。以确保文件的安全性和突出产品和服务的质量为例，文件、信息商业化服务机构由此树立了安全、可靠的企业形象，满足了客户对文件、信息的基本需求，产生了良好的社会效益。

11.2 我国文件、信息商业化服务机构建设的实践条件

11.2.1 我国文件、信息商业化服务机构建设的必要性

11.2.1.1 市场的需求

随着改革开放的深入，政府和市场都在发生翻天覆地的变化。政府部门改革和市场经济发展都加剧了文件的产生；由于数字化

技术的普及，生成一份文件所耗费的资源大大减小，也导致文件数量的急剧增长。因此，文件管理显得更为重要。

市场化的今天，企业更加注重效率，以盈利为目的，想尽一切办法降低成本，增加利润。市场主体基于不同的具体实际情况，所产生的文件管理需求相应不同。在我国，由于改革开放进程的加速，大量企业遭遇重组、破产、兼并或整改，它们在改制或改革过程中形成大量有价值的文件大多缺乏有效的保管。一方面是文件具有相当的参考和凭证价值，不宜轻易销毁。另一方面是文件已淡出企业的业务流程，短期内无法产生明显的效益。而且，这些文件又不符合入馆条件，无法交由档案馆管理。这样一来，如何以最低的成本完成最有效的文件管理便成了众多企业所需面对的问题，甚至是难题。同时，由于市场竞争日益激烈，如果企业将过多的精力投入文件管理则可能会妨碍自身业务的发展。企业需要专注于核心业务以提高竞争力，这就需要将非核心业务强度尽可能降低，以提高工作效率。因此，多元化的、强烈的文件管理需求为我国建设文件、信息商业化服务机构提供了必要性。

我国存在强烈的文件管理需求还得益于企业越来越意识到文件的重要性。企业因业务活动的需要产生大量的文件，文件的现行作用发挥完毕，并不意味着文件生命的终结。文件在转化为档案之后仍有重要的凭证和参考价值。档案中所蕴含的信息仍然是企业的重要知识资源，因此，企业越来越注重寻求信息管理的解决方案，希望从档案中获得有用的信息以辅助未来决策，为满足这一需求，我国的文件、信息商业化服务机构不仅提供文件管理等基础服务，也提供信息咨询等高级服务。

在我国，信安达（中国）的上海分部就拥有 4 000 多家客户，库房在 2004 年时就已存放了 3 万多个档案箱。深港档案寄存中心有用户 500 多家，包括深圳市政府、中国平安、法国巴黎银行、美国友邦保险等，包括了各行业的从中小型企业到全球大型企业，每年为深圳市政府机关、企事业单位处理文件约 3 000 万份。以小见大，由此及彼，在经济快速发展的中国，企业需要管理的文件数量极为庞大，巨大的市场需求正促使着我国文件、信息商业化服务机构的建立。

11.2.1.2 社会分工的需求

精细的社会分工是当今社会的发展现状及趋势，文件、信息商业化服务机构的建设符合这一趋势。社会分工是指人类从事各种劳动的社会划分及其独立化、专业化。社会分工是人类文明的标志之一，也是商品经济发展的基础。社会分工的优势就是让擅长的人做自己擅长的事情，使平均社会劳动时间大大缩短，生产效率显著提高。能够提供优质高效劳动产品的人才能在市场竞争中获得高利润和高价值，以达到人尽其才、物尽其用。

随着社会分工的细化，文件管理作为政府机关和企事业单位普遍开展的一项活动也逐渐变得更加专业化和专门化。作为一项具有较强专业性的工作，由此而产生一个新兴的行业来对各类机构产生的半现行文件进行管理，是十分符合社会专业分工细化要求的。文件、信息商业化服务机构的产生就体现了这种社会分工细化的要求，文件管理为非核心业务的机构，通过将其产生的文件交由独立的文件、信息商业化服务机构进行管理，实现了文件管理的集中，这种集中和独立机构的建立便是社会分工的具体体现。

我国文件、信息商业化服务机构的建立与相关 IT 企业的发展密不可分，通过对文件管理这一社会分工下继续细分产生的文档信息管理系统研发领域的研究，笔者可以更好地看出社会分工在市场中的地位和明确企业社会分工对企业发展的重要性。

众所周知，随着市场竞争的加剧，全球 IT 产业自身正面临着一场深刻的变革，挑战不言而喻。IT 行业的领域十分广阔，如何在这一领域占据一席之地不被市场淘汰成为 IT 企业迫切需要解决的问题。其中一条解决之道就是寻求劳动分工的细化，专注于某一具体领域并在此做深做精，由专注到专业，谋求企业的发展。我国许多文件、信息商业化服务机构便是从 IT 行业中发展起来的。

以北京一正启源科技发展股份有限公司（简称一正启源）为例，作为一家专注于开发文件档案管理系统的公司，在众多 IT 公司中脱颖而出，稳定占据市场份额，便是劳动分工细化所带来的好处。一正启源成立于 2005 年，总部位于北京，是一家采用 CMMI 软件开发过程管理及 ISO 9001 管理体系认证等多重国际标准规范的高科技软件公司。与自己开发全新的文件档案系统不同，一正启源将重心放在如何在微软现有办公软件的基础上优化企业的文档信息管理，并提供具体的解决方案。作为一家 IT 企业，公司并没有将业务扩展至文档信息管理的各个方面，而是专注于系统研发，自主研发了青云协同门户办公系统、企业应用集成（EAI）、ERP Surrounding 等系列产品及解决方案。在 IT 与文件管理这两个领域中找到适合自身发展的道路，将劳动分工继续细化至文件档案系统的开发。

一正启源严格划定了 IT 人员的工作界限，规定业务人员可以通过相关系统直接发布信息而不需要 IT 人员的介入，并通过这种区分深化自身的劳动分工，做到专注专业。目前，一正启源分别在天津、纽约、西雅图、旧金山设有分支机构和办事处，并与微软、IBM、神州数码、戴尔等国内外知名企业建立战略合作伙伴关系，先后为航天科工集团、航天科技集团、中国空间技术研究院、商务部、交通运输部、全国社保基金会、天津海关、天狮集团、国机集团一拖股份、索爱等政府部门及大型企事业单位构建信息化管理平台。深入的劳动分工细化不仅帮助一正启源在市场上站稳脚跟，也帮助企业拥有更专业的文档信息管理系统。

11.2.1.3 专业发展的需求

随着电子文件的普及，各机构需要管理的文件不管是类型还是数量都大量增加。文件管理并不是经过简单培训就可以胜任的工作，而是需要各类专业的人员和知识才能有效开展的工作。这就为文件、信息商业化服务机构的建设提供了客观依据。企业所需要管理的文件多多少少都涉及企业的商业机密，这些文件的绝对安全与保密是十分重要的。众所周知，由于载体和信息的分离，加之计算机技术的普及，电子文件随时都有可能丢失或损毁且不留痕迹。有效保证这些电子文件的绝对安全与保密，需要极强的专业技能、专业精神和专业方法，套用原来管理纸质文件的方法是行不通的。

由于电子文件在我国还不具备普遍的法律效力，因此纸质文件仍旧是不可替代的。许多机构实行了双套制的文件管理办法。纸质文件本身的数量也在急剧增长，类型多样，大量图纸等特殊的纸质文件需要专业化的团队对其进行管理。纸质文件的保管也需要大量的库房空间，高标准的库房在一般的企业中也是无法实现的。

同时，在灾害频发的今天，不管是自然灾害如地震所引起的对文件的毁灭性破坏，还是人为灾害如管理漏洞、泄密、人为损坏等对文件所造成的损害，抑或是网络或计算机故障所引起的系统崩溃所造成的文件丢失，都需要专业化的团队提前对文件进行备份、建立灾后恢复计划，以便在紧急时刻对关键文件进行恢复，保证企业的正常运行。

以电子文件为例，网络攻击（如电脑病毒和黑客侵入）、系统故障和自然灾害常常导致电子信息体系运转不畅，由此带来电子文件系统的高风险性，使信息保障的难度增加。同纸张环境一样，对要保护的电子文件，同样需要提前进行风险评估和灾难规划。对于电子文件较为有效的保护备份方法是异地备份保存，对于磁盘、光盘等电子信息载体的长期保存需要专业的库房及技术，否则很容易造成载体的损坏从而给企业带来巨大的损失。

以信安达（中国）为例，当企业遭遇服务器瘫痪或灾害事件，信安达（中国）会把其网络备份磁带迅速地送到该企业的办公室或者备份场所。同时，信安达（中国）为企业电子文件的备份与恢复提供特藏库保管服务、备份周转服务、电子媒体销毁服务和咨询服务。在信安达（中国），用户可以在先进的温湿度监控环境中保管备份磁带和其他敏感的磁性介质。在每个计划的周转日，信安达（中国）的工作人员都会前去客户的办公室送还旧的备份磁带供客户再次使用，同时提取最新备份磁带带回信安达（中国）特藏库保管。如此循环周转以确保客户的重要备份信息得到妥善保管。对于不需要继续保存的电子文件，信安达（中国）对其进行消磁、粉碎、焚烧，并出具销毁报告。

同时，信安达（中国）还会为用户提供信息风险管理，包括为用户的信息状况作出整体评估，为其设计出尽可能将风险降至最小限度的信息管理方案，并在方案实施时为客户提供建议和帮助。同时还为用户提供包括协助计划、设计与测试业务持续性管理和灾难恢复的咨询服务。这样全面、细致的文件管理需要专业的团队及设备，而这样的管理方式又是保证电子文件安全有效的必要条件。

综上可见，在当今社会，文件管理工作并不是一项简单的工作，而需要专业化的团队进行专业化管理，提供专业化服务，这种专业化的需求也是文件、信息商业化服务机构产生的重要实践条件。

11.2.2 我国文件、信息商业化服务机构建设的可行性

11.2.2.1 政治上我国档案行政体制的改革

我国档案行政体制改革一直在探索适应市场经济和信息社会发展需求的模式。无论是组织制度方面各类档案机构的设立及职权分配问题，各类档案机构内人员管理问题，还是依法行政、依法治档的问题，各方面的改革都在进行。就改革实效来说，根据市场需求，我国已经出现了有偿文档管理服务的提供商，并且形式多样，有档案寄存中心、档案事务所、文档信息管理公司等，一定程度上满足了经济发展过程中表现出来的新的文件管理需求。虽然还存在归属不明、服务范围随意、运作不规范等问题，但这仅仅是改革的一个过程，也是引入文件、信息商业化服务机构的契机和基础。

从企业的档案体制而言，变革主要表现为文件档案一体化管理的理念大多已经深入各大企业内部。随着 OA 系统的成熟和各项业务系统的成熟，市场上存在大量的营利性机构帮助企业将这些系统有效连接在一起，文件档案一体化管理不仅在理论、理念上，更在实践上有了很大的发展和推广。以韶钢集团为例，其信息系统涉及 OA 系统、MES 制造执行系统、ERP 系统及 ERP 的

外挂系统（如计量数据采集系统、检化验系统、招标管理系统、工程项目管理系统）。该集团的企业信息化的程度已经相当高，而作为其中主要的 OA 系统，更是企业信息化的必然要求，韶钢集团的文件管理一般是定期从 OA 系统中自动作归档处理。业务系统的文件大多是结构化数据或半结构化数据，系统独立且有专人、专门的服务器独自运作与维护，一般会同地备份，企业的文件档案管理一体化程度较高。文件档案管理一体化的推广为文件、信息商业化服务机构的建立提供了现实基础。文件、信息商业化服务机构可以为企业提供文件档案管理方案，帮助其对企业内半现行文件进行管理，将企业从繁重的文件档案一体化改革中解脱出来，减轻企业负担的同时帮助其有效管理文件档案。

11.2.2.2 市场上已有的成功经验

我国文件、信息商业化服务机构中已有不少成功的案例，如最早进入中国市场的上海信安达档案文件管理有限公司［信安达（中国）的前身］、由软件发展起来逐渐向文件档案管理转型的量子伟业等。这些企业以它们自身的成功向笔者说明了文件、信息商业化服务机构建设的可行性和发展前景。

信安达（中国）是我国首家许可从事档案文件管理服务的供应商。信安达（中国）为企业提供服务，其中既有大型跨国公司也有当地的大型企业，这些客户涉及的行业涵盖了保险、银行、金融、制造、会计、咨询、工程、高科技等不同领域。信安达（中国）为客户提供一系列的文件及电子文件专业管理方案，包括文件保管、特藏库电子文件保管、文件扫描、文件销毁、文件管理咨询等核心服务，以及例如文件编目整理、灾难恢复支持等延展服务。信安达（中国）的客户多为外资企业，这也是其将地址选在上海的原因。信安达（中国）上海分部的客户包括汇丰银行、花旗银行、松下公司、联合利华等近百家企业。

信安达（中国）将其为客户带来的价值总结为以下几个方面，而这些也是对文件、信息商业化服务机构为用户带来的价值的很好总结：第一，节约成本。客户每月只需花费很少的费用，如 200 元人民币就可以将 1 立方米的文件保管在专业保管库中实现文档异地管理。这是客户自行保管花费的几分之一，尤其是办公室位于租金昂贵的中心商业区的公司，这一效果将更加明显。第二，节约空间。通过将纸质文件交由信安达（中国）保管，客户就可以在办公室内腾出新的空间供新员工或是自身拓展业务使用。第三，提升效率。客户只需在公司范围内采用统一的归档文件管理体系，就可以实现对文件的妥善管理，这样节约了时间又节约了人力与资源的消耗。第四，信息安全。通过采用异地文件与电子文件保管服务，客户可以有效地实现对自身公司信息财产的保护。在大多数情况下，盗取和恶意利用公司信息的人员是公司的内部人员。因为他们深知这些信息的价值与公司自身信息管理中的漏洞，而文档异地保管服务就可以解决这个问题。第五，风险管理。由于将文件与电子文档异地保管，这就确保发生在客户办公室内的任何突发事件都不会对保管物造成影响。而且专业的保安队伍与先进的消防措施也会大大降低或防范风险的发生。

量子伟业是我国目前规模较大的文件档案管理系统研发、档案管理咨询、档案资源加工服务、BPO 业务外包、实体档案及文件资料托管的整体解决方案服务商。与信安达（中国）不同，量子伟业的 10 000 多家客户大多为本土企业，如中国电信、中国移动、中国联通、中煤集团、五矿集团、联想集团、万科集团、苏宁电器、万达集团等。客户涵盖通信、能源、航空、金融、化工、制造、房地产、专业档案馆、政府等30余个领域。同时，量子伟业也与多家档案馆（如杭州市档案馆）进行数字档案馆的合作项目。在2011德勤高科技、高成长中国50强中，量子伟业以三年320%的增长率位居第29位，并获得多项荣誉，发展势头强劲。

我国的文件、信息商业化服务机构还处于发展初期。部分文件、信息商业化服务机构隶属于政府（如深港档案寄存中心），它们的服务对象多为政府及事业单位，并不是真正意义上的文件、信息商业化服务机构。还有相当一部分的企业承担着文件、信息商业化服务机构的部分业务，如系统开发、管理方案的提供等（如量子伟业、一正启源）。而综合性的文件、信息商业化服务机构则主要是信安达（中国）这样在国外已经有了较好发展的商业性文件中心的中国分公司，主要服务对象也是外企或对外交流频繁的企业，而本土化的综合性文件、信息商业化服务机构较为欠缺。

11.2.2.3 技术上日益发展的专业化信息处理技术

随着电子文件增多，技术在文件管理中扮演着越来越重要的作用。只有过硬的技术和完善的管理相结合才能确保文件的安全与管理效率。

20世纪中期以来，以计算机技术为代表的第三次技术革命兴起，以计算机技术为代表的新技术得到了极大的开发和应用，而这一技术的发展也促进了信息服务这一新兴领域的出现。条形码技术、数据库技术、影像扫描技术、全文检索技术、数据备份与恢复技术等的发展与成熟为文件、信息商业化服务机构的建立提供了技术支撑。

国外商业性文件中心的设备和技术都较为先进，我国文件、信息商业化服务机构可以借鉴引进国外的先进设备和技术。如在线备份和恢复方案 Connected，它用全自动化过程代替复杂、易于出错的手工备份，可快速地恢复数据，并可以针对大型企业、中小型企业和个人提供不同的解决方案，同时可以在数据的传输和存储过程中采用加密技术。再比如专业的文件加密防盗技术 Data Defense、用于传输文件中被修改部分的 Delta Block 等。这些发展已经较为成熟的技术为我国文件、信息商业化服务机构的建设提供了有效的技术支撑。

同时，文件、信息商业化服务机构的建设并不是在技术空白的前提下进行的，我国目前已经存在很多专注于开发文档信息管理系统、专业进行文件销毁、专业进行文件数字化的企业，这些企业的技术都为文件、信息商业化服务机构的建设提供了基础的支持。

以世纪科怡为例，它拥有信息管理软件系列产品，产品方案涵盖档案管理、知识管理、教学管理、电子政务、影像管理和公证管理等。被广泛应用的有世纪科怡 2008 档案管理系统、办公信息平台、校园信息门户、政府信息门户、银行信贷资料管理系统、公证业务管理系统等。它的数字工程系列主要包括数字政府、数字档案馆和企业信息管理平台。数字政府是世纪科怡基于网络技术、数据仓库技术、内容管理技术、地理信息管理技术、工作流技术等一系列先进技术，为推动政府全方位信息化而提供的整体应用系统和全程解决方案；数字档案馆是一个具有对各类信息数据进行数字化处理与管理能力的系统，是综合性档案馆的组成部分；企业信息管理平台是基于数据仓库技术、运行于 Intranet/Internet 环境下，集数据库管理、数据采集与处理、数据维护更新与数据发布为一身的系统开发平台。

文件、信息商业化服务机构只有拥有各种先进的技术来提高文件管理和信息服务的水平和质量，借助技术优势来彰显自身的特点和优势，才能吸引更多的客户将自己的文件交由它们来管理。也只有在技术的支持下，文件、信息商业化服务机构才能确保文件的安全，才能树立自己良好的企业形象。

11.2.2.4 观念上档案意识的不断提高

企业文件有着重要的作用：它是企业业务的记录者，记载着企业的运营、发展的相关情况、成果、经验和教训；它是企业文化的传播者；它是企业在结束争端、处理案件等活动中的重要证据。随着我国市场经济的发展和法律体系的健全，企业间各类纠纷日益增多，其中因忽视文件管理而造成企业重大损失的案件不在少数，主要包括：由企业劳动人事档案的缺失或不规范而导致的劳动争议案件；因各类合同，尤其是随后根据实际情况增加的补充、变更协议的遗失而导致的合同争议案件；因自主创新核心技术原始档案的泄密或遗失而导致的知识产权案件；因土地、矿藏所有权档案遗失而导致的土地、资源界定案件。

1998 年 4 月 17 日深圳档案局向深圳尊荣集团有限公司发出《档案违法行为处罚通知书》，对该集团丢失 27 名员工人事档案的行为作出行政处罚。① 这是深圳市档案局首次依照法律法规查处档案违法案件。该事件发生后，深圳市乃至广东省的各大媒体对其进行了广泛的报道，引起了社会的强烈反响，直接促进了深港档案寄存中心的产生。

---

① 参见《深圳人事档案丢失案》，见 http://www.archivesnj.gov.cn/default.php?mod=article&do=detail&tid=90789，2013-04-08。

无独有偶，王先生原是北京市某建筑工程公司的正式职工，1985年1月被劳动教养，单位随之与他解除了劳动关系。2002年，王先生在办理求职证时，发现原来工作的单位并没有按规定把他的人事档案转移到他的户口所在地。王先生找到原来工作过的单位，被告知他的人事档案找不到了。由于没有人事档案，2003年9月30日，社保部门停止了王先生社会养老保险的补交办理手续。眼看自己马上就要就业无门、生活无望，王先生遂诉至法院，要求原工作单位赔偿其各种损失10万余元。北京市第一中级人民法院对这起特殊纠纷案作出终审判决，判令王先生原来的工作单位一次性赔偿王先生各项损失6万元。①

除了人事档案丢失造成的纠纷外，各类合同及其补充条款的遗失也往往会给企业带来巨大的损失。例如，某施工企业在与发包方签订一座长达13公里的跨海大桥的施工合同后，由于将调整决算价格的重要补充协议遗失，因而在后期讨要工程欠款的诉讼中，无法获得因价格的调整而应得的8 000万元工程款。

这样的案例还有很多，文件缺乏有效管理不仅可能使企业遭受行政处罚，更有可能带来巨大的损失，而有效的文件管理则可以在避免损失的基础上为企业节约成本、提高效益。受这些事件的影响和企业自身发展的需要，企业和员工档案意识有了显著的提高，而这也为文件、信息商业化服务机构的建设提供了观念基础。

11.2.3 我国文件、信息商业化服务机构建设的机会

文件、信息商业化服务机构在建设过程中，要把握住行业发

---

① 参见《丢失职工人事档案 原单位赔偿6万》，见 http://www.110.com/falv/laodongjiufen/laodonganli/jiechuhetong/2010/0705/24584.html，2013-04-08。

展的机会，关注客户的具体需求和实际情况，同时，规避在机构建设中可能出现的风险和问题，这样才能实现可持续发展，取得商业上的成功。笔者为文件、信息商业化服务机构建设可能出现的一些宏观经济层面、专业建设层面、市场层面以及技术层面的机会进行梳理，进一步阐明文件、信息商业化机构建设的依据。

11.2.3.1 宏观经济发展带来行业发展机会

宏观经济对文件、信息商业化服务机构发展的影响可谓是决定性的，一个持续稳定发展的经济环境对于服务、产品的需求都有相当大的影响。当经济形势好的时候，文件、信息商业化服务机构的主力和战略关键点应放在把握时机、开拓市场业务、满足客户不断增长的需求上；当经济发展低迷时，文件、信息商业化服务机构需要做的是养精蓄锐，培育自己的核心能力，蓄势待发。

我国的宏观经济在近年来一直保持高速稳定的发展，2011 年的国内生产总值达到 47.2 万亿元，比 2010 年增长 9.2%。① 2013 年 1 月 18 日，国家统计局局长马建堂介绍 2012 年国民经济运行情况。初步测算，2012 年度国内生产总值 519 322 亿元，比上年增长 7.8%，其中，一季度增长 8.1%，二季度增长 7.6%，三季度增长 7.4%，四季度增长 7.9%。② 在可预计的未来几年中，我国经济将持续稳定的发展。经济的发展必然带来企事业单位以及各机构文件数量的增多、文件管理难度的增大。因此，我国文件、信息商业化服务机构将会在未来迎来发力的好时机。

---

① 参见《2011 年国内生产总值 47.2 万亿元　比上年增长 9.2%》，见 http://news.sohu.com/20120305/n336688700.shtml，2013-04-08。

② 参见《2012 年国内生产总值 519 322 亿元　同比增长 7.8%》，见 http://finance.people.com.cn/n/2013/0118/c1004—20247617.html，2013-04-08。

11.2.3.2 供需不平衡带来市场发展机会

虽然我国的文件、信息商业化服务机构数量和规模已经有了初步发展，但依然存在小、散、乱、弱等诸多问题，市场发育严重不足。目前，文件管理供需平衡问题非常严重，就拿纸质档案保存业务举例来说，随着时间推移，一个公司存续时间越长，需要保存的纸质文档越多，而随着纸质文件越来越多，公司为此付出的成本也会越来越高。为保存纸质文件，公司每年需花费人力去装订、整理、维护，且因占用办公室的面积而为此付出昂贵的租金或同值的机会成本。此外，纸质文件都有保管期限（例如有的需保存 15 年，有的需永久保存等），有质量要求（若干年取出以后还可读可用等），有保管要求（如防霉、防蛀、防火、防潮等）。文件管理成为企业管理的一个重要方面，也是企业质量管理标准的一个重要内容。据了解，一家股份制银行上海分行租赁了一个旧厂房改建成档案库房，租金 180 万元一年，改造费用高达 2 000 多万元，而且每年还有水电、人工等管理成本，但改造的库房仅 3 年就放满了各类档案。[①] 一家证券公司在总部用一层楼面存放档案，而公司部分员工不得不在花费几百万租金租赁的办公楼工作。另一家证券公司利用自有房屋改建库房，投资数百万元仅够存放 3 年的档案，前两年库房空置率很高，一旦放满又要投资新建。另外，所有券商营业部也都需要一到两间房间用来存放客户资料。需求造就机会，我国文件、信息商业化服务机构目前在建设中存在的问题也正是未来的发展机遇所在，文件、信息商业化服务市场依然没有饱和，存在着很多发展机会。

---

① 参见《国内金融服务外包浪潮兴起　档案管理成本居高不下》，见 http://news.hexun.com/2010-08-25/124694618_1.html，2013-04-08。

11.2.3.3 服务业务带来发展机会

目前，我国的文件、信息商业化服务机构的业务形态上既有较早发展起来以档案事务所、档案中介组织为代表提供的传统档案管理服务，也有新兴发展起来的软件技术支撑的信息咨询服务。同时，还有文件管理整体解决方案的提供商，全面接管文件处理设备的运营、耗材更换、维保等，并对文件产生、分发、流转、存储、检索、容灾、安全等文件生命周期环节进行管理。把对档案的管理延伸到对文件生成的控制中。

从管理的对象来看，不同载体的文件也有不同的管理机构来进行管理。有的机构偏重于实体保管，有的机构偏重于内容管理，实现企事业单位文件的增值服务，为企业更好地利用文件提供支持。

紫光慧图是国内领先的以知识管理为导向的企业内容管理整体解决方案提供商。基于信息生命周期管理理念，针对信息生命周期，形成从数据创建、保护、访问、迁移、归档、销毁的全过程管理，实现文档一体化的安全协同管理。量子伟业是我国最具规模的档案管理系统研发、业务咨询服务、数字化加工建设整体解决方案的提供商，它的核心业务不是档案管理服务，而是转向更高级的管理系统研发、数字化加工建设以及档案信息化方案咨询服务，并抓住信息化的细分市场，形成自己的核心竞争优势——档案信息化服务。

文件、信息商业化服务机构在进行战略选择的时候，可以把眼光放到全产业链的位置，进行全方位的规划与管理，依据自身的优势和不足，抓住行业发展的机会。

11.2.3.4 重点产品、重点客户群服务带来发展机会

我国的文件、信息商业化服务机构虽然数量不少，但是鲜有针对某一具体的行业或人群提供服务的。笔者在调查中发现上海国盈金融信息技术服务有限公司（简称国盈金融）是国内首家专业从事金融及其他大中型企业服务外包的企业。目前已开办金融档案管理服务和咨询，各类会计档案和文书档案的储存、保管、检索，以及对档案扫描、微缩建立数据档案备份，实现档案远程检索和查阅等业务。国盈金融现有档案库房 18 500 平方米，全部采用钢质导轨式密集柜存储，可存放各类档案 30 000 立方米。档案库位于上海市外高桥保税区内，距陆家嘴金融贸易区直线距离 16 公里，具有档案存放安全、调阅快捷的区位优势，发展相当迅猛。①

再比如上海仁通档案管理咨询服务有限公司（简称上海仁通）是上海第一家专业从事高端纸质商业文档存储保管服务外包的公司，服务的主要客户包括银行、保险、证券以及会计所、律师行等上海构建国际金融中心的产业主体中的高端客户。据了解，上海仁通正在投资建造约两万平方米的现代化纸质文档存储仓库，其建筑结构和内部设施设备严格按照国家关于档案馆的建筑和管理标准建造，这在商务档案的存储保管中是遥遥领先的，符合所有档案管理的要求。现已投入使用的库房为独立建筑体，高 6 层，共有 23 个库房，总面积约 6 200 平方米。目前新华保险、鹏程会计师事务所等单位的档案已经正式入库，多家证券公司的文件也将进行托管。公司库房位于临近安亭的花桥国际商务城，此处交通便利，京沪高速、上海交环线（A30）、312 国道和地铁 11 号线

① 参见该公司网站 http：//www.gyir.com.cn/。

均汇聚于此，无论是文档的运输还是前往调阅都很方便。[①] 如果说上海现代服务业产业链条中，能够承接第三产业中高端客户纸质文档存管的服务外包环节尚是空白，上海仁通则填补了这一空白。上海仁通为银行、证券、保险等金融企业做大做强，提高人均推动金融资产规模和人均创利水平创造了条件。

在典型调研中，笔者发现量子伟业、世纪科怡、信安达（中国)、潽尔森文档等都有固定的主要客户群。其中，量子伟业全国用户超过 10 000 家，客户涵盖通信、能源、航空、金融、化工、制造、房地产、专业档案馆、政府等 30 余个领域，并赢得中国电信、中国移动、中国联通、中煤集团、五矿集团、联想集团、万科集团、苏宁电器、万达集团、娃哈哈集团、复星集团等高端用户的信赖。世纪科怡公司客户已遍及政府机关、公检法司系统、教育系统、金融系统、工程建设系统、卫生系统、航天航空系统、交通系统、文化出版系统及军队系统等。信安达（中国）服务的客户主要有两大类——大型跨国公司和中国本地的企业，其中包括许多名列世界 500 强的公司。潽尔森文档立足于企业单位，客户分布在众多行业，比如银行、保险机构、会计师事务所、律师事务所、房地产公司、医院医疗机构、学校和其他社会团体。

像这样针对某一具体的行业或者针对某一类型的客户群体发展其专业服务的公司目前在我国是少之又少，但是专业化管理的需求很强烈。企业在发展的同时，可以培育专业化的职能，发展重点产品和服务，培育核心竞争力。另外，家庭、个人文件管理服务机会也是文件、信息商业化服务机构关注的新兴热点，职称考试资料、工作笔记、收藏的字画、孩子的成长日记、家庭重大活动的录像带和录音带以及其他非常隐私的物件都有专业寄存和

① 参见该公司网站 http：//www. renton. net. cn/。

管理的需求，而且这种需求也越来越旺盛，文件、信息商业化服务机构应当抓住这一市场机遇。

11.2.3.5 政策环境带来新的发展机遇

国家政策法规是行业发展的保障，同时也是企事业单位、各类型机构发展的风向标，政策的支持往往带来的是一个产业、一个行业的持续稳定发展，能为企业营造一个良好的发展环境，政策的发布背后是资金资源的流向。因此，文件、信息商业化服务机构要抓住国家和各地区的政策机会，顺势而为，为机构找寻新的发展途径。

在2012年第十一届全国人民代表大会第五次会议上，国务院总理温家宝作了2011年的政府工作报告，提出要积极发展档案事业。由此可见档案事业依旧是我国发展中的一大亮点。

2010年10月修订后的新《中华人民共和国保守国家秘密法》正式开始实施，信息安全保护上升至国家战略层面，档案安全管理及安全输出业务的市场规模300亿～400亿元，涉密文件档案的复印、回收、保管、流转、刻录、扫描处理等业务具有更广阔的市场空间。

2010年10月，国务院通过《国务院关于加快培育和发展战略性新兴产业的决定》，明确提出要“促进云计算的研发和示范应用”，此后，工信部、发改委、科技部、财政部等各部委相继出台一系列措施。例如，将北京、上海等五个城市作为先行试点示范城市，对试点城市的云计算应用示范工程拨付15亿扶持资金，通过“十二五”规划等优先启动云计算关键技术与重大项目、开发云计算领域的重点软件技术、研究和制订服务标准等。各地政府也积极介入云计算产业，在产业战略布局和运行监控中承担了重要角色，推动云计算项目的落地。北京推出“祥云”计划，上海启动“云海”计划等，杭州、成都等地启动云计算基础设施、服务平台和云计算产业园区建设等。长远来看，政府介入大量云计算项目应为阶段性措施，相关政策及资金的支持将加速国内云计算市场成熟。在建设层面，初期基础平台建设投入大、风险高，政府先期进入有利于市场的稳定和快速发展；在应用层面，由政府充当云计算产业中的“天使用户”，并在税收、环保等方面给出相应的优惠政策，这对于国内云计算市场的培育和成熟将起到巨大的示范促进作用。部分文件、信息商业化服务机构已经介入云存储的业务当中，如华为赛门铁克公司提供文件档案管理云解决方案①。由腾讯房产、中华信用网等机构合建的“云档案”成为一个基于信用档案管理体系并实现网络虚拟身份证的信息服务平台。用户通过网络记录提交个人或单位信息，其信息会经由权威部门全国公民身份信息系统（NCIIS）认证，并由相关企事业单位或个人进行记录及评价，形成相对真实有效的档案。这份电子档案，称为“云档案”。此档案可通过设置权限，经由网络展示给其他授权用户。“云档案”将大量用户的真实档案统一管理和调度，并提供“云档案”用户唯一的网络身份证。未来云计算服务也将助力文件、信息商业化服务机构，机构应当把握机会。

国家工信部在2011年11月制定的《物联网“十二五”发展规划》指出，国家将增加物联网发展专项资金规模，加大产业化专项投资等对物联网的投入比重，鼓励民资、外资投入物联网领域。积极发挥中央国有资本经营预算的作用，支持中央企业在安全生产、交通运输、农林业等领域开展物联网应用示范。落实国家支持高新技术产业和战略性新兴产业发展的税收政策，支持物联网

① 参见该公司网站 http：//support. huaweisymantec. com/support。

产业发展。

11.2.4　我国文件、信息商业化服务机构建设的风险

尽管我国文件、信息商业化服务机构拥有宏观经济环境利好、市场供需不平衡和政策环境倾斜等一系列的机会，有很大的发展空间，但是仍然面临很大的风险。机构在发展过程中，只有清楚认识到这些风险，采取措施进行规避或者制定预警方案，才能够使自身不致蒙受大的损失，更好地专注于自身建设和服务消费者。

11.2.4.1　同业市场竞争风险

目前文件、信息商业化服务机构的局面是多、小、散、乱、弱，市场上提供文件、信息商业化服务的机构很多，但同质化现象十分严重，包括服务内容、服务方式上都没有明显的差异。同质性的竞争现象较为常见，从而造成人力成本和建设成本的浪费。

随着国内文件、信息商业化服务市场发展，这种商业模式将逐渐被社会广泛认知和接受，文件、信息商业化服务市场将吸引本土传统办公市场、IT 市场的参与者（如设备销售商、传统服务商等）陆续探索商业模式升级和创新，通过研究文件、信息领域的商业模式、管理系统等手段逐渐进入该市场。尽管国内当前并无强有力的国内竞争者，但将来尝试进入该领域的公司会越来越多。如果文件、信息商业化服务机构不能持续培育自身的核心竞争力，无法不断完善业务模式以满足客户对文件管理解决方案及服务不断深化的需求，难以探索成熟的行业解决方案和商业模式在全国市场的快速推广、复制，也不能积极推动核心技术与软件研发，尽力拉大与其他同类型机构的距离，那么文件、信息商业化服务机构将持续处于低投入、低收益的初级发展阶段。

同时，国外某些成熟的文件、信息商业化服务机构逐渐进入中国市场，也给我国文件、信息商业化服务机构带来了一定的挑战和发展风险。21世纪初，GRM瞄准了中国内地这块大蛋糕，与上海创造实业公司合资成立了上海信安达档案文件管理有限公司，这是中国拥有的比较大型的有外资进入的文件、信息商业化服务机构之一，外资的进入必然对中国内地的文件、信息商业化服务市场造成冲击。

11.2.4.2 业务成熟度与商业模式认知度风险

文件、信息商业化服务机构以管理型外包服务为核心，面向企事业单位级客户提供文件管理服务，主要包括文件管理外包服务、档案寄存整理服务、文件管理咨询服务、文件档案管理系统解决方案等。我国的文件、信息商业化服务市场是伴随文件数量增长以及信息技术高速发展和现代文件办公应用需求不断升级而出现的新型市场，是传统档案管理模式向现代新型档案管理模式的全面升级，同时也是传统服务业向新型服务业的全面升级。该市场发展潜力巨大。随着社会经济环境变化和决策者观念转变，国内大量政府部门和大型企业开始重视办公的节约、高效、环保、健康，并逐渐接受了“外包服务”理念。但是整体来看，国内文件、信息商业化服务行业发展时间尚短，尽管近年来发展速度较快，但整体市场普及程度远未达到欧美发达国家的水平，市场对于文件、信息商业化服务机构并不熟知，对文件管理外包服务、文件档案管理系统解决方案、文件管理咨询服务等新产品和新服务模式价值的认知程度有限。文件、信息商业化服务机构在进行业务拓展过程中，通常需要进行一定的市场推广和客户教育工作，市场的增长速度还存在不确定性。

11.2.4.3 技术创新及产品服务质量风险

一方面，技术的创新为文件、信息商业化服务机构提供了技术支撑，但也带来了风险。技术的不断进步，产品的更新换代使文件特别是电子文件的管理面临巨大的挑战。维护电子文件的真实性、完整性、可靠性是亟待解决的难题。日新月异的数字技术使电子文件的技术环境及存贮结构更加复杂，新设备、新的处理方法与软件以 2～5 年为一个周期更新换代使得记录、存贮与检索电子文件的手段与产品迅速发生变更。技术更新太快，大量非标准的信息剧增，使得电子文件离开了特殊环境就失去了原始性。我国许多文件、信息商业化服务机构致力于档案管理业务系统的研发，比如量子伟业推出的 PDE 系列产品：PDE 档案数字化加工、PDE 档案信息化咨询服务、PDE 数字档案管理系统以及最新的 P9 走在云端的智慧档案管理系统等。这些系统的功能是否完全发挥，系统的升级是否造成管理混乱，系统的兼容性是否能满足不断增长的需求，这些问题都需要认真考虑并预防风险。

另一方面，文件、信息商业化服务机构在产品服务质量上也面临着风险。许多机构逐步树立起服务至上的理念，并通过各种措施努力提高服务质量，塑造品牌形象，但还有很大的提升空间。在服务上要特别注重突出文件保管的安全性。文件管理的特殊性决定了在其管理过程中的风险，文件反映了企业在生产经营活动当中的所有过程。对于机构来讲，许多文件都具有很高的机密性，这就给文件、信息商业化服务机构带来了一定的管理风险。如果在管理过程中泄露了企事业单位文件，后果是相当严重的。目前，文件、信息商业化服务机构也充分意识到这一点，比如潽尔森文档为确保客户文件的安全性和可访问，在实践层面上，所有员工都要让客户保持对公司的信赖，签署保密协议，在理念层面，保证最高安全是公司销售流程的原则。在确保安全的前提下，机构应不断追求产品和服务质量，以最优的服务满足客户不断增长的需求是文件、信息商业化服务机构永恒的追求目标。

第五部分

文件、信息商业化服务机构的建设方式和发展定位

12 国外商业性文件中心建设新方式——跨国发展（国际化发展）

12.1 商业性文件中心跨国发展的表现和成效

20 世纪 90 年代后期，商业性文件中心进入了国际化发展阶段，一些大型商业性文件中心开始实施扩张战略，拓展国外市场，通过跨国兼并或直接投资等方式进行跨国建设，逐步形成规模庞大、实力雄厚、国际知名度和影响力较高的商业性文件中心。这就是商业性文件中心建设的新方式——跨国发展。

12.1.1 商业性文件中心跨国发展的表现

从市场范围看，商业性文件中心数十年的发展经历了两个阶段。第一阶段为本土发展阶段（20 世纪 40 年代末至 90 年代后期）。这一时期，商业性文件中心多集中在本国建设和发展，着眼于夯实基础，在国内市场站稳脚跟，成为具有一定规模和国内覆盖范围的文件、信息服务公司。第二阶段为国际化发展阶段（20 世纪 90 年代后期至今）。这一时期，商业性文件中心开始瞄准国际市场，进行全球扩张。若干大型商业性文件中心掀起了跨国兼并的浪潮，不断对一些规模较小或业务较单一的商业性文件中心实行跨国并购。有些商业性文件中心还采取直接投资的方式，在其他国家或地区设立分公司，以实现跨国经营的战略目标。借助跨国建设，商业性文件中心实现了优化整合，公司规模和市场范围逐步扩大，突破了本土界限，走上了跨国发展的道路。

笔者曾评析商业性文件中心的现状特点，将其归纳为“分布广泛、典型突出、行业发展成熟”①。商业性文件中心目前遍及五大洲 55 个国家和地区，分布以美国最为集中，逐步形成了若干典型的“行业龙头”。一些大型商业性文件中心 20 世纪 90 年代后期以来的建设举措正是商业性文件中心跨国发展的有力表现。笔者选取两个典型——Iron Mountain 和 Recall 来说明商业性文件中心跨国发展的表现，它们借助跨国建设取得卓越成绩，逐步发展成为全球规模最大、知名度最高和影响力最强的商业性文件中心。

12.1.1.1 例证——Iron Mountain 的跨国兼并

Iron Mountain 是文件、信息服务业的全球领导者，1951 年成立，总部设在波士顿。它从 1997 年起展开跨国建设，借助多次并购扩大市场范围，成为全球规模最大的商业性文件中心。Iron Mountain1997—2012 年实施一系列的兼并，目的是扩张规模、扩大市场和扩展业务。笔者用表 12—1 列出 Iron Mountain 的兼并活动，足以展示其跨国发展的进程。

---

① 黄霄羽：《国外商业性文件中心的现状特点评析》，载《北京档案》，2009（6）。

表 12—1 Iron Mountain 的兼并活动

时间	Iron Mountain 的兼并事件及影响
1997 年	兼并国际证券数据公司(DSI),成为世界上主要的软件托管公司; 兼并文件掌管者(HIMS 公司),进入医疗信息管理服务市场。
1998 年	兼并 Arcus 数据安全公司(2001 年改名为异地数据保护公司),成为美国主要的异地数据保护公司。
1999 年	兼并英国数据管理公司(BDM),建立第一个国际网点; 兼并墨西哥 SAC 公司,进入墨西哥市场。
2000 年	兼并位于阿根廷的南美洲保管公司,进入拉丁美洲市场; 兼并美国第二大文件管理公司 Pierce Leahy Archives,成为整个西半球和欧洲唯一提供完善的文件和信息管理服务的公司,这是公司发展规模显著扩大的重要表现。
2003 年	兼并 Hays plc 的信息管理服务单元,大大增加了在欧洲的市场占有率。
2004 年	兼并域名管理公司 Arcemus,扩展了知识产权管理服务; 兼并加拿大安大略省经销商 Proshred 国际安全公司,扩展了在加拿大的安全销毁服务; 兼并在线备份和分布式数据保护领域的领头公司 Connected,组建了 Iron Mountain 数字化业务部。
2005 年	兼并 Pickfords 文件管理公司(PRM)澳大利亚和新西兰的业务,进入环太平洋地区; 兼并基于磁盘在线服务器备份和恢复解决方案的主要供应商 LiveVault 公司,进一步扩大了公司的市场份额。
2006 年	兼并澳大利亚和新西兰地区数据保护服务的主要供应商 Digi-Guard 公司。
2007 年	兼并 Accutrac 软件公司,扩展了文件管理投资组合; 兼并 Stratify 公司,扩展了电子发现服务。
2010 年	收购电子邮件和内容归档公司 Mimosa,为信息管理巨头不断增长的数据归档业务注入强心剂。
2012 年	兼并信息存储公司 Information Storage Companies,优化公司业务。

资料来源:"Historical milestones",see http://www.ironmountain.com/Company/About-Us/Historical-Milestones.aspx,2011-09-08。

12.1.1.2 例证——Recall的跨国兼并

Recall的规模仅次于Iron Mountain，也是全球文件、信息服务业的“领头羊”之一。它成立于1999年，总部位于美国的诺克罗斯。Recall是全球支持服务集团公司Brambles旗下的子公司，Brambles的经营业务起初涉及工业服务、运输、物料搬运、化学工程、机械工程等众多方面，但1991年开始涉足文件管理领域，借助一系列收购和扩张，于1999年建立了Recall。应当说，Recall本身就是国际化兼并的产物，Brambles在文件、信息领域借助跨国并购的方式建立起具有国际规模的商业性文件中心。笔者用表12—2列出Recall的兼并过程，也能展示其跨国发展的特点。

表12—2　　Recall的兼并发展过程

兼并时间	兼并事件及影响
1991年	Brambles收购位于美国佐治亚州亚特兰大的Vault公司，开始进入美国文件、信息服务市场。
1992年	Brambles收购为文件和载体提供安全存储、收集和传输业务的英国公司Security Archives plc，开始进入欧洲文件、信息服务市场。
1995年	Brambles又在美国和加拿大完成几次收购，进一步扩大市场范围。
1999年	Brambles将所有文件管理公司合并为Recall，成为全球文件、信息服务领域的第二大运营商。
2005年	Brambles宣布优化业务，将业务集中到CHEP和Recall上。

资料来源：“Leading document management under the name Recall since 1999”, see http://www.recall.com/about-us/recall-history，2011-09-09。

12.1.2 商业性文件中心跨国发展的成效

商业性文件中心跨国发展的成效表现在诸多方面：

一是扩大了商业性文件中心的规模和市场范围。Iron Mountain和Recall均发展成为大型的跨国集团，前者在全球39个国家和地区建立了600多个运营中心，拥有14万客户和两万名员工；后者在全球21个国家和地区建立了300多个运营中心，拥有8万客户和4 500名员工。

二是扩展了商业性文件中心的业务领域和服务类型。Iron Mountain通过并购进军医疗、法律、信息技术等行业，还增加了软件托管、知识产权管理、安全销毁、在线备份和恢复、电子发现等服务类型。

三是增强了商业性文件中心的综合实力和国际影响。Iron Mountain和Recall均被公认为商业性文件中心的全球领导者，成为文件、信息服务业的“龙头”，它们提供的安全、高效和优质的专业服务也受到广泛赞誉。

笔者用表12—3和表12—4列出Iron Mountain的现状规模和所获荣誉，以此为典型展示商业性文件中心跨国发展的显著成效。

表12—3　　Iron Mountain的现状规模

覆盖范围	覆盖北美洲、欧洲、南美洲、大洋洲、亚洲，遍布39个国家和地区，共设600多个运营中心。
基础设施	拥有1 000多个库房、10个数据中心和3 500辆汽车等。
客户数量	97%以上的财富1 000强企业均为其客户，客户总数达14万，涉及医疗保健、法律、金融、零售、音像、能源等行业及政府部门、家庭办公室等领域。
员工数量	20 000名专业人员。
保存文件信息总量	超过4.4亿立方英尺的纸质文件，7.4拍字节的电子文件，750万盒计算机备份磁带，2 500万台个人电脑和两万台服务器。
企业排行榜	2003年在财富1 000企业中排名887位；2004年排名857位；2005年排名811位；2006年排名783位；2007年排名780位；2008年排名722位；2009年排名681位；2010年排名644位；2011年排名643位；2012年排名675位；2013年排名712位。
影响力	连续九年（2005—2013）被《财富》杂志评为“世界最令人羡慕的公司之一”。

资料来源：“About us”，see http：//www. ironmountain. com/Company/About-Us. aspx，2011-09-07。

表 12—4　Iron Mountain 所获荣誉

获奖时间	主要荣誉和奖项
2002 年	被《波士顿商业周刊》评为“年度最佳公司”。
2003 年	首席执行官理查德·里斯被安永评为“年度最佳企业家”。
2005 年	被《波士顿商业周刊》评为“增长最快的百强企业”。
2006 年	首席执行官理查德·里斯被波士顿领导人峰会评为“有远见的领导人”。
2007 年	被《福布斯》杂志评为“400 强公司”。
2008 年	被《安全》杂志评为“年度安全 500 强公司”；同年，再次被《福布斯》杂志评为“400 强公司”。
2009 年	入选“标准普尔 500 公司”。
2010 年	总裁拉马纳·文卡塔与首席管理官拉维被评为“2010 保管超级明星”。
2011 年	被《信息周刊》杂志评为“全国技术创新公司前 50 强”；被《安全》杂志评为“年度安全 500 强公司”。
2012 年	连续第十年被评为“全国技术创新公司前 50 强”；被《安全》杂志评为“年度安全 500 强公司”。
2013 年	被《信息周刊》杂志评为“全国技术创新公司前 100 强”；被《安全》杂志评为“年度安全 500 强公司”。

资料来源：“Awards and honors”，see http：//www. ironmountain. com/Company/Awards-Honors. aspx，2011 - 09 - 07。

12.2　商业性文件中心跨国发展的原因

商业性文件中心的跨国发展主要基于两方面的原因：一是社会环境，二是行业环境。社会环境包括经济形势和企业环境；行业环境包括行业的内外环境。

12.2.1 社会环境原因

12.2.1.1 经济形势：经济全球化全面推进

商业性文件中心作为企业和市场主体，其发展与世界经济的发展状况和格局是密切关联的。20 世纪 90 年代，世界经济进入一个新的快速增长期，经济全球化的趋势日益明显。世界各国在生产、贸易、资本、金融及服务等领域的联系日益密切，相互依存度不断加强，推动社会化大生产不断发展，导致生产技术和信息技术突飞猛进。经济全球化的主要标志和表现是生产、商品、服务、资本等生产要素日益全球化，在世界范围内实现资源的合理优化配置。受经济全球化全面推进的影响，商业性文件中心呈现出国际化发展的特点，借助跨国建设的方式，不断提高资本、服务、市场的全球化程度，让自身核心业务——文件信息服务跨出国门，走向世界，在全球范围延伸和铺展。

12.2.1.2 企业环境：兼并浪潮兴起和业务外包盛行

企业兼并浪潮的再次兴起是 20 世纪 90 年代突出的经济现象，也是商业性文件中心跨国发展的企业环境因素。在经济全球化的发展进程中，面对日益加剧的国际竞争，出于争夺市场、提高效益和创造互补优势的需要，世界尤其是西方企业再度兴起了兼并的风潮，这一轮企业兼并浪潮具有持续时间长、规模大、波及面广、兼并形式多样等特点。正如国内某学者所说，“自 90 年代以来，一些关键性行业，如电信、航空、石化和金融等部门出现了盛况空前的兼并高潮，其规模、范围和影响都达到空前的程度。据报道，1996 年世界企业兼并案为 22 729 起，金额达 1.14 万亿美元，1997年发生21 000起，金额达1.4万亿美元。1998年，全球企业兼并与收购活动更是异常活跃，据美国专业服务公司——毕马威公司的统计，头三个季度全球合并涉及的总金额已超过了去年的总额，比1997年同期增长67%。风起云涌的企业兼并浪潮已在全球范围引起了极为广泛的反响”①。跨国兼并作为企业兼并的形式之一，从90年代起明显增多，案例频现，其中大多为知名企业，它们的强强联合不断掀起高潮。例如，“1996年英国电信公司对美国MCI通信公司的兼并、美国化学银行与大通曼哈顿银行的合并，1997年美国波音公司对麦道公司的兼并、荷兰国际集团（INC）对比利时布朗贝尔银行的巨资收购等，引起世人瞩目。1998年，德国戴姆勒-奔驰购并美国克莱斯勒汽车公司的声响还未消除，又传出了德国最大的商业银行将动用101亿美元资金收购美国排列第八的信孚银行、美国最大两家石油公司埃克森和美孚合并的消息。前者合并后的银行总资产达8 200亿美元，将列居世界银行之首。12月1日，美国最大的石油企业——埃克森公司以738.5亿美元收购美孚公司，从而缔造了全球最大的石油公司。1999年4月25日又传出英美日通信企业联手成立全球最大通信集团的消息。由此引发的震动不可忽视”②。可见，跨国兼并的结果之一是不断出现规模庞大的跨国企业集团。有学者在研究中发现，“据联合国贸易和发展会议秘书处统计，1994年全世界已有4万家跨国公司，这些母公司的25万子公司已渗透到世界各国、各地区的各个部门和产业，聘用职工7 300万人，这些跨国公司的直接投资累计额已从1985年的3 836亿美元增加到1994年的2.6万亿美

---

① 宋毅：《综述：我国如何应对全球企业兼并潮》，载《中国经济时报》，1999-05-26。

② 同上。

元”①。以上数据和案例充分证明了企业跨国兼并浪潮的兴起。

企业业务外包的出现和盛行也是20世纪90年代以来的经济现象，同时也可视为商业性文件中心跨国发展的企业环境因素。目前学界对于业务外包的认识不尽一致，笔者比较赞同某位学者的如下解释：“业务外包是企业整合利用其外部最优秀的专业化资源，从而达到降低成本、提高效率、充分发挥自身核心竞争力和增强企业对环境的迅速应变能力的一种管理模式。企业通过外包，将一些非核心的、次要的或辅助性的功能或业务外包给企业外部的专业服务机构，利用它们的专长和优势来提高企业整体的效率和竞争力，而自身仅专注于那些核心的、主要的功能或业务”②。可见，业务外包的目的是帮助企业更好地专注于核心业务，从而创造更多的经济效益，这种新的经营模式和管理理念自然成为众多企业的选择。因为在经济全球化推进过程中，面对日趋激烈的市场竞争和不断细化的专业分工，企业需要更关注于自身的核心业务，降低成本、提高效率和提升核心竞争力。这正是90年代以来国外企业业务外包出现并日益盛行的内在动力。

企业兼并浪潮的兴起和业务外包的盛行均对商业性文件中心的跨国发展产生了重要影响。前者为商业性文件中心的跨国发展创造了一个外部环境，让商业性文件中心看到了跨国发展的必要性、可行性和借鉴案例，商业性文件中心可以从其他企业的国际兼并中借鉴经验或吸取教训，顺应跨国发展的潮流。后者为商业性文件中心的跨国发展提供了一个有利时机或者说绝佳机会，因为越来越多的企业在业务外包风潮中将文件档案信息业务外包出去，直接刺激了以文件档案信息服务为核心业务的商业性文件中

---

① 韩军：《九十年代后半期世界经济发展展望》，载《国际观察》，1997 (3)。

② 樊磊：《企业业务外包的内涵及其理论解释》，载《生产力研究》，2006 (2)。

心的发展。跨国公司不断在海外开拓新的市场、设立分公司，带来的结果之一是其业务外包的需求日益国际化和全球化，商业性文件中心作为这些跨国公司文件档案信息服务业务外包的承接机构，自然需要走上跨国建设的道路。

12.2.2 行业环境原因

12.2.2.1 行业内部环境：文件、信息服务业发展成熟

20世纪80年代，商业性文件中心开始组建联盟，建立了商业性文件中心协会。该协会的建立揭开了商业性文件中心行业发展的序幕。到1996年，商业性文件中心协会与美国国家安全数据保险库协会合并，成立了国际文件与信息管理服务行业协会(PRISM)。PRISM被界定为“商业性信息管理行业的非营利性行业协会”，它的建立标志着文件、信息商业化服务业的发展日渐成熟。实践证明，在PRISM的领导下，文件、信息商业化服务业逐步形成了明确的行业宗旨、内外兼备的保障途径和严密规范的监管体系，成为商业性文件中心跨国发展的行业内部基础。

第一部分论述了国外商业化文件、信息服务业的行业文化、保障途径和监管体系。首先，PRISM作为国外文件、信息商业化服务业的领导中心，具有完善的组织结构、相当的会员规模和良好的行业影响力。更重要的是，文件、信息商业化服务业已形成特有的行业文化，在行业宗旨、行业价值观和行业道德准则等方面均有体现。概而言之，国外文件、信息商业化服务业坚持“以客户为本”，以信任、价值、安全、集成和合作为基石，承诺成员合作、服务客户和树立良好的行业形象，致力于为社会提供安全、优质、高效的文件信息服务。其次，PRISM借助内外兼顾的两种途径——会员服务和客户宣传来保障文件、信息服务业的健康发

展。会员服务是对内保障途径，表现为构筑行业交流合作平台、实施会员辅导计划、组织开展行业调查；客户宣传是对外保障途径，包括合理的宣传内容和丰富多样的宣传方式，既立足行业整体宣传本行业的使命和价值，又投射行业局部宣传会员的特色和优势。再次，PRISM 构建了严格的监管体系，包含行业自律和法规遵从两个方面。行业自律表现为确立行业道德准则、制定行业标准并监督其应用；法规遵从是指 PRISM 要求会员的行为和活动遵从国际、国家、各级政府层面的法规，以及相关行业的法规。笔者想说明的是，在国外文件、信息商业化服务业具备了组织严密的领导中心、清晰明确的行业文化、内外兼顾的保障途径和严明规范的监管体系之后，整个行业进入了发展的成熟阶段。而行业的成熟为商业性文件中心的跨国发展提供了有利的条件。

12.2.2.2 行业外部环境：信息产业突飞猛进

如果说文件、信息服务业的发展成熟为商业性文件中心的跨国发展创造了有利的行业内部环境，那么从行业外部环境角度看，是否存在商业性文件中心跨国发展的有利因素呢？笔者认为答案是肯定的，因为文件、信息服务业作为信息产业的一个分支，整个信息产业的发展状况对文件、信息服务业自然会产生深刻影响。20 世纪 90 年代，国外信息产业的发展特点可以用“突飞猛进”来形容，其中尤以美国最为典型和突出。有学者介绍，“按名义值计算，自 1990—1998 年，美国信息产业增加值大约翻了一番，由 3 470 亿美元上升到 6 826 亿美元。在信息产业内升幅最大的是软件和服务业，它的增加值由 597 亿美元剧增至 1 520 亿美元，增长 1.5 倍。其中在 1996 年，软件和服务业就以高达 1 170 亿美元的销售额首次领先于飞机制造业和医药业，成为仅次于汽车和电子工业的第三大产业部门。信息产业的从业人数也迅速增长。80 年代初，该行业的劳动力占总劳动力人数的 51%，而到 90 年代这一比例已超过 65%”①。90 年代美国经济的持续复苏以及信息高速公路的建设更加推进了美国信息产业的高速发展，也带动了全世界信息产业的迅猛发展。

整个信息产业的迅猛发展为文件、信息服务业的发展壮大创造了有利的外部环境，进一步带动文件、信息服务业发展成为热门行业，提高了信息、服务市场的细分程度。商业性文件中心正是借助信息产业突飞猛进的“东风”，利用有利的行业内部环境和外部环境，开启跨国发展的进程。前文述及的一些规模较大、实力较强的商业性文件中心便是开始从本土向海外扩张，借助跨国建设的方式，拓展全球市场，逐步将自身发展壮大成为行业“龙头”的。可以说，商业性文件中心的国际化发展与其行业内外环境的发展是密切关联的。

12.3 商业性文件中心跨国发展的特点

12.3.1 坚持企业定位、市场经营的建设原则

商业性文件中心从成立以来一直把自身定位为独立核算、自负盈亏的营利性和服务型企业，进行市场化经营和运作。换言之，明确企业定位、坚持市场经营是商业性文件中心的特点。笔者在研究中发现，商业性文件中心进入跨国发展阶段后，依然保持这一特点，将坚持企业定位和市场经营作为跨国建设的基本原则。

---

① 曾云：《美国信息产业的发展状况及其对经济增长的贡献》，载《通信世界》，2000 (9)。

20 世纪 90 年代后期起，世界范围内出现了商业性文件中心国际化发展的三个典型——Iron Mountain、Recall 和 GRM，它们的跨国建设既有共性也有差异，既有经验也有教训。相对而言，Iron Mountain 和 Recall 的国际化发展成绩显著，二者受益成为全球规模最大、知名度最高和影响力最强的商业性文件中心；而 GRM 的国际化发展经历了一定波折。1951 年成立的 Iron Mountain 从美国波士顿起家，1997 年起展开跨国建设，借助多次并购将市场范围从美国本土拓展至世界各地，现已建成在 39 个国家和地区设立 600 多个运营中心、拥有 14 万客户和两万名员工的跨国集团。Recall 是全球支持服务集团公司 Brambles 的子公司，Brambles 于 1991 年开始涉足文件管理领域，借助一系列并购，1999 年正式建立 Recall，现已建成在全球 21 个国家和地区设立 300 多个运营中心、拥有 8 万客户和 4 500 名员工的跨国集团。笔者认为，Iron Mountain 和 Recall 的国际化发展之所以成功，很重要的原因是它们在跨国建设中始终坚持企业定位、市场经营的原则。

GRM 是规模仅次于 Iron Mountain 和 Recall 的商业性文件中心，1987 年成立于美国纽约，20 世纪 90 年代后期开始本土扩张，在亚特兰大、芝加哥、洛杉矶、迈阿密、纽约、费城、旧金山、华盛顿、休斯敦、波士顿、巴尔的摩 11 个地区建立分支机构，市场范围覆盖全美。GRM 的国际化发展从 2000 年起步，与 Iron Mountain 和 Recall 不同，GRM 跨国建设的地点首先选择中国，目前也只有中国。是年，GRM 在上海设立海外首个分支机构——上海信安达档案文件管理有限公司，这是与上海市档案馆所属上海创造实业公司共同建立的中外合作公司，也是中国首家得到政府许可从事文件、信息管理服务的供应商。运营数年后，上海信安达档案文件管理有限公司更名为信安达（中国）信息管理服务公司，与上海创造实业公司脱钩，变成外资独资公司，下设上海、北京、广东、青岛、大连和成都6个分公司，经营地点遍及9个城市——上海、北京、天津、深圳、苏州、广州、东莞、大连和青岛。尽管经历了一定波折，但总体而言GRM的国际化发展比较成功。首先，它独辟蹊径进入中国市场，跨国建设的地域目标有别于Iron Mountain和Recall，这就帮助GRM首先抢占了中国市场。其次，信安达（中国）的发展较为理性，发展速度不盲目求快，发展规模不盲目求大，稳扎稳打，逐步成为中国文件、信息管理服务业有影响力的企业之一。

笔者认为，GRM国际化发展的成功基于其一贯理念——不求成为最大的文件、信息管理公司，只求成为提供最好服务、让客户最满意的公司。正因如此，GRM无论是在美国，还是在中国，均以提供全方位、高质量的服务取得良好信誉，保持较大的影响力。但是，GRM的国际化发展也有教训需要吸取——如果不坚持企业定位和市场经营的基本原则，商业性文件中心的国际化发展就可能经受波折。GRM的跨国建设起初是借助与上海市档案局所属上海创造实业公司合作实现的，这种合作表面看是两家企业的合作，但上海档案局和上海创造实业公司的关联可能容易把行政和企业搅和在一起，这种特殊背景对上海信安达档案文件管理有限公司有利有弊。利处是在中国特殊国情下，档案局的行政背景有利于公司获得进入档案文件管理市场的资格；弊处是“政企不分”的体制容易制约公司的企业化经营。限于资料，笔者无法也无意详细解读上海信安达档案文件管理有限公司更名和变更合作的原因，只是通过分析GRM初入中国市场的波折说明商业性文件中心的跨国建设应坚持企业定位、市场经营的原则，否则中心就会丧失自主经营、自负盈亏、自我约束、自我发展的市场主体地位，难以健康、持续发展。

12.3.2 走多元化的建设道路

笔者进行商业性文件中心跨国建设的案例研究后，将商业性文件中心跨国发展的特点之二归纳为走多元化的建设道路。Iron Mountain、Recall 和 GRM 主要采用跨国并购或新建投资两种方式开展跨国建设。

12.3.2.1 跨国并购

并购是兼并和收购的总称。根据百度百科的解释，兼并是指“通过产权的有偿转让，把其他企业并入本企业或企业集团中，使被兼并的企业失去法人资格或改变法人实体的经济行为”①。收购是指“一个公司通过产权交易取得其他公司一定程度的控制权，以实现一定经济目标的经济行为”②。跨国并购是指“一国企业（又称并购企业）为了达到某种目标，通过一定的渠道和支付手段，将另一国企业（又称被并购企业）的所有资产或足以行使运营活动的股份收买下来，从而对另一国企业的经营管理实施实际的或完全的控制行为”③。

跨国并购是跨国企业全球化扩张经常采用的一种方式，Iron Mountain 和 Recall 的国际化发展主要采用的就是跨国并购，并购详情在前文已有论述，不再赘言。

Iron Mountain 和 Recall 的跨国并购具有一些共性。一是类型相同，均以横向并购为主。横向跨国并购是指“两个以上国家生

---

① 百度百科：兼并，见 http：//baike.baidu.com/view/309718.htm，2012－02－06。

② 百度百科：收购，见 http：//baike.baidu.com/view/309714.htm，2012－02－06。

③ 百度百科：跨国并购，见 http：//baike.baidu.com/view/972013.htm，2012－02－06。

产或销售相同或相似产品的企业之间的并购”①，Iron Mountain 和 Recall 的并购对象都主要集中于文件、信息管理服务行业。二是成效相似。Iron Mountain 和 Recall 借助跨国并购基本实现了跨国建设的一般目标：扩大经营规模，降低成本费用，形成规模效益；提高市场份额，扩大市场占有率，提升行业战略地位；提高企业知名度，提高企业产品或服务的附加值，获取超额利润；优化生产技术、管理经验、专业人才等资源，提高企业整体竞争力，实现企业发展战略。具体成效已作归纳②，不再赘述。

12.3.2.2 新建投资

新建投资也是跨国公司对外扩张的主要方式，与跨国并购不同，新建投资是企业在其他国家境内直接投资建设新企业，设立分支机构。GRM 的跨国发展主要采用的是新建投资方式。

如前所述，GRM 的海外扩张首选中国市场。无论是初期的上海信安达档案文件管理有限公司，还是后来的信安达（中国），均是 GRM 新建投资的成果。笔者目前尚未发现有资料提到 GRM 在中国的并购案例，这说明 GRM 的国际化发展道路没有与 Iron Mountain 和 Recall 求同。也许是因为 GRM 本身规模不是特别庞大，跨国建设的目标地域也相对集中，新建投资方式对其而言比较适合、稳妥。

归结起来，以上分析说明商业性文件中心的跨国发展具有多元方式，尽管跨国并购相比新建投资而言更多地被大型商业性文件中心采用，但它们各有利弊，商业性文件中心往往结合自身实

---

① 叶建木：《跨国并购：驱动、风险与规制》，16 页，北京，经济管理出版社，2008。

② 参见黄霄羽、刘守芬：《商业性文件中心国际化发展的表现与影响因素分析》，载《档案学研究》，2012（1）。

际灵活选用。

12.3.3 业务设置实行差异化提供

Iron Mountain、Recall 和 GRM 作为大型商业性文件中心，业务内容丰富广泛，覆盖文件、信息的全生命周期，包含传统文件保管和现代信息管理的全套服务。它们跨国建设的第三个明显特点表现在业务设置方面，即多实行差异化提供，具体说来就是针对不同市场设置和提供不同的业务内容。针对经济发达，市场需求旺盛，文件、信息管理服务行业较为成熟的国家或地区，商业性文件中心设置的业务全面系统，提供全套服务；但在一些文件、信息管理服务行业起步或初步发展阶段的国家和地区，商业性文件中心则会因时、因地制宜地提供适合其需要的业务。这一特点在 GRM 的跨国发展中表现最为典型。

笔者借助网络调研发现，GRM 针对美国本土市场设置的业务内容既全面又精细。GRM 的业务分为 11 大类，11 大类业务可细化为 35 小项，具体内容参见表 12—5。

表 12—5 GRM 的主要业务

业务大类	具体子项
电子文档管理	数字文档成像和扫描、文件虚拟主机、门户网站、文档管理工作流程、数字成像授权、文档管理软件。
文件管理	文件存储、医疗文件存储、文档成像、图像归档、数字文档成像。
文档销毁	远程粉碎、废弃物销毁。
数据保护	磁带存储、在线备份、数据恢复、远程多媒体存储、数字归档。
灾难恢复	
音频视频归档	

续前表

业务大类	具体子项
远程数据存储	在线备份、数据恢复、计算机在线备份、服务器备份、在线医疗成像、在线数据备份。
电子发现	诉讼发现、诉讼归档、电子发现诉讼、电子发现数据服务、IP 诉讼。
文件合规	数字文件合规、文档合规、安全合规。
艺术存储	
库存管理	库存追踪、可见库存追踪、库存记录。

资料来源："Service"，see http：//www. grmdocumentmanagement. com/services/services-a-z，2012－02－07。

可见，GRM 在美国市场设置的业务内容丰富全面，覆盖文件、信息生命周期的全过程。同时，业务大类的子项分解较为精细。这种全面而细致的业务设置才能满足美国市场对文件、信息管理服务内容多元化且专业性强的需求。

进入中国市场后，GRM 没有照搬美国本土的业务内容，而是针对中国市场的特点和需求，灵活进行调整，集中提供五项核心业务，具体内容参见表 12—6。

表 12—6　　　　信安达（中国）的主要业务

业务大类	具体子项
纸质档案文件保管	文件储存、文件扫描、文件安全销毁。
电子文档保管	电子文件特藏库保管、备份周转服务、灾难预防及恢复、电子文件销毁。
咨询服务	信息风险管理服务、业务连续性管理服务、审计与规避风险服务。
产品及服务检索	培训与支持、在线服务、材料供应。
运输服务	

资料来源："信安达（中国）·管理方案"，见 http：//www. grmchina. com/zh/solutions/，2012－02－07。

两表对比可见，与美国本土相比，GRM 在中国市场的业务设置具有明显的差异化提供特点。信安达（中国）以提供基础性业务为主，其业务层次较低、种类较少、分工粗略。这种差异化提供显然更适合中国国情。我国目前文件、信息服务行业的发展尚处在初步发展阶段，业务需求较为简单，技术发展水平偏低，服务内容不够精细。这种情况下，信安达（中国）设置差异化的业务是必要和适合的。如果机械照搬 GRM 的业务，就可能导致资源浪费。因此，商业性文件中心在跨国建设时应因时因地进行业务设置，将资源集中于市场需求最大、最适合的业务内容上，才能获得最佳收益。

12.3.4 针对性确立目标市场

商业性文件中心跨国发展的第四个特点表现为针对性确立目标市场。从 Iron Mountain、Recall 和 GRM 的现有经验看，它们选择跨国建设的目标市场主要考虑两方面因素——市场环境和客户需求。

12.3.4.1 市场环境

商业性文件中心的跨国发展不是盲目的，它们选择和确立目标市场时首要考虑的是市场环境因素。市场环境作为一个综合概念，包含的内容较为丰富和复杂。对商业性文件中心而言，市场环境主要包括经济发展状况和文件、信息管理行业的成熟度。

一方面，商业性文件中心开展跨国建设十分关注目标市场的经济发展状况，包括经济发展水平和经济发展速度。例如 Iron Mountain 和 Recall 大多选择经济发达或经济发展速度较快的国家和地区作为目标市场。这是因为这些国家和地区的经济发展水平较好，经济环境较好，市场机制较为健全，有利于商业性文件中心的建设和发展。

另一方面，商业性文件中心开展跨国建设十分关注目标市场文件、信息管理行业的成熟度。商业性文件中心作为提供文件、信息管理服务的企业，必须选择文件、信息管理行业发展较为成熟的国家和地区作为跨国建设的目标市场。只有行业发展的成熟度高，市场需求才会较旺盛，市场秩序也才会较良好。商业性文件中心假如选择经济落后、行业成熟度低的国家和地区作为国际扩张的目标市场，必然遭遇惨烈的结果。

Iron Mountain 和 Recall 跨国建设确立目标市场的实践就充分证明商业性文件中心的国际扩张注重选择经济发达、行业成熟度高的目标市场。从上文对二者跨国并购过程的分析，不难看出它们基本按照从北美到欧洲再到其他大洲的顺序进行国际扩张。这种先后顺序就印证了经济发展状况和文件、信息管理行业成熟度对商业性文件中心跨国发展具有的重要影响。

12.3.4.2 客户需求

商业性文件中心跨国建设确立目标市场还要考虑另一个重要因素——客户需求。笔者之所以提出是“客户需求”而非“市场需求”，一是因为市场需求可以被包含在市场环境之中，二是因为笔者发现商业性文件中心跨国发展选择目标市场非常注重客户的需求，甚至是特定的需求。这一特点在 GRM 国际扩张的实践中表现得最为明显。前文提及，GRM 跨国发展确立的目标市场较为独特，只选择了中国。依照常理，我国的市场环境并非十分优越，市场经济发展尚处在初级阶段，文件、信息服务行业也处在萌芽状态，不像欧洲或其他地区具有更好的条件。但 GRM 之所以首选在中国，特别是上海建立分公司，更多是基于这样一种考虑——“它们在当地的许多客户都到中国建立了分公司，他们看到了中国发展的前景”[①]。这说明，GRM 跨国建设确立目标市场更多是追随客户而动，满足客户的现实需求。当然，中国市场的发展前景和潜力也成为 GRM 跨国发展看重的因素。GRM 的实践证明，作为服务型企业的商业性文件中心，必须把满足客户需求、以客户为中心视为其经营理念，而这种经营理念必然影响甚至决定其发展和扩张战略。

① 邓小军：《市场需要文档管理业务——访上海信安达档案文件管理有限公司》，载《中国档案》，2004 (10)。

13 我国文件、信息商业化服务机构的发展定位

13.1 我国文件、信息商业化服务机构发展的现实问题：定位不合理

自 20 世纪 90 年代初产生至今，我国的文件、信息商业化服务机构经过 20 年的发展已初显其效，并显示出良好的发展前景，但由于受到外部环境与自身条件等方面的影响，就整个行业发展水平而言，仍处于起步阶段，其发展还带有相当程度的自发性，还面临着许多困难和问题，突出表现就是发展定位不合理。下面笔者将从理论与实践两个层次来阐述我国文件、信息商业化服务机构发展定位不合理的具体表现。

13.1.1 学术界理论研究存在认知误区

据笔者的文献调研，目前学术界关于文件档案业务外包服务或社会化服务的理论研究主要集中在国内“档案中介机构”和国外“商业性文件中心”上。研究思路大致是以国外文件、信息商业化服务机构（如商业性文件中心）为着眼点，为国内文件、信息商业化服务机构建设与发展提供成功经验借鉴，理论界的这种

思路无可厚非。然而，就“档案中介机构”方面的研究而言，笔者认为学界存在明显的认知误区，即档案中介机构与文件、信息商业化服务机构不分。

鉴于档案中介机构理论研究已形成体系，目前学术界普遍认为档案中介机构是介于档案行政管理部门和社会基层档案部门之间提供档案管理专业服务的社会中介组织。作为居间性的社会组织，它受档案行政管理机构的委托，向社会提供文件档案管理方面的公共性服务，如档案质量验收、档案培训、档案评估、档案标准规定制定等，在档案行政管理部门与社会基层档案部门之间起协调、沟通作用。而我国的文件、信息商业化服务机构从本质上来讲，是直接面向社会、面向政府、面向企业提供文件档案管理服务的经济组织，并未在两个或若干个组织之间起协调、沟通作用，不是中介组织。简言之，档案中介机构不等同于文件、信息商业化服务机构。

当前，学术界对档案中介机构自身的界定不合理，诸如档案咨询中心、档案技术中心、档案寄存中心直接面向客户服务，不具备中间性，称其为档案中介机构名实不符。从理论上说，这些机构应该是一种直接提供服务的文件、信息商业化服务机构。此外，许多学者还将近来兴起的各种文件档案管理公司也纳入档案中介机构的范畴，称其为“民营档案中介机构”，事实上，两者是有本质区别的。根据中介组织的理论基础——市民社会理论来看，中介组织是为解决私人利益与公共利益之间的矛盾而提出的，是处在政府与企业之外的第三方，是通过志愿机制提供公共物品的组织，它既非政府又非企业。理论界存在档案中介机构与文件、信息商业化服务机构不分的认知误区，为我国文件、信息商业化服务机构发展定位不明确埋下了理论层面的隐患。

13.1.2 实践部门发展定位不清晰

机构的性质是机构的根本属性，从根本上决定着机构的发展方向。在我国通常将机构的性质分为三类进行管理，即行政性质的机构（广义上包括国家机关、党派和群团机构）、事业性质的机构和企业性质的机构。据笔者前期所做的网络调研，目前国内文件、信息商业化服务机构的性质有两种：企业性和事业性。暂不考虑这两种性质的存在是否合理，国内这种客观现实导致机构发展道路出现了不清晰、不明朗的局面。

13.1.2.1 档案中介机构与文件、信息商业化服务机构混淆不清

我国文件、信息商业化服务机构发展实践面临的一个突出问题就是与档案中介机构关系不清，许多机构实际上是以档案中介机构的身份活跃于文件管理市场的。典型的代表就是档案寄存中心与档案咨询服务中心。以深圳市档案寄存中心与上海市档案咨询服务中心为例，深圳市档案寄存中心成立于 1998 年，是全国首家档案寄存中心，隶属于深圳市档案局，为自收自支的事业单位。成立之初，服务对象仅是企业，后来扩大为不属于档案馆接收范围的单位、社会组织、公民个人。2004 年经改制为深港档案寄存中心有限公司，变身为档案综合服务国有企业。其功能是为深圳市及周边城市的国家机关、企事业单位、公民个人提供档案寄存、委托代管综合服务，具体业务包括纸质档案寄存、声像档案寄存、实物档案寄存、文档数字化加工、文档的标准化整理、档案室建设与综合达标、档案管理系统的安装与维护、档案修复、档案微缩、档案用品的制作等。这些业务明显说明寄存中心本身就是档

案服务的直接提供商。[①] 上海市档案咨询服务中心，成立于1993年8月，是由上海市档案局准许成立的自收自支、独立核算的全民所有制企业，属直接为机关、企事业单位及个人代办档案事务的综合业务型档案中介机构。中心服务范围包括档案法律咨询、档案管理咨询、项目档案咨询、档案管理设施咨询、档案鉴定咨询、档案整理、档案缩微服务、人才培训咨询、档案代管、其他档案业务咨询等。从业务分析，档案代管、档案整理、档案缩微服务都是中心为客户（机关、企事业单位及个人）直接提供的服务。[②]

对上述机构业务内容及服务功能进行深入分析，可得出以下结论：首先，就其业务内容而言，它们作为中介组织的中间性特征并未体现出来。其次，从其开展服务的效果来看，也体现不出其在若干组织间的协调、沟通功能。它们并不具备中介机构的根本特征——居间服务性，因此不是档案中介机构，而是直接面向客户提供文件档案管理服务的商业化服务机构。档案中介机构与文件、信息商业化服务机构在实践发展中交织在一起，必然会出现职能定位交叉、重叠现象，使得两个具有本质区别的文件专业服务机构的发展偏离了其应有的轨道。

13.1.2.2 文件、信息商业化服务机构行政依附性依然存在

1978年改革开放以前，所有的部门都是国有的，其中管生产的叫企业，管行政的叫机关，管服务的叫事业单位。改革开放之

---

① 参见黄霄羽、朱敬敬：《档案中介机构应当正名》，载《档案学通讯》，2011（5）。

② 参见上文。

后，我国逐步走向现代化，企业回归市场，越来越接近现代企业，机关也回归公务，越来越接近现代政府部门。作为行政改革的重要内容，政企分开近年来已经取得成效，但是一些行政部门办的企业，换上了事业单位的帽子后存活了下来，还有更多的新企业直接顶着事业单位的帽子开办起来。有些地方和部门将一些本应与政府分离的各类社会中介组织的社会职能，千方百计地通过各种方式和途径仍保留在各类事业单位当中，有的甚至将已经脱钩的社会中介组织的某些职能重新收回到事业单位。有些地方和部门将一些企业单位的经营事务揽来由事业单位承担，或将企业单位冠以事业单位的名称，按照事业单位甚至行政机关模式管理。行政机构还未消肿，事业单位已经膨胀；行政机构的手还没收回去，事业单位的手又伸出来。目前我国政、企、事不分的客观环境仍然存在，表现在档案领域就是许多文件、信息商业化服务机构仍带有很强的行政依附性，就文件、信息商业化服务机构而言，以事业单位、行政挂靠类企业、事业挂靠类企业形式存在的机构仍然存在。行政依附色彩未曾褪去的直接后果就是国内文件、信息商业化服务机构遭遇市场化程度不充分的现实难题。其中许多以档案中介机构身份出现的文件、信息商业化服务机构表现最为明显，如档案寄存中心、档案咨询服务中心、文档服务中心、档案管理技术服务中心等。

在我国集中式的档案管理体制下，大多数档案中介机构都是在体制内生成的，成立之初大都由档案行政管理部门推动，或挂靠在档案局业务处，或挂靠在档案馆，或挂靠在档案学会。有的是两块牌子一套人马，有的是档案局（馆）干部兼任档案中介机构的法人代表，官办色彩较为浓厚。现阶段该类机构的发展路线更是参差不齐，出现了自收自支的事业单位、事业挂靠类企业、民营企业、国有企业并存的局面。其中自收自支的事业单位和事业挂靠类企业，则陷进了当前事企不分的怪圈，亟须变革。以浙江省档案事务所和上海市档案咨询服务中心为例，浙江省档案事务所建立于1993年3月，是浙江省编委批准成立的浙江省档案局下属自收自支事业单位，为全省各级各类机关、企事业单位提供档案业务咨询、整理、档案数据库建设等服务。上海市档案咨询服务中心成立于1993年8月，是由上海市档案局准许成立的自收自支、独立核算的全民所有制企业，直接为机关、企事业单位及个人代办档案综合业务，挂靠上海市档案学会，是典型的事业挂靠类企业。据权威信息，高层已就推进事业单位分类改革作了全国性的整体改革部署，改革时间表也已确定。此次事业单位分类改革的总体目标是："甩掉两头，留下中间（中坚）"①。即承担行政职能的，逐步转为行政机构；从事生产经营活动的，逐步转为企业；从事公益服务的，继续保留事业单位序列，强化其公益属性。因此该类型的机构何去何从尚不明确。

13.2 我国文件、信息商业化服务机构发展定位不合理的原因分析

如前所述，目前我国文件、信息商业化服务机构发展面临的突出问题就是定位不合理，这种不合理定位在理论研究和机构的发展实践中均有明显表现。世界上没有无因之果，任何现象的产生都必有其根源。我国文件、信息商业化服务机构在其发展过程

① "事业单位改革，改什么"，见 http://view.news.qq.com/zt2011/sydw/index.htm，2012-03-16。

中定位不合理的现象亦是如此，必然存在一定的诱因。在此，笔者期望通过梳理和分析引发这种不合理定位的诱因，针对性地找出解决该问题的有效措施，为我国文件、信息商业化服务机构合理定位、良性发展扫除障碍。通过相关研究，笔者认为造成我国文件、信息商业化服务机构发展定位不合理的原因是多方面的，究其根本，是理论研究和实践发展两大因素共同作用的结果。

13.2.1 理论层面：学术研究不充分

理论是实践的先导，理论界的学术研究成果会影响到实践部门的发展道路。当前，国内学术界关于文件、信息商业化服务机构的研究焦点是档案中介机构，关于那些在市场运行中自发形成的文件、信息商业化服务机构方面的研究则很少涉及，即便是有学者涉猎该领域，然而多视作“民营档案中介机构”来研究。因此，笔者认为学术界在文件、信息商业化服务领域上的理论研究偏颇，是造成目前国内文件、信息商业化服务机构在实践中发展定位不合理的重要原因之一。具体表现如下：

13.2.1.1 档案中介机构的界定不合理

究竟何为档案中介机构，尽管学界尚未形成统一的定义，但以“中介组织”作为其属概念目前在学界取得了广泛认同。以下是学界关于“档案中介机构”的几种典型定义，通过它们可见端倪。

“档案中介服务机构是介于政府与企事业单位之间、专门从事档案技术和事务服务的一种社会中介服务机构。”①

“根据社会中介组织的定义，采取形式逻辑的方法可对档案中介机构作如下定义：档案中介机构是介于档案行政管理部门与社

① 陈智为、张晓丽：《论新时期的档案中介机构》，载《兰台世界》，2000（9）。

会之间提供档案业务服务的社会中介组织。”①

“档案中介组织是社会中介组织的一种，指在政府、企事业单位和个人之间架起沟通的桥梁，是为社会提供档案业务技术服务及档案信息咨询的各种组织、机构的总称。其以提供档案保管、利用、处置和咨询等服务为主要目的和工作内容。”②

综上，笔者认为档案中介机构实质上是介于档案行政管理部门和社会基层档案部门之间提供档案管理专业服务的社会中介组织。既然档案中介机构是社会中介组织的一种，笔者有必要对其上位概念“中介组织”做一番考察。中介组织兴起于20世纪50年代，70年代末期在美国、西欧等发达国家得到迅速发展。20世纪90年代以来，随着我国社会主义市场经济体制的建立和政府机构改革的深入，社会中介组织的发展呈现出蓬勃之势，其种类繁杂、形式多样且数量众多。对于这一新兴的组织形态，学术界给予了高度关注并进行了广泛研究，成果颇多。在研究中，分歧与差异在所难免，但就其基本内涵和属性方面已形成某些共识：

首先，从中介组织的理论基础——市民社会理论来看，中介组织是为解决私人利益与公共利益之间的矛盾而提出的，是处在政府与企业之外的第三方，是通过志愿机制提供公共物品的组织。其基本概念是：“社会中介组织是指在政府、企事业单位和个人之间起桥梁和纽带作用，为经济、社会活动提供服务的各种组织、机构的总称。”③ 其次，中介性是社会中介组织的基本特征之一。在社会中介组织的中介性特征这一点上，理论界给予了普遍的肯

---

① 宗培岭：《档案中介机构的社会定位》，载《浙江档案》，2005（7）。

② 韩玲玲、沈丽、谢静：《我国档案中介服务业及其组织优化模式》，载《商业经济》，2005（9）。

③ 张云德：《社会中介组织的理论与运作》，5页，上海，上海人民出版社，2003。

定。中介的本意是指事物之间联系的某种介质。社会中介组织的中介性就是这类组织因充任不同主体之间联系的中间介质而具有的特征，中介活动的基本特征是“居间”，中介人的任务是为委托方找到合作者，扮演了传递信息和临时协调人的角色，而不是甲、乙任何一方渴望的实质性合作伙伴角色或买者和卖者角色。区别一个经济组织、机构或个人（自然人或法人）是不是属于中介、中介活动、中介组织的关键在于，他或它是否直接从事生产经营活动，是否具有居间要素。直接从事生产经营活动的，就不属于中介、中介活动和中介组织，只有本身不从事生产经营活动，而通过自己的居间服务活动来为双方当事人提供某种服务的才属于中介、中介活动和中介组织。

由此出发，反观国内档案中介机构的相关研究，在其基本属性“中介性”界定上出现了理论偏差，许多学术界认同的档案中介机构“档案咨询服务中心”、“档案寄存中心”、“档案技术服务中心”等并不具备“中介性”，因此不是理论意义上的档案中介机构。为了更好地厘清这个问题，笔者将会从目前学界关于档案中介机构典型定义以及“中介性”的界定入手，找出问题的关键所在。

首先，从档案中介机构的典型定义来看。

笔者在上文已将档案中介机构的典型定义列出，在此不再赘述。从上述定义可以看出，目前学界在界定档案中介机构时的确考虑到了中介组织的“中间性”因素，如使用“介于……之间”诸如此类的连接词。从字面上来看，确实体现了中介组织的“中介”色彩。然而，仔细剖析之下，就会发现这个“介于……之间”有些空洞，缺乏实质意义。它并没有明确指出“介于……之间”的具体“功能”或者“职能”是什么。尽管，在这些定义里，一些学者使用“沟通”、“纽带”、“桥梁”等措辞说明“介于……之间”的意义。然而这些词本身就很笼统，不能说明其实质内容，通过分析这些词的基本释义端倪可现。

（1）沟通：沟通是人与人之间、人与群体之间思想与感情的传递和反馈的过程，以求思想达成一致和感情的通畅。①

（2）纽带：指起联系作用的人或事物。②

（3）桥梁：这里采用比喻义，比喻能起沟通作用的人或事物。③

中介组织的中间性特征意指提供实质的“居间服务”，上述词语很难与“居间服务”联系起来，它们仅揭示了事物间一般的、抽象的联系，然而究竟这一联系具体是什么笔者并不能从中得出。综上，从档案中介机构定义着手分析，得出这种“中间性”不具备实际意义。它未能揭示档案中介组织的本质属性，学界对此界定有失偏颇。

其次，从学界对档案中介机构“中介性”的阐释来看。

（1）“所有档案中介组织必须存在于个人与企业、档案行政管理机构与企事业单位四者之间，依照行业标准对企事业单位的档案工作进行协助与指导，沟通档案行政管理部门与企事业单位之间的关系，同时也协调整个档案系统内各部分的关系。”④

（2）“旨在沟通政府与企业、政府与社会、政府与市场的各种

① 参见百度百科：沟通，见 http：//baike. baidu. com/view/54445. htm，2012－03－16。

② 参见百度百科：纽带，见 http：//baike. baidu. com/view/621961. htm，2012－03－16。

③ 参见百度百科：桥梁，见 http：//baike. baidu. com/view/113819. htm，2012－03－16。

④ 刘艺：《我国档案中介组织社会发展环境研究》（学位论文），12 页，南宁，广西民族大学，2009。

关系。通过它的服务，使被服务的客体达到预期的目标。”①

(3)“中介性意指档案中介机构要保持自己独立的品格，能以自己的名义行使民事权力和承担民事责任，在档案中介活动中不能依附于档案行政管理部门。在社会上应是一个具有独立法人资格的组织。”②

分析上述中介性的界定，可以得出同是对中介性的界定，却出现了两种不同认知路线的情况：一是界定笼统、无实际内涵。二是将中介性等同于独立性。前者仅揭示了事物间的抽象联系，后者根本与“中间性”毫无关联。总之，这两种认知，均未揭示出中介组织“居间服务”的特质。

综合上述分析，笔者认为学界对档案中介机构“中间性”特质的界定存在认知偏差，或者将其笼统的界定为一种抽象的“联系”，或者将其等同于“独立性”，它们均未能揭示出档案中介的实质内涵——至少在两个组织间提供居间服务。笔者认为，脱离了居间服务的特质，档案中介机构根本无从谈起。

13.2.1.2 文件、信息商业化服务机构缺乏理论界定

通过第二部分对我国文件、信息商业化服务机构历史与现状的梳理可以发现，鉴于我国特有的档案管理体制以及政治经济环境，同是运用商业手段直接面向社会提供文件管理服务的组织，在国内外却有着截然不同的发展实践。以欧美国家为例，在完全市场经济条件下，出现的是由市场主导的、完全商业化的文件管理机构——商业性文件中心。而我国文件、信息商业化服务

---

① 吴加琪：《档案中介机构的现状及其发展方向》，载《兰台世界》，2008 (2)。

② 宗培岭：《档案中介机构的社会定位》，载《浙江档案》，2005 (7)。

机构的产生过程较为复杂，既有体制内衍生的档案寄存中心、档案咨询服务中心、文档中心等这些所谓的档案中介机构，又存在市场自发形成的各种类型的文件、信息商业化服务机构，如各种文件管理公司等。据笔者的文献研究，就国内以商业化手段提供文件管理服务的专业机构而言，学界研究的焦点是档案中介机构。尽管我国文件、信息商业化服务机构由产生到初步发展已经走过了 20 年的历程，然而至今未有学者从理论上对这种商业化服务机构进行系统的理论界定。突出表现在以下几个方面：

首先，缺乏宏观的、抽象的机构概念界定。通过阅读相关文献，笔者发现学界对我国文件、信息商业化服务机构有着多种称谓，如“商业性文件档案管理公司”、“档案寄存中心”、“档案服务中心”、“档案咨询服务中心”，还有直接借用国外“商业性文件中心”的称谓。纵观上述称谓，它们的确可以在某种程度上体现文件、信息商业化机构的某些内容，然而并不是反映该机构本质属性的专业概念。

其次，缺乏机构内涵界定。鉴于国内学界存在档案中介机构与文件、信息商业化服务机构不分的理论研究偏颇，直接面向社会提供文件档案服务的商业化机构被纳入档案中介机构范畴，使得我国文件、信息商业化服务机构偏离乃至失去了其独有的机构内涵。此外，文件、信息商业化服务机构依附于档案中介机构，也在某种程度上抹杀了其自身的基本属性。

综上，当前学界缺乏在文件、信息商业化服务机构概念、内涵、基本属性等方面的理论界定，使得实践部门的发展缺乏相应的理论指导，具有一定的盲目性。因此，笔者认为，以上理论研究的缺失在一定程度上会影响该机构的发展定位。

13.2.2 实践层面：机构发展环境不利

13.2.2.1 体制局限

目前我国正处在社会转型期，这不仅意味着社会经济环境的改变，而且意味着政府职能本身需要重新界定，从计划经济体制下的政府转变为市场经济的政府。究其根本，就是从计划经济体制下全能的政府转变为市场经济之下有限职责的政府。计划经济体制下，整个社会和经济生活都在政府控制之下，从微观到宏观均在政府的掌控之中。档案事业亦是如此，档案行政管理机构对档案信息资源进行严密的、直接的垄断式管理，其特点是组织的管理和运作建立在政府垂直管理下高度一致性的基础上，档案行政管理组织凌驾于社会与市民的档案权力之上。这种过于集中的管理体制，在社会主义建设初期的确发挥过巨大的推动作用，但是随着社会主义生产力的发展，其弊端逐渐显露出来，突出表现就是“政事一体”、“政企不分”。

其一，政事不分。

我国传统的事业单位体制是计划经济与高度集权的行政管理体制下国家包办事业、垄断事业资源的产物，政事不分、政事一体化是其突出特征，具体表现为政事职能不分、政事机构不分、政事人员不分。伴随社会转型、市场经济发展，我国实施了事业单位与行政体制等改革。但政事不分问题并未有效解决，同时产生了许多新问题，使政事关系更加复杂化，集中表现为企事不分、社事不分、监管乏力等三个方面。其中企事不分的现象尤为突出，推向市场的改革引发了事业单位“市场化过度”问题，弱化了事业单位社会属性、不适当引入经济激励机制。其实质是企事不分，而且往往是政、事、企三者不分：事业单位利用公益地位及公共权力进行市场化运作，追求单位（包括单位中的个人）利益最大化。①

其二，政企不分。

在我国，政企不分与政事不分有着惊人的相似性，只不过它是计划经济与高度集权的行政管理体制下国家包办企业、垄断企业资源的产物。当前，政企不分主要表现在两个方面：一是政府和企业机构合一。有的是一个机构两种职能，既执行政府职能，又执行企业职能。有的是一个机构“两块牌子”，这是一个机构两种职能的表面化。有的是名为企业，实为政府机构，把“局”的名称换成公司，其余照旧。二是政府机构和企业职责不分。从理论上讲，政府机构和企业不应有什么职责不分的问题，但在我国，不仅企业要管理经济活动，政府机构也要管理经济活动，因此，才出现了政府机构和企业在管理经济活动方面职责不分的问题，当前主要是各级政府部门包揽了许多本应由企业自己管的事务。政企不分给社会经济带来的负面影响是十分严重的，一方面，影响行政管理机构自己应有作用的发挥，另一方面，干扰经济秩序，妨碍企业主体地位的确立，不利于企业的市场运行。

档案事业是国家全部事业的重要组成部分，不可避免地会受到国家政事、政企不分客观环境的影响，国内存在大量行政挂靠类、事业经营类文件、信息商业化服务机构就不足为奇了。1978年年底，在对“文革”动乱进行拨乱反正的基础上，党的十一届三中全会决定把工作中心转移到社会主义现代化建设上来，同时指出，“实现四个现代化，要求大幅度地提高生产力，也就必然要求多方面地改变同生产力发展不适应的生产关系和上层建筑”。由

① 参见赵文波：《关于政事关系若干理论与实践问题的思考》，见 http：//theory. people. com. cn/GB/10888939. html，2012-03-18。

此，拉开了我国经济和政治体制改革的序幕。在我国政治体制改革中，行政职能转变的最终选择是“小政府、大社会”的模式。但是，由于政府的改革牵涉方方面面的利益，致使政府的简政放权不到位，观念转变慢，政企、政事、政社关系没有理顺。表现在档案事业领域是，相当一部分档案行政管理部门出于行政、经济利益考虑，或不愿意放弃一部分权力，或不愿意放弃一部分经济利益。其直接后果就是体制内衍生的文件、信息商业化服务机构大量存在，市场化程度低，在功能和定位上摇摆不定。这也是当前我国文件、信息商业化服务机构与档案行政管理部门保持千丝万缕的联系，行政挂靠类、事业挂靠类机构大量存在，以致发展定位不明确的根源所在。以国内建立较早的沈阳市档案信息开发服务中心和上海市档案咨询服务中心为例：

沈阳市档案信息开发服务中心是 1992 年 6 月经沈阳市机构编制委员会批准成立的，隶属沈阳市档案局。中心成立后，开展了“代查档案、业务咨询、组卷服务、技术中介”等业务，2002 年变更为集体所有制企业，隶属沈阳市档案学会。上海市档案咨询服务中心，成立于 1993 年 8 月，是由上海市档案局准许成立的自收自支、独立核算的全民所有制企业，直接为机关、企事业单位及个人代办档案综合业务，挂靠上海市档案学会。事实上，这些早期由体制内衍生出来的文件、信息商业化服务机构，其发展史也是我国档案行政管理体制的改革史。随着市场经济的推行和行政体制的变革，档案行政管理部门的直接管理职能逐渐淡化，转而更多地关注规则的完善和环境的维护，为档案工作系统良性运转提供良好的服务与保障。但是传统档案管理体制的负面影响并未因此而消失，这将是一个漫长的过程，因此目前国内文件、信息商业化服务机构发展定位的理性回归任重而道远。

13.2.2.2 市场不规范

我国文件、信息商业化服务机构作为市场的主体，其生存与发展离不开市场环境的保障，市场体系规范程度也会直接影响其发展走向。20世纪80年代初，我国启动经济体制改革。1992年，党的十四大明确提出了我国经济体制改革的目标：建立社会主义市场经济体制。经过20余年的发展，我国市场经济体制已基本确立，正处于市场规范和调整阶段，市场机制还有待于进一步完善。在档案事业领域，一方面，我国的文件管理市场刚刚起步，自身发育程度低，另一方面，档案行政管理部门在营造公平、公开的市场竞争环境和文件市场培育方面尚未做到位。文件、信息商业化服务机构赖以运行的市场环境不利，在一定程度上影响了其合理定位。

首先，我国文件管理市场发育程度低，不利于文件、信息商业化服务机构独立运行。

市场发育是指市场萌芽、形成、发展、壮大和逐步完善的过程，包括市场总体的发育和市场各部分以及各要素市场的协调发展。① "实现政企分开，将企业推向市场"是当前经济体制改革的重点，但将企业推向什么样的市场呢？企业走向市场最基本的一个条件是企业能在市场中生存。这就要求市场能为企业创造一个生存环境，这个环境必须至少有一个健全的市场体系。企业进入市场，意味着其生产经营要全部依存于市场。它要从市场购进其所需的生产要素，在市场中销售其制成品。如果市场体系不健全，则企业的这种循环便无法顺利进行，其独立就很难维持，也就无

---

① 参见何盛明：《财经大辞典》，上卷，1084页，北京，中国财政经济出版社，1990。

法充分实现真正意义上的企业走向市场。[①] 我国文件管理市场的形成及专业服务机构的出现不过 20 年，市场体系还不健全、市场各要素发展还不够成熟，这也是目前许多档案主管部门暂不“放飞”部分体内制文件、信息商业化服务机构，行政依附性机构依然存在的重要原因。

其次，档案行政管理部门转变职能不到位，公平、有序的市场环境尚未形成。

在政府职能的转变过程中，我国的档案行政管理组织也基本完成了由传统行政管理向现代公共管理的政府组织的转型。在市场经济体制下，档案行政管理随着公共管理的社会化而不断社会化，档案行政管理组织的直接管理职能逐渐淡化，其执法监督和社会公共服务职能得以强化，更多注重规则的完善和环境的维护。然而，受制于当前利益格局调整的错综复杂性及客观文档管理市场机制欠成熟，档案行政管理部门的政府职能转变还不够彻底，尚未从档案管理具体业务领域完全淡出。其直接后果是，档案行政管理部门未能充分履行文件管理市场监管、宏观服务的职责，既是运动员又是裁判员，不利于文件管理公平、开放、有序的市场环境形成。

13.2.2.3 法制建设滞后

对我国文件、信息商业化服务机构发展历程进行梳理，不难发现该专业性服务机构最初是从档案中介机构发展起来的。而档案中介组织自身发展建设比较落后，我国还没有制定一部关于档案中介服务方面统一的档案法律，近年来只有各地方颁布实施的

① 参见赵英军：《市场发育对转变企业经营机制的影响》，载《商业经济与管理》，1993 (4)。

地方法规或者管理办法，并未上升到法律的高度。例如，浙江省档案局2004年颁布的《浙江省档案中介服务管理办法》是我国第一部专门的法规性文件。再如：广东省档案局2008年印发《广东省档案中介机构备案登记管理办法》；浙江省温州市人民政府2009年印发《温州市档案中介服务管理办法》；杭州市档案局2012年2月1日起施行《杭州市档案中介服务机构管理工作指导意见》；湖南省档案局2012年10月发布《湖南省规范档案中介服务暂行规定》，并于11月举行听证会；湖北省宜昌市人民政府2012年12月1日起施行《宜昌市档案中介服务机构管理办法》。此外，由于当前无论是理论界还是实践部门多将文件、信息商业化服务机构纳入档案中介机构的范畴，其相关立法体现在档案中介组织相关法规上，因此，独立的以文件、信息商业化服务机构为主体的法律法规建设在我国严重缺位。表现为既没有一个全国性的关于该机构的法律法规文件，又没有相关的地方性法规文件、管理办法。

我国文件、信息商业化服务机构相关立法缺位，机构的组织属性及法律地位不明确，是目前国内文件、信息商业化服务机构与档案行政管理部门关系难以理顺的又一深层根源。也正是由于该机构组织属性不明，政府与其应形成什么关系、机构发展应该怎样定位自然缺乏坚实的法理基础，严重妨碍了机构的良性发展。

13.3 我国文件、信息商业化服务机构应有的合理定位——企业定位

13.3.1 必要性：由我国文件、信息商业化服务机构自身属性决定

我国文件、信息商业化服务机构选择企业定位的必要性，是

由其自身属性决定的。笔者从三个方面进行阐述。

13.3.1.1 商业化与企业

如前所述，商业化是以生产某种产品为手段，以盈利为主要目的的商品或服务交换行为。企业是指依法设立的以盈利为目的、从事商品生产经营和服务活动的独立核算经济组织。[①] 从“商业化”与“企业”的基本概念来看，商业化是一种行为，企业是一种组织。从广义上说，组织是指由诸多要素按照一定方式相互联系起来的系统。从狭义上说，组织就是指人们为实现一定的目标，互相协作结合而成的集体或团体，如党团组织、工会组织、企业、军事组织等。狭义的组织专门就人群而言，被运用于社会管理之中。在这里，企业是狭义的组织，由人群构成，属于主体范畴，而该主体在行为上的表现则是“商业化”——以盈利为目的，生产经营（交换）产品和服务。而笔者所说的“文件、信息商业化服务机构”，它既是一种组织，又开展“商业化”行为，这与企业不谋而合。从这个意义上笔者可以得出文件、信息商业化服务机构具有企业属性。

13.3.1.2 经济性与企业

企业作为一种社会组织，不同于行政、军事、政党、社团组织和教育、科研、文艺、体育、慈善等组织。从本质上来看，它是经济组织，以经济活动为中心，实行全面的经济核算，追求并致力于不断提高经济效益，经济性是其基本特征。而且，它也不同于政府和国际组织等对宏观经济活动进行调控监管的机构，它是直接从事经济活动的实体，和消费者同属于微观经济单位。需

---

① 参见百度百科：企业，见 http：//baike.baidu.com/view/38340.htm，2012－03－18。

要指出的是，虽然各种非企业的社会组织往往也要进行某些经济核算（如收支、财产核算），但由于不是或主要不是从事经济活动，追求的不是或主要不是经济效益，它们的经济核算只是局部的、辅助性的，无法与企业核算相提并论。① 我国文件、信息商业化服务机构是直接面向社会提供无形服务的组织，作为一个独立的经济实体，经济性是该机构本质属性之一。当前，我国文件、信息商业化服务机构的经济性特点已在实践中得到了充分体现：第一，文件、信息商业化服务机构必须经工商行政管理部门注册登记，确认法人代表，领取营业执照。无论是传统的档案咨询服务中心、档案寄存中心、技术服务中心，还是近来兴起的各种文件档案管理公司，其成立都要通过工商行政管理部门注册登记，以确立其合法地位。第二，财务独立，实行自主经营，自负盈亏，利润分成，超额奖励。当前多数文件、信息商业化服务机构已做到了独立核算、自负盈亏。从这一角度来看，它具有企业属性。

鉴于我国客观的档案事业管理实践，我国文件、信息商业化服务机构与档案行政管理机构有着千丝万缕的联系，目前仍有部分机构尚未脱离行政依附的温床，但这仅是我国档案行政管理体制改革过程中不可避免的客观现象，相信随着改革过程的深入及市场经济的发展，我国的文件、信息商业化服务机构最终会走向财务独立，自主经营、自负盈亏，成为真正意义上的企业组织。

13.3.1.3 营利性与企业

企业作为商品经济组织，不同于以城乡个体户为典型的小商

① 参见 MBA 智库百科：企业特征，见 http：//wiki. mbalib. com/wiki/%E4%BC%81%E4%B8%9A%E7%9A%84%E5%9F%BA%E6%9C%AC%E7%89%B9%E5%BE%81，2012－03－18。

品经济组织，它是发达商品经济即市场经济的基本单位，是单个的职能资本的运作实体，以赢取利润为直接、基本目的，利用生产、经营某种商品的手段，通过资本经营，追求资本增值和利润最大化。

追求利润是一切资本的天性。社会主义社会里的所有企业，其作为资本实体的本质并没有变，企业所有者就是资本所有者，企业经营者则是资本的经营运作者。一切企业的运营本质上都是资本的运营，所有企业家的根本职能、职责都是用好资本，让它带来更多利润并使自身增值，这是永恒不变的主题，至于在什么范围内生产、经营什么商品，可以随时灵活地加以改变。从这个角度说，企业谋利、逐利行为是正常的，这是它与各种非营利性组织的区别所在。正常的利润既是企业满足市场、服务社会的结果和回报，也是支持、促进企业各项事业发展的主要财力基础。我国文件、信息商业化服务机构作为市场主体，其生存与发展要求在为客户提供服务的同时获取一定的经济回报，获取经济利润既是其基本的经营目标，也是其实现自身运营的必要手段。从该机构营利性角度来看，它同样具备企业的基本属性。

13.3.2 可行性：国内外成功经验或现实情况

我国文件、信息商业化服务机构选择企业定位的可行性，一方面来自对国外成功经验的借鉴，另一方面从我国现实情况可得到证明。

13.3.2.1 国外商业性文件中心成功经验借鉴

国外，特别是欧美商业性文件中心由若干文件管理企业开始，经过多年发展形成文件管理企业群，并逐渐走向企业群联盟——

文件、信息管理行业协会，最后发展成为规模相当的成熟行业。其发展完全符合市场经济条件下从企业细胞到行业集群的发展规律，也正是由于它遵循市场规律才使得国外商业性文件中心及文件信息管理服务业发展硕果累累，成绩非凡。第二部分对国外商业性文件中心的历史和现状进行了系统研究，证明其发展已取得诸多成功经验，也证明这种企业定位的机构在实践中是完全可行的。

美国商业性文件中心发展之所以成功，原因是多方面的，如分散式的档案管理体制、完全意义的市场经济、国家法律政策支持等。但究其根本，是该机构遵循了企业在完全市场经济环境下的生存发展规律：企业—企业群—行业。由于主客观因素，目前我国的文件、信息商业化服务机构在机构形式、性质、服务内容上存在着差异，但是从实质上来看，二者有着一致性，即均是立足市场，面向社会，运用商业手段提供文件管理专业服务的经济实体。既然同样是文件管理专业服务机构，同样置身于市场环境之中，我国文件、信息商业化服务机构若要在市场经济条件下良性发展，则可以借鉴商业性文件中心的发展实践，遵循企业—企业群—行业的市场经济规律。

13.3.2.2 国内以企业形式存在的文件、信息商业化服务机构渐成主流

据笔者已做的网络调研，目前国内以企业形式存在的文件、信息商业化服务机构已经成为发展主流。鉴于网络信息不够全面，一些文件、信息商业化服务机构性质至今未能完全确定，但仅从表 7—1 来看，笔者大体可以看出属于企业性质的文件、信息商业化服务机构在我国文件管理市场中占据着主要优势。

当前国内文件、信息商业化服务机构的企业化发展趋势是有

其必然性的。

首先，20 世纪 80 年代以来，我国社会进入了大变革、大发展时期。社会在进行大变革，经济建设进入高速发展时期，这不仅没有减少反而增加了社会对档案业务工作的需求。如我国的基础建设投资规模越来越大，许多大型基建项目建设过程中会形成大量的文件。为了对其实施科学管理，建设单位迫切需要有关方面提供文件咨询服务、工程竣工文件整理服务。在企业改制和发展中，一方面出现了大量的股份制企业、民营企业，另一方面出现了新的建档领域，需要专业文件管理服务机构提供文件技术服务、寄存服务、代理服务、建档指导服务等。在机构改革与企业产权流动中也有大量的文件需要重新整理、鉴定，有着迫切的文件管理市场需求等。文件管理市场需求的日益高涨，加之社会主义市场经济体制逐渐完善，为以市场主导的、完全商业化的文件、信息服务企业的产生创造了良好的发展契机。自 2000 年 7 月上海信安达档案文件管理有限公司创办以来，这种以企业形式存在的文件、信息商业化服务机构开始在我国遍地开花。

其次，政治体制改革深入。一方面，事业单位改革日益提上日程。如前所述，事业单位分类改革的总体目标是："甩掉两头，留下中间（中坚）"。即承担行政职能的，逐步转为行政机构；从事生产经营活动的，逐步转为企业；从事公益服务的，继续保留事业单位序列，强化其公益属性。表现在档案事业领域就是，许多以事业单位形式存在的档案中介机构开始企业改制的进程。以深圳市档案寄存中心为例，中心成立于 1998 年，是全国首家档案寄存中心。它隶属于深圳市档案局，为自收自支的事业单位。2004 年经过改制成立深港档案寄存中心有限公司，是中国首家内资档案综合服务国有企业。公司引进国外先进的档案管理技术及专业化的配套设备，集合国内一流的档案管理专家，为深圳市及周边城市的国家机关、企事业单位、公民个人提供档案寄存、委托代保管综合服务。另一方面，档案行政管理组织职能转变，对体制内已组建的文件、信息商业化服务机构给予市场“放行”，使其成为独立的、名副其实的文件、信息商业化服务企业。如沈阳档案信息开发服务中心，1992 年 6 月经沈阳市机构编制委员会批准成立，隶属沈阳市档案局。中心成立后，开展了“代查档案、业务咨询、组卷服务、技术中介”等业务。2002 年中心变更为集体所有制企业，多年来取得了很大成效。

13.4 我国文件、信息商业化服务机构企业定位的实现举措

13.4.1 认知层面：明确企业定位

我国的文件、信息商业化服务机构从本质上来讲，是直接面向客户提供文件管理服务的经济组织。作为独立的经济实体，它具有市场经营性特征，属于企业的范畴。其性质与我国现存档案中介机构的“中介性”大相径庭，因为它并未在不同组织之间承担桥梁和纽带功能，因此与我国介于档案行政管理部门和社会之间起纽带和桥梁作用的档案中介机构有着本质上的不同。

我国正处于社会转型期，社会主义政治经济体制改革正如火如荼地进行。市场经济体制有待于进一步完善，政府职能转变有待于进一步深入，事业单位的改革有待于进一步推进。从宏观整个国家管理层面到微观档案管理领域，政、事、企关系尚未完全理顺。在档案事业领域，由于历史原因遗留下来的事业类文件、信息商业化服务机构仍大量存在。可参见表 13—1。

表 13—1　我国现存事业类文件、信息商业化服务机构概况

地点	机构名称	机构性质	成立时间
浙江	1. 浙江省档案事务所	自收自支的事业单位	1993 - 03
	2. 浙江省档案技术开发服务部	事业单位	1992 - 12
	3. 建德市档案事务所	自收自支的事业单位	1992 - 09
	4. 浙江省档案寄存中心	隶属浙江省档案局（馆）	2000 - 12
	5. 湖州市档案事务所	自收自支的事业单位	1992 - 09
	6. 台州市档案局（馆）档案寄存中心	直属事业单位	2007 - 05
	7. 台州市黄岩区档案事务所	事业单位	1996
	8. 宁波市档案馆档案寄存中心	隶属档案馆	2005 - 09
广东	1. 深圳市文档服务中心	事业单位（隶属深圳市档案局）	2004 - 05
	2. 珠海市档案寄存中心	挂靠档案馆	
江苏	1. 江苏省档案事务所	隶属江苏省档案局	
	2. 江苏省档案馆寄存服务中心	隶属档案馆	2008 - 08
	3. 南京市玄武区档案服务中心	隶属档案馆	
河北	1. 石家庄档案寄存中心	隶属石家庄市档案馆	2004 - 11
	2. 河北档案咨询服务中心	隶属档案局	
山东	1. 青岛莱西市文档服务中心	事业单位	2001
云南	1. 普洱市景东彝族自治县档案局档案寄存中心	档案局直属事业单位	
	2. 昆明市档案馆资料寄存中心	挂靠档案馆	
黑龙江	1. 黑龙江省档案技术服务中心	档案局直属事业单位	2006
吉林	1. 长春市档案资料寄存服务中心	挂靠档案馆	2002
宁夏	1. 石嘴山市兰台技术信息咨询服务中心	国有经济/行政事业单位	2002 - 09
北京	1. 北京碧海兰台咨询有限公司	挂靠北京市档案馆	1999 - 04
	2. 安凯晓荣档案信息技术服务公司	挂靠北京市档案馆	1999 - 04
上海	1. 上海市闸北区档案事务	自收自支的事业单位	1993 - 02
	2. 上海浦东档案事务所	自收自支的事业单位	1993 - 09
天津	1. 天津市档案咨询服务中心	档案馆直属事业单位	

如上所述，我国文件、信息商业化服务机构经工商行政管理部门注册登记，取得合法地位，财务独立，实行自主经营、自负盈亏，作为一个独立的经济实体，使用商业化手段，以盈利为目的，从本质上来说属于企业的范畴。既然是企业，在运营上应明确企业经营理念，加强企业化管理。因此，这一部分文件、信息商业化服务机构当前的首要任务就是明确其企业定位，强化其企业经营之道。

13.4.2 实践层面：营造有利于企业发展的环境

我国的文件、信息商业化服务机构是在我国政治经济体制大变革的社会背景下产生的，我国独特的政治经济环境是其扎根、成长的土壤，从根本上影响其发展的最终走向。目前我国正处于社会发展的转型期，社会的变革和经济的高速发展对我国文件、信息商业化服务机构来说既是机遇又是挑战。如何趋利避害，在这种大变革、大发展的社会环境中探寻其合理的发展定位是当前文件、信息商业化服务机构亟须突破的课题。笔者通过研究发现，目前我国文件、信息商业化服务机构发展定位不合理主要表现在两个方面：一是与档案中介机构不分，发展方向错位；二是行政依附性强，政、事、企关系未理顺，市场化程度不充分。针对上述表现，笔者认为可从以下几个方面改善机构的发展环境，在实践层面保障机构的企业定位。

13.4.2.1 理顺关系

档案行政管理部门与文件、信息商业化服务机构

文件、信息商业化服务机构与我国档案行政管理部门自身改革、职能转变存在密切关系。一方面体制内文件、信息商业化服务机构行政挂靠现象突出，官办色彩浓重；另一方面由市场主导的完全商业化的文件、信息服务机构也与档案行政管理部门存在关联。与欧美国家在完全市场经济条件下产生和发展起来的商业性文件中心不同，我国现有的经济政治体制使得文件、信息商业化服务机构仍然与档案主管部门发生联系。但可以通过改革理顺档案行政管理部门与文件、信息商业化服务机构的关系使其向着良性、互动、协调的方向发展，最终推动两者走向和谐发展的道路。为实现这一目标，笔者认为可从以下两个方面入手，梳理双方的关系：

第一，档案行政管理部门要明确自己的定位。

在对待文件、信息商业化服务机构的问题上，档案行政管理部门首先应解决一个认识问题：档案行政管理部门在转变职能中应把对社会档案管理的中心放在宏观管理、政策服务、法制建设、标准制定上，不拘泥于企事业单位的具体业务，并把这部分职能转移给文件、信息商业化服务机构。其次，要解决一个利益问题。不少档案行政管理部门的领导虽能认识到发展文件、信息商业化服务机构的必要性，但在利益上难以割舍，即不愿“放飞”体制内文件、信息商业化服务机构，又不愿体制外社会力量介入。这就需要档案行政管理部门继续深化改革、转变职能，一方面要“放权”，把原承担的部分微观管理职能向社会转移，积极培育文件、信息商业化服务机构，另一方面要“放行”，对体制内已组建的文件、信息商业化服务机构应采取逐步脱钩的办法，将它们推向市场。最后，要强化其宏观管理职能。政策上扶持文件、信息商业化服务机构，创造公平的竞争环境；管理上规范文件、信息商业化服务机构，制定必要的规章制度，促进该机构的有序健康发展。①

① 参见李国庆：《档案中介机构理论与实践研究》，60～61页，北京，中国档案出版社，2006。

第二，文件、信息商业化服务机构要自力更生，提升市场适应能力。

当前，我国文件、信息商业化服务机构仍带有一定的行政依附色彩，市场化程度不充分。外在政治经济环境限制是一方面的原因，其自身发展能力不足也是重要的诱因。我国文件、信息商业化服务机构刚刚起步，市场化程度不充分无可厚非。要脱离行政挂靠的温床，自主经营、自负盈亏，必须不断提升自身的市场适应能力。提高适应市场的能力，不能靠单兵作战，也不是朝夕之功，而是一项长期的系统工程。笔者认为，我国文件、信息商业化服务机构市场适应能力的提升可围绕三点着重展开：

一是牢固树立“全员营销”的观念，从技术、管理、操作等不同层面，反思那些不适应市场变化和用户需求的问题，全方位、全过程改进工作，对接市场。

二是要以市场为风向标，以创新为驱动力，加快文件、信息服务内容结构调整，推进服务体系从价值低端向价值高端的转型。

三是要始终把质量当作机构的生命线，扎扎实实提高文件、信息服务质量。客户对一次服务质量的差评，可能使机构丢掉的不仅是千方百计争来的订单和效益，还有宝贵的信誉和潜在的市场。

事业单位与文件、信息商业化服务机构

事业单位是计划体制下形成的我国特有组织，至今其组织属性尚未明确。1998 年 10 月 25 日国务院发布的《事业单位登记管理暂行条例》对事业单位重新界定：“本条例所称事业单位，是指国家为了社会公益目的，由国家机关举办或者其他组织利用国有资产举办的，从事教育、科技、文化、卫生等活动的社会服务组织。”但上述界定未能解决事业单位属性问题，即事业单位属于公共机构还是非公共机构（社会组织）的问题。① 从宪法层面说，除非常时期制定的1975年《宪法》出现过“事业单位”概念外，1954年、1978年、1982年《宪法》均未出现“事业单位”概念。现行宪法虽多次出现“事业组织”概念，但“事业组织”显然不能也不等同于“事业单位”，作为我国第二大类组织的事业单位竟然在现行《宪法》中找不到踪影。由此，人们甚至可以认为存在近60年、作为企业之外第二大类组织的事业单位尚属未定型、未定性组织。由于事业单位属性不明，政府与事业单位应形成什么样的关系、事业单位应怎样改革自然缺乏坚实的法理基础，这也是国内政、事、企不分的又一深层原因。由于我国部分文件、信息商业化服务机构是以事业单位的形式存在和发展的，事企不分会影响这部分机构的健康、长远发展，有必要着手梳理。

首先，推进事业单位改革，明确事业单位性质。

自20世纪90年代起，政事分开就成为事业单位体制改革的基本原则与行政管理体制改革的重要内容。明确事业单位性质是明确政事性质、理顺政事关系的基础。事业单位是政府举办的履行政府向社会提供公共服务职能、非机关形式的公共机构，政事关系的性质是政府机关与其举办的事业单位在公共服务过程中形成的服务提供者与服务生产者的关系。依据国际通行的分类标准，我国的事业单位应属于政府部门，属于公法人。

其次，进行企业改制，实现事企分开。

权威消息称，中央已经确定了一张事业单位分类改革的时间表：到2015年，中国将在清理规范基础上完成事业单位分类；到

---

① 参见赵立波：《关于政事关系若干理论与实践问题的思考》，见 http：//theory.people.com.cn/GB/10888939.html，2012－03－18。

2020年，中国将形成新的事业单位管理体制和运行机制。[①] 2011年7月24日，国务院办公厅发布了《关于印发分类推进事业单位改革配套文件的通知》。该通知包括《关于事业单位分类的意见》、《关于分类推进事业单位改革中从事生产经营活动事业单位转制为企业的若干规定》等九个配套文件，按照《关于事业单位分类的意见》规定："从事生产经营活动的事业单位，即所提供的产品或服务可以由市场配置资源、不承担公益服务职责的事业单位。这类单位要逐步转为企业或撤销。今后，不再批准设立从事生产经营活动的事业单位。"我国以事业单位形式存在的文件、信息商业化服务机构多属生产经营性事业单位，应该抓住这一改革契机，回归其应有的企业发展道路上来。

文件、信息商业化服务机构与档案中介机构

在这里需要明确的一个问题就是，目前国内文件管理市场占据优势的"档案中介机构"并不都是中介组织，而是直接面向客户提供文件管理服务的文件、信息商业化服务机构。张云德在其《社会中介组织的理论与运作》一书中将社会中介组织定义为："在政府、企事业单位和个人之间起桥梁和纽带作用，为经济、社会活动提供服务的各种组织、机构的总称。"这个定义描述了中介组织的作用（为经济、社会活动提供服务）及作用形式（桥梁和纽带），揭示了其"中间性"特征（组织之间、个人之间、组织与个人之间）。笔者认为，仅从功用角度来认识中介组织，其内涵不够全面，还应增加国际上公认的中介组织的两个根本特征，即"非政府性"和"非营利性"，以"非政府性"特征使其有别于政府机构，以"非营利性"特征使其区别于企业。此外，还应增加

---

① 参见《事业单位改革时间表确定涉及4 000万人》，见 http：//news. xinhuanet. com/politics/2011－04/11/c_121287960. htm，2012－03－18。

"中间性"这一"中介"概念的本来含义。至此，笔者认为中介组织应有三个根本特征：非政府性、非营利性、中间性（组织之间、个人之间、组织与个人之间）。这样更为符合中介组织理论基础的要求。

当前我国许多档案中介机构，如档案寄存服务中心、档案咨询服务中心、各种档案管理公司，在运营过程中并不具备上述根本特征——中间性，并未在不同组织之间起到沟通和协调作用，不是理论意义上的档案中介机构。因此，笔者认为首先要在认知上厘清概念，区别"档案中介机构"和"文件、信息商业化服务机构"。其次在实践发展中，明确各自的发展定位。对于真正意义上的档案中介机构，它既然属于非营利性社会服务组织，基于我国国情及档案中介服务自身的特点，可以采用事业建制。文件、信息商业化服务机构作为经济实体，应该走企业化经营之道。

13.4.2.2 规范市场

市场是文件、信息商业化服务机构生存的空间，作为市场机制条件下的商业经营性服务组织，它们无不把面向与开拓市场作为立身之本。通过前文分析可以看出，当前不利于我国文件、信息商业化服务机构走企业发展道路的因素主要包括两个方面：一是文件管理市场自身发育不充分，一是文件管理市场外在环境不利。因此，推动文件、信息商业化服务机构按照市场经济条件下企业应有的发展道路前行，有必要从内外因结合的角度在促进文件管理市场自身发育的同时改善其外部的市场环境。

市场发育是市场在其自身的演化史中，构造和功能随着社会分工和商品生产的发展，从简单到复杂、从原始形态到现代化形态的自然过程。文件管理市场的发育亦是如此，有其内在的规律。

市场发育是一个内生过程，但也要有良好的外部环境与条件，如适宜的政策措施、合理的价格体系、严格的市场规范和市场管理、有效的社会监督与市场监督等，诸多条件的有机结合才能促进市场的发育和成长。鉴于文件管理市场的发育有其客观过程，当前可以做的是规范市场。确立文件、信息商业化服务机构的企业发展定位可以着重从改善其市场环境入手。在我国社会主义市场经济条件下，改善文件管理市场环境，首要的突破口就是档案行政管理部门要承担起市场监管与规范的宏观管理职能。具体应做到以下三个方面：

一是明确自身定位，从文件管理具体业务领域淡出；二是通过有效的措施，管理并积极培育文件管理市场；三是制定相关制度、标准、规则等规范市场环境。

13.4.2.3 法制保障

首先，加强文件、信息商业化服务机构自身法制建设。笔者认为关键是制定全国性的档案法律法规，以对文件、信息管理这一行业提供提纲挈领的领导规范。《档案法》从颁布到现在为止已有20余年，应针对新的社会情况、学术及科技发展修订档案基本法，这对社会档案事业的发展将起到良好的发展引导作用。据此，制定出一部全国性的文件、信息商业化服务机构管理办法，对我国的文件、信息商业化服务机构定义、性质、类型、运行机制、管理原则等给予明确的法律规定，从而使我国文件、信息商业化服务机构在明确的法律定位基础上依法运行。同时，地方档案行政部门也要出台与文件、信息商业化服务机构及行业有关的地方性法规文件，配合国家法律法规规范文件、信息商业化服务机构的发展。如颁布文件、信息商业化服务机构章程，对其业务范围、组织机构、财务管理、权利义务等进行明文规定。

其次，引入其他行业的法律法规、技术标准。文件管理是政府机关、企事业单位普遍开展的一项活动，当前我国文件、信息商业化服务机构的业务范围已遍及各行各业，在开展具体业务活动中它们必须遵循其他行业、领域的法律法规。换言之，我国其他行业、领域的法制建设会直接影响文件、信息商业化服务机构运行。当前，我国法律体系的现状和改革开放、中国特色的社会主义建设还不太相符，与之相适应的法律法规还没有建立完全，有必要健全国家各行各业的法律法规体系，为我国文件、信息商业化服务机构运行提供良好的国家法制环境。

13.4.2.4 行业引导

行业是指从事国民经济中同性质的生产或其他的经济社会的经营单位或者个体的组织机构体系，如林业、汽车业、银行业等。国外商业性文件中心经过 60 余年的发展，已经形成了成熟的文件、信息服务行业，拥有较为成熟的文件、信息服务市场，并建立了行业领导中心——行业协会。其中，行业协会的组建是行业发展走向成熟的标志。自此，在文件与信息管理服务行业协会的引导下，国外商业性文件中心走向了规范发展的道路。

随着我国档案行政管理体制改革的深入及社会主义市场经济体制的日益完善，我国的文件管理市场逐渐发展起来。为了拓展自身的生存和发展空间，同业间的竞争愈加激烈，然而至今我国文件管理行业并未真正形成。因此现阶段，如何在尊重客观国情的基础上汲取国外文件、信息服务行业发展的先进经验，推动我国文件、信息服务行业的形成，以及建立行业监管引导机制是我国文件管理领域亟须突破的课题。笔者认为，这需要档案行政管理部门，文件、信息商业化服务企业，社会三方共同的努力。具体来说，档案行政管理部门要承担起宏观调控和监督职能，积极培育文件管理市场，大力扶植文件、信息商业化服务企业成长，引导文件、信息服务行业组织建立。文件、信息商业化服务企业应自力更生，不断提升市场适应力。此外还需要社会增加对文件、信息商业化服务机构专业性的认同感。

第六部分

文件、信息商业化服务机构的建设策略

14 建设策略一：走专业化建设道路

目前我国的文件、信息商业化服务领域具有很大的市场空间，也存在较大的市场空白，客户对于文件、信息管理的需求远未被充分满足。相比于国外实践，目前我国文件、信息商业化服务机构的建设水平和成熟程度存在明显的差距，欠缺全面、规范、有效的建设策略。笔者经过系统研究，提出我国文件、信息商业化服务机构的“三化”建设策略——以专业化为根基，以商业化为手段，以社会化为目标。具体来说，专业化是核心和基础，没有专业化作为根基，文件、信息商业化服务机构就是无源之水、无本之木；商业化是手段，国外机构的成功经验，充分证明企业定位和商业运营是文件、信息商业化服务机构的运行方式；社会化是目标，文件、信息商业化服务机构需要体现规模集约的经济效益和资源配置的社会分工优势，确保文件更好地发挥证据作用，帮助社会安全、长久地留存可信记忆。这也是国外文件、信息商业化服务机构的建设策略。

专业化建设策略包括三方面的内容：树立专业化理念、提供专业化服务和塑造专业形象。

14.1 树立专业化理念

专业化理念为企业的前进和发展提供了方向和指南，是管理者追求企业绩效的根据，是顾客、竞争者以及职工价值观与正确经营行为的确认，只有拥有专业化的运营理念，才能够使企业朝着一个正确、稳定的方向发展。对于我国文件、信息商业化服务机构来说，专业化理念的内容主要包括尊重专业领域的特点和重视安全保密。

14.1.1 充分尊重专业领域的特点

文件、信息商业化服务机构属于文件管理领域，基于此，应该充分尊重文件管理专业领域的特点，树立符合文件管理专业领域要求的理念。文件是社会活动的原始记录，具有原始记录性的本质属性，发挥着凭证和参考价值。一方面，社会活动是由各行各业活动组成的，社会活动的各项管理是基于证据的管理，为此，产生于社会活动的各个领域、与社会生活方方面面紧密相关的文件需要作为经济建设、行政管理、法制构建、文化发展、社会和谐和生态持续等活动的证据妥善留存。另一方面，记录社会活动的文件内容相当丰富，涉及政治、经济、文化、历史、教育、军事、外交、宗教、艺术等各个学科和领域，因此，文件作为社会活动的全方位记录，也是社会记忆的组成部分。正因为文件是证据和记忆的统一体，我国文件、信息商业化服务机构需要树立“留存证据与保存记忆相结合”的专业理念。

留存证据与保存记忆相结合的理念是指借助专业服务留存具

有凭证作用的文件，同时这些文件也起到保存社会记忆的作用。留存了文件，也就具备了保存记忆的基础。从国外来看，目前商业性文件中心的客户类型已经涵盖社会生活中经济、政治、医疗、金融、法律、能源等各行各业，为客户提供的服务内容根据领域的不同而各具特色。同时在服务过程中，中心还特别注重与文件保管有关的基础设施、设备、人员和技术各个方面的安全性。社会活动本来就是由各行各业活动组成的，因此中心对上述行业提供文件服务的实质就是安全保存社会活动的证据，确保社会记忆的留存和延续。

备份就是充分尊重文件专业领域特点而提出的重要理念之一。为了长效留存社会证据和记忆，文件、信息商业化服务机构应树立较强的备份理念并付诸实施。以国外为例，Iron Mountain 的合作伙伴之一 AHR Consulting/TECHLINQ 公司是为美国新泽西州北部地区各行业的中小企业（诸如保险业、会计行、医疗机构和金融机构等这些拥有少量或缺乏信息技术人员的企业）提供信息技术服务的咨询公司。它需要提供主动服务来保护客户最重要的数据，帮助客户用最短时间从故障中恢复、精简管理和解决信息技术问题。这些业务目标是通过 BACKUPLINQ 方案来完成的，而 BACKUPLINQ 方案是以 Iron Mountain 的 LiveVault 在线备份服务为基础的。① 再比如，Iron Mountain 的 Connected 是一个在线备份和恢复解决方案，用全自动化过程代替复杂、易于出错的手工备份，可快速地恢复数据。针对中小型企业客户，Connected 提供端到端的数据保护解决方案，利用在线备份减少数据恢复时间。针对大型企业客户，Connected 可实现分散备份，既可存储在

① See "Partner success", see http://www.ironmountain.com/Results.aspx?query=AHR%20Consulting/TECHLINQ，2010-04-15.

客户公司里，也能存储在中心的数据处理中心，数据在源头以及传输和存储过程中，都会用 AEC 加密技术加密。针对个人客户，Connected 提供自动保护个人电脑数据的顶尖系统，它可在客户日常工作时自动备份数据，消除了个人电脑数据丢失的风险。因此说，文件备份成为国外文件、信息商业化服务机构的主要业务之一，就是遵从专业领域的基本特点和需求的结果。

14.1.2 重视安全保密

当今信息时代，随着计算机和网络技术的发展，文件的载体越来越多地电子化，企业、政府机构都建有自己的信息系统来传递、保存、管理和利用文件信息。技术发展在带来便捷高效的同时也会引发安全问题。信息安全已经成为整个社会关心的话题，也成为威胁信息化自由的问题之一。文件作为一种特殊的信息载体，是一个企业或者事业单位的核心信息资源。因此，文件、信息商业化服务机构必须要树立安全保密的专业理念，既重视文件的实体安全，又重视文件的内容保密。借助文献和网络调研，笔者发现安全服务是国外商业性文件中心的专业优势之一。中心将安全服务视为“生命线”，为客户提供安全的文件存储、数据保护和信息销毁不仅是其服务内容，更是其最核心、最重要的理念。

比如，国际知名商业性文件中心 Iron Mountain 对于安全性给予了极高的重视。中心开发了 In Control 安全平台，整个服务过程从开始到结束，无一不在这个安全平台的操控中。例如：无线追踪技术能够保证每一份文件从送交到到达 Iron Mountain 的文件中心的过程中，其所处的地理位置始终被记录；智能上锁技术和司机职业背景调查为文件中心的车辆使用提供了安全保障；实时监控、身份识别技术确保每一个进入文件中心的职员和访客不会对中心造成伤害。再如，Iron Mountain 储存文件的文件库房有极高的安全性，防火防潮设备齐全，还有完善的监控设备，所有进入库房的工作人员都要刷卡认证，所有的员工在受聘前都要接受背景调查。纵观文件托管流程的每一个环节，安全的保障始终贯穿其中，已经融入企业管理的血液中，成为每一个 Iron Mountain 员工日常工作的准则。Iron Mountain 的保护设施也是行业领先的，包括闭路电视摄像机、入侵报警、钥匙卡进入系统、消防灭火系统、防止文件受潮的干管技术。信息服务不同于其他服务，如文件稍有闪失，或是信息稍有泄露，就有可能带来毁灭性的后果，如果所交付的信息安全性遭到质疑，那么 Iron Mountain 的行业声誉将受到极大的威胁，所以给予安全性如此之高的重视也在情理之中，这也是 Iron Mountain 越来越壮大、越来越好的原因之一。[①] 因此在服务过程中，文件、信息商业化服务机构应特别注重与文件保管有关的基础设施、设备、人员和技术各个方面的安全性。

14.2 提供专业化服务

专业化服务是文件、信息商业化服务机构专业化建设的核心，专业化服务集中体现在机构的业务内容上。笔者通过分析比较国内外文件、信息商业化服务机构的业务内容，试图总结归纳出其中的共性，从而提出我国文件、信息商业化服务机构的专业化服务的一般内容。

---

① See http：//www.ironmountain.com/，2012－12－19.

14.2.1 国外调研分析

目前，商业性文件中心从单纯的文件保管公司发展为综合性文件管理和信息服务公司，业务范围日益广泛，服务内容不断丰富。笔者以国外商业性文件中心的三大巨头——Iron Mountain、Recall 和 GRM 为典型调研对象，分析其服务内容，参见表 14—1。

表 14—1　　国外典型商业性文件中心的主要业务内容

文件中心	业务内容
Iron Mountain	文件扫描与管理、医疗信息管理、档案管理与存储、安全销毁、数据备份与恢复、技术托管服务、联邦文件存储、数据中心、咨询、营销产品和服务、娱务服务。
Recall	文档保管、文件的存储和利用、文档数字化、电子数据交换、文档收集、文档编目、异地备份、防灾恢复、影音材料的利用和保护、磁带备份、文档销毁。
GRM	纸质文件保管、文档管理、温湿度监控保管、文件销毁、文件扫描、电子文档服务与业务持续性管理服务。

对上述业务进行梳理，笔者发现国外商业性文件中心的业务内容可分五种类型：

第一，简单文件管理服务。

简单文件管理服务是指文件存储、检索和归档等服务，偏重于传统型服务，即商业性文件中心借助先进的运输设施、空间充足的库房和齐全精良的文件保管设备对纸质文件进行管理。特点是专业性强、层次低，属于基础服务。

如 Iron Mountain 的文件管理和存储服务提供价格低廉又安全的外包方案，避免客户占用昂贵的办公空间，能对纸质文件、磁带进行法规遵从下的异地控制，降低客户文件管理的成本。客户若将文件管理外包给 Iron Mountain，可减少 25%～50%的费用。

客户一旦需要利用或处置文件，Iron Mountain 可借助门户网站、电话或传真提供快捷服务，在纸箱、文件夹和文件中进行检索，根据需要提供高度安全的运输和销毁服务。

第二，数字文件管理服务。

与简单文件管理服务相比，数字文件管理服务侧重于数字化方面，技术水平更高一些。具体服务有文件数字化和数字归档，数字归档又包括电子邮件管理、托管影像归档、医疗影像归档、非现行数据文件归档、音像文件归档等。这些服务也能为客户节约成本，满足客户控制和管理文件信息的技术要求。

第三，数据保护和备份服务。

数据保护和备份服务是技术含量更高的一项业务，具体包括：一是数据保护，即安全保护客户重要的数据资料，如留存法律规定必须永久保留的研发文件，保存原始作品或历史文物等。二是备份服务，即不论数据在哪里，都能降低风险，确保客户的备份数据安全、有效和可用。Iron Mountain 和 Recall 均提供在线备份、服务器备份、云数据备份、磁带备份等服务项目。三是灾难恢复，即应对灾难提供恢复服务，帮助客户测试和执行企业持续运作规划，保证最大限度降低干扰，避免客户丢失关键数据和发生隐私侵权行为。

第四，文件信息销毁服务。

商业性文件中心提供多种具有安全保障的销毁服务，包括文件信息销毁法律遵从、异地安全销毁、现场安全销毁、特殊项目销毁、介质销毁等。三大典型都非常重视文件、信息的安全销毁，并尽力提供优质的服务。Iron Mountain 倡导合理销毁高度机密的纸质文件，启用安全粉碎程序，降低风险，使客户的文件、信息销毁遵循法规。甚至还可在现场或异地为客户提供量身定制的销毁方案。Recall 也提供一系列的销毁服务：DeStroy℠是将文件、信息传输到安全的销毁中心，彻底销毁；DeStock℠是协助建立销毁程序，对客户不需要的物品进行运输和处置。GRM 也特别重视文件的安全粉碎，设有专门的安全粉碎监控设备，保护信息隐私，同时支持光盘、磁带的安全销毁。

第五，其他服务。

商业性文件中心还提供一些侧重于信息管理的业务，是信息管理服务分工细化的产物，属于新兴服务，技术含量相对较高。其中较突出的有：一是技术托管服务，帮助客户保护软件源代码、目标代码、数据和其他技术资产。二是咨询服务，协助客户制定规划，减轻业务和预算压力，确保客户从文件、信息的有效管理中获得最大收益，将风险降到最低。三是域名管理，帮助客户管理域名文件，保护客户的在线系统和商标，维护客户的在线业务安全。四是产品销售，有些商业性文件中心出售各著名品牌商生产的专业文件管理设备和装具，产品丰富多样，可满足客户的硬件需求。

14.2.2 国内调研分析

国内部分，笔者选取国内发展较好的文件、信息商业化服务机构——量子伟业、世纪科怡、信安达（中国）、澧尔森文档和紫光慧图五家机构作为典型调研的对象，分析其主要业务内容，参见表 14—2。

表 14—2　　国内文件、信息商业化服务机构的主要业务内容

机构	主要业务内容
量子伟业	档案管理系统研发、档案数字化加工、档案信息化方案咨询。
世纪科怡	信息管理软件系列产品、数字工程系列产品。

续前表

机构	主要业务内容
信安达（中国）	纸质档案文件保管、特藏库电子文档保管、文件扫描、文件销毁、信息管理咨询。
潽尔森文档	档案文件保管/检索/递送、电子文件异地备份/介质迁移、档案文件销毁、文件归档整理/建立索引、文件扫描、档案咨询管理。
紫光慧图	文件档案全过程管理、软硬件和增值服务相结合的模块化协同应用模式、基于安全数据管理的咨询服务。

从典型调研来看，我国文件、信息商业化服务机构的业务内容主要有四种类型：

第一，简单文件管理服务。

从国内文件、信息商业化服务机构的发展情况来看，其业务内容大都从简单的文件管理服务开始，比如为客户提供档案保管、寄存服务，进行文件归档整理、建立索引，提供文件检索服务、递送服务、销毁服务、扫描服务等。随着市场细分程度的加深，服务范围几乎涵盖了文件生命周期的全过程。比如紫光慧图基于信息生命周期管理理念，针对信息生命周期，形成从数据创建、保护、访问、迁移、归档、销毁的全过程管理，实现文档一体化的安全协同管理。

第二，电子文件管理服务。

随着电子文件的数量不断增加，电子文件管理需求增长。文件、信息商业化服务机构在提供简单文件管理服务的基础上，拓展业务内容，增加电子文件管理服务，满足大量的电子文件管理需求。以电子文件的真实性、完整性、有效性为管理目标，提供各种电子文件管理解决方案。比如潽尔森文档的电子文件异地备份和介质迁移服务，通过提供完美的电子文件存储介质的保管方案，为敏感的高价值数据提供保护。公司提供专用的磁介质存储区域和装置，并可根据客户要求提供按日、按天和按月的备份服务。信安达（中国）也提供特藏库电子文档保管服务，此服务是在先进的温湿度监控环境中保管备份磁带和其他敏感的磁性介质。

第三，信息管理咨询服务。

简单的文件、信息管理服务已经不能完全满足客户的需求，因此，文件、信息商业化服务机构致力于提供更高级的信息管理咨询服务以最大限度地满足客户需求。文件、信息商业化服务机构可以为客户提供一整套有关信息、文件管理方面的咨询服务，包括从构建文件管理系统到信息安全状况风险评估的所有咨询服务。信息管理咨询服务主要有以下三大特色服务：一是信息风险管理服务——整体评估客户信息状况，提供风险最低的信息管理方案，并在方案实施时为客户提供建议和帮助；二是业务持续性管理和灾难恢复预测咨询服务——首先是尽一切可能避免灾难的发生，同时策划灾难恢复预案；三是内部审查管理服务——为客户提供内部审计，帮助客户掌握全局。紫光慧图以知识管理为导向、以“创新发展、服务客户”为基本出发点，能为客户提供强大的信息管理咨询服务方案。

第四，信息管理技术服务。

信息管理技术服务主要体现为文件管理系统的研发和信息管理软件产品的推出。它不同于一般的管理服务，而是从技术的角度通过研发产品提供管理服务。产品方案涵盖文件管理、信息管理、知识管理、教学管理、电子政务、影像管理和公证管理等方面。比如，量子伟业的 PDE 数字档案管理系列系统，世纪科怡 2008 档案管理系统、办公信息平台、校园信息门户、政府信息门户，紫光慧图的TH-AMS（紫光电子档案综合管理系统）、TH-DOC（紫光文档管理系统）、TH-SCAN（紫光文档影像管理系统）等。此外，世纪科怡还基于网络技术、数据仓库技术、内容管理技术、地理信息管理技术、工作流技术等一系列先进技术，为推动政府全方位信息化提供整体应用系统和全程解决方案。

14.2.3 我国文件、信息商业化服务机构的专业化服务

通过对国内外文件、信息商业化服务机构的业务内容的调研分析，笔者认为我国文件、信息商业化服务机构的专业化服务可以从三个方面展开，即文件管理基础服务、信息管理高级服务和文件信息拓展服务。三者之间是从基础到高级、从简单到复杂的关系。

首先，文件管理基础服务是机构的传统业务和基本业务，是众多文件、信息商业化服务机构提供服务的最初模式，也是机构专业化的重要体现。其次，信息管理高级服务属于更高层次的专业服务，是机构在基础业务之上的升级服务，也是其发挥专业优势的核心体现。最后，文件信息拓展服务是在前两项服务的基础上，根据市场需求所提供的一系列服务，包括信息管理产品销售服务、行业信息管理服务、个性化需求解决方案等内容。参见表14—3。

表14—3　我国文件、信息商业化服务机构的专业化服务内容

主要服务	具体内容
文件管理基础服务	文件归档/整理/保管/检索/销毁、文件扫描/数字化加工、电子文件在线接收/保存、特殊载体档案保管。
信息管理高级服务	文档业务持续性服务、数据保护和备份、信息管理技术支持、信息管理咨询服务。
文件信息拓展服务	产品销售服务、行业信息管理服务、个性化需求解决方案。

14.2.3.1 文件管理基础服务

我国文件、信息商业化服务机构需要立足文件管理基础服务以体现专业特色。根据服务对象的类别，可分为：针对纸质文件的归档、整理、保管、检索、销毁等涉及文件生命周期过程的业务，以及对纸质文件的扫描和数字化加工业务；针对电子文件的在线接收和保存业务；针对特殊载体档案如影音材料、磁带、光盘等的保管业务。

首先，文件的大量增长是文件、信息商业化服务机构的产生背景，为满足客户特别是企业的文件管理需求，文件、信息商业化服务机构应运而生。但机构的服务内容不等同于综合档案馆和机关档案室，根据机构的定位，其基础服务应主要为针对企业等大型客户的文件管理服务，包括文件的归档整理、建立索引、检索利用以及销毁等服务。目前，由于信息化进程的推进，对纸质档案的数字化需求不断增长，在此背景下，文件、信息商业化服务机构可以提供文件扫描和数字化加工服务，满足客户低成本、高效率实现纸质文件数字化的需求。这种将服务范围集中在文件、信息管理领域的初级服务恰恰是文件、信息商业化服务机构专业化的体现。

其次，电子文件被广泛应用于企业的业务活动中，因此企业形成了大批的电子文件。如何有效管理这些文件成为企业面临的一个难题，由此引发了企业海量电子文件管理的迫切需求。为了更好地满足这一需求，文件、信息商业化服务机构需要与时俱进，提供电子文件管理服务。在基础服务层面，机构可以开展电子文件的在线接收和保存业务，将企业授权范围内的电子文件接收进来，通过统一的管理平台，实现电子文件的托管和保存。

最后，文件、信息商业化服务机构的服务对象并不局限于纸质文件和电子文件，对影音材料、磁带、光盘等特殊载体档案也提供托管服务。一般在先进的温湿度监控环境中保管磁带和其他敏感磁性介质，也可以为特殊载体档案专设特藏库，通过高等级的安保和消防措施，以及恒温、恒湿环境的自动监控，让特殊载体档案得到安全妥善的保管。

14.2.3.2 信息管理高级服务

在文件管理基础业务之上，为了更好地发挥专业优势，体现专业特色，文件、信息商业化服务机构需要提供更高层次的服务。主要包括四方面的内容：一是文档业务持续性服务；二是数据保护和备份；三是信息管理技术支持；四是信息管理咨询服务。

目前国内文件、信息商业化服务机构还主要停留在文件管理基础服务上，但是国外商业性文件中心比如GRM已经开始提供文档业务持续性服务，这项服务不是简单的文件代管服务，它更加注重文件与业务持续性的联系，即与业务活动相关的系列文件的变更等会及时在商业性文件中心得到更新，从而保证文件与业务活动的联系，而不是仅仅对办理完毕的文件进行静态管理。对客户而言，这项服务有助于准确记录业务活动的过程，从而更大地发挥文件的参考利用价值；对商业性文件中心而言，则充分显示其专业水准。我国文件、信息商业化服务机构可以加入这项业务内容，从而提高服务水平。

在电子文件管理方面，维护电子文件的真实性、完整件、有效性是文件管理领域共同面临的难题。作为提供文件管理服务的机构之一，文件、信息商业化服务机构需要针对电子文件的管理提供高层次的服务，主要集中在数据保护和备份服务上。它是技术含量较高的一项业务，具体包括：一是数据保护服务，通过数字签名、数字水印、安全验证等技术手段确保客户的资料安全；二是灾备服务，一方面提供在线备份、服务器备份和云备份服务，降低文件破坏和丢失的风险，另一方面针对丢失文件或受侵文件进行技术“抢救”，尽量恢复原始文件；三是域名管理服务，帮助客户管理域名文件，保护客户的在线系统和商标，维护客户的在线业务安全。

文件、信息商业化服务机构作为一个以文件管理为主的营利性服务机构，不能忽视技术业务，比如数据保护和备份服务会涉及许多技术问题，而且信息管理技术也是机构开展其他高级业务的重要支撑。机构应基于网络技术、数据仓库技术、内容管理技术、地理信息管理技术、工作流技术、数据采集与处理技术、数据维护更新技术等一系列先进技术为客户提供技术支持。

在信息管理高级服务的诸多内容中，信息管理咨询服务是重要组成部分。所谓咨询服务，即是机构通过专业化的知识协助客户制定规划，为客户提供一整套文件、信息管理方面的咨询服务，减轻其业务和预算压力，确保客户从文件、信息的有效管理中获得最大效益，将风险降到最低。咨询服务主要围绕两个方面展开：一是对客户在文件、信息管理过程中遇到的难题给予专业建议和帮助，提高客户的文件、信息管理效率和水平；二是提供信息风险管理服务，为客户提供内部审计，评估客户文件、信息状况，发现潜在风险，并提出解决措施。机构还可以知识管理为导向，将信息管理中的经验和知识进行总结分析，主动向客户推送信息管理专业知识，主动满足客户的高层次潜在需求。

14.2.3.3　文件信息拓展服务

文件、信息商业化服务机构作为一个营利性的服务机构，其业务内容除了文件管理基础服务和信息管理高级服务之外，还需要有文件信息拓展服务，以发挥专业特长同时实现更大的盈利目标。为此，可以开展以下拓展服务：一是产品销售服务；二是行业信息管理服务；三是个性化需求解决方案。

产品销售服务主要包括两方面的内容：硬件产品服务和软件产品服务。首先，文件、信息商业化服务机构可以代售著名品牌商生产的丰富多样的专业文件管理设备和装具，比如标准档案盒、档案密集架以及其他文件管理用品等，以满足客户的硬件产品的需求。其次，机构可以借助专业知识和技术优势，研发文件、信息管理系统，提供软件产品服务，比如档案管理系统、办公信息平台、文档影像管理系统、电子文档综合管理系统以及各种信息门户，满足客户对软件产品的需求。

行业信息管理服务主要针对专门领域的文件、信息管理需求。文件产生于社会生活的各个领域，但有些行业的文件、信息管理需求尤为强烈、比如通信、能源、航空、金融、化工、制造、医疗、房地产等行业。这些行业的文件量呈现指数增长趋势，企业也在积极寻求专业化服务机构的帮助，我国文件、信息商业化服务机构可以借此契机，拓展服务内容，在专业化文件管理知识的基础上，充分学习行业背景知识，将二者有效结合，从而提供行业信息管理服务。国外商业性文件中心 Iron Mountain 已经开展医疗信息管理业务，主要包括五个方面的内容：一是医疗文件和胶片存储，二是医疗保健特殊项目，三是 X 光片数字化服务，四是医疗图像归档和灾难恢复，五是电子健康文件转换计划。它对我国文件、信息商业化服务机构的行业信息管理服务具有重要的示范作用和借鉴意义。

此外，文件信息拓展服务还包括个性化需求解决方案，这充分体现了灵活性和定制性的特点。由于服务对象具有多样性的特点，因此有必要针对特殊的服务对象提供个性化需求解决方案。对于提不出具体需求的客户，则可以提供免费的专业检查和评估，以报告形式把企业信息管理现状和问题告知客户，并提供具体的解决方案。这种灵活、定制的服务充分体现了一切从客户的实际情况出发的经营理念，极力满足不同层次、不同行业、不同规模、不同内容的企业对于文件、信息管理的个性化需求。

综上所述，我国文件、信息商业化服务机构专业化服务主要包括文件管理基础服务、信息管理高级服务和文件信息拓展服务。三项服务充分体现了机构专业化特色。首先，文件管理基础服务是专业化服务的基础，是发挥文件管理优势的重要体现；其次，信息管理高级服务是专业化服务的升级，是提高专业化服务水平的重要内容；最后，文件信息拓展服务是专业化服务的延伸，为专业化建设提供了充足的发展空间。

14.3 塑造良好的专业形象

机构发展的专业化形象为企业的宣传和口碑奠定了基础，是管理者追求企业文化的依据，是职员对自身工作单位产业归属感的基础，是顾客对机构建立信赖的前提。倘若拥有专业化的企业形象，便有利于企业创造优良的内部、外部环境和舆论口碑，从而更好地开辟企业市场和发展道路。对于我国文件、信息商业化服务机构来说，专业形象的要素包括人才队伍、技术水平和行业环境等。

14.3.1 组建专业化的人才队伍

人才队伍建设是文件管理服务质量的根本保障。造就一支具有较高文件管理专业素质的服务队伍，对于提高文件管理服务运行绩效和扩大文件管理服务领域，有着举足轻重的意义。文件管理服务的从业人员应当具有较丰富的档案业务管理、技术等方面的知识和技能，熟悉档案法律法规、档案管理技术方法，具备较强的综合分析判断、解决档案业务技术问题的能力，还要提倡职业道德，讲究信用，遵纪守法。实践证明，坚持实行文件管理服务从业人员资质的考核和认定制度，是保证文件管理服务从业人员整体素质的有效途径。

举例来说，Iron Mountain 从事文件、信息管理服务已经有相当长的历史了，所有服务提供者都是拥有专业背景的专家团队，这些专家对于国家和地方的相关法律法规非常熟悉，同时 Iron Mountain 的员工都拥有多年从事文件、信息管理服务的经验，因此，每一次的服务都能尽力做到专业化以及完美，同时能尽可能多地减少客户的成本和风险，达到最大化的双赢。Iron Mountain 人才的专业化为其在行业中的领先位置奠定了基础。人才建设不仅仅体现在专业背景上，也显现在专业培训中。Recall 在这一点上做得较为突出。它为所有员工提供两项学习和发展计划——Recall 大学培训和轮岗培训。Recall 大学培训向所有员工提供电子学习、参加讲师指导研讨会和开展外部发展实践的机会，内容涉及营销技巧、计算机培训、领导力和沟通技巧等。员工参加 Recall 大学培训可获得六西格玛认证和项目管理认证。轮岗培训为期二年，参与者可获得一系列机会，如制订个人发展计划、开展关键业务计划的特定工作项目，以及接受高级管理培训和指导。① 此外，Iron Mountain 也为员工提供在全球各分支机构工作的机会。由此可见，商业性文件中心相当注重团队效能的发挥，也相当关注员工的学习和发展。

对比我国情况，我国文件、信息商业化服务机构的从业人员有相当一部分是在相关单位多年从事档案工作的退休职工。这些同志经验丰富，具有较强的事业心和工作能力。但随着一些现代化技术手段在各级档案管理部门的广泛应用，文件管理服务范围的不断扩大，服务项目日趋多样，业务内容也日趋复杂，这对文件、信息商业化服务机构的从业人员提出了越来越高的要求。因此，我国文件、信息商业化服务机构应定期对从业人员进行培训，使其及时了解文件管理工作的最新知识和操作技能，才能满足工作需求。

14.3.2　开发专业化的文件管理技术

信息技术的迅猛发展和广泛应用，为文件的科学保管和开发利用创造了前所未有的契机，对作为核心信息资源的文件进行管理和提供服务，面临着一项紧迫的任务，那就是加快文件档案化建设进程，普及文件管理系统，对于各种载体的文件，都要有相应的管理技术来辅助文件服务机构进行管理。技术是一个企业长久发展适应不断变化的市场需求的保证，没有技术的支撑，任何一个企业都不会实现高效、高质量的发展。文件管理机构更需要利用先进的硬件软件技术，来为每一项服务提供强有力的保证，例如数据保护和恢复服务，也需要开发多种软件和相应的技术来保证提供最优质的服务。

---

① See http：//www.recall.com/，2012－12－19.

以国外成功典型为例，Iron Mountain 对于地处偏远的中小型企业，通过其 Connected 在线服务器备份能提供一个自动化的、端到端的数据保护解决方案，利用安全可靠的在线备份方案减少恢复时间目标和恢复点目标。对于大型的机构，Connected 可以把所有备份都从远程的公司集中起来，这些备份既可以存储在客户的公司里，也可以存储在 Iron Mountain 的数据中心。当还原数据的时候，可以自行设置下一次自动备份的时间（默认 15 分钟）和备份频率，同时还可以看到备份历史。对于个人，Connected 个人电脑备份系统是自动保护个人电脑数据的顶尖系统，它通过在用户进行日常工作的时候自动备份数据消除了数据丢失的风险，有了 Connected 解决方案，面对数十、数百甚至数十万的电脑都可以将之集中起来管理。一个管理者可以设定备份时间表和备份的文件类型，然后就可以轻易地管理和实施备份工作，并不需要用户的参与。为了安全起见，所有的文件在被发送到 Iron Mountain 的安全数据中心或是客户公司的数据中心之前都会被 AEC 加密系统加密，个人文件只有在被点击之后才会恢复，如果客户遇到电脑故障或是意外事件，还可以使个人电脑里的所有数据都恢复到以前的状态。①

由此可见，技术是一个企业长久发展适应不断变化的市场需求的保证，没有技术的支撑，任何一个企业都不会实现高效、高质量的发展。高新技术的软硬设施是 Iron Mountain 提供服务的前提。紧跟信息化时代的步伐，不断完善各项服务的技术水平，使 Iron Mountain 始终立于不败之地。我国文件、信息商业化服务机构在建设过程中，也应当立足技术的发展，关注国内外在技术领域的创新，将新技术比如物联网和云技术等应用于专业化服务，

① See http：//www.ironmountain.com/，2012－12－19.

当然最主要的还是开发专业化技术为专业化服务提供支持。

14.3.3 形成健康有序的行业环境

健康有序的行业环境也能体现行业优良的专业形象。任何一个行业均有一个起步、发展至逐渐成熟的过程。从国外情况来看，文件、信息商业化服务行业已经初具规模，并形成了健康有序的行业环境。如前文所述，国外文件、信息商业化服务行业建立了领导机构——PRISM，又通过对内服务和对外宣传形成了保障途径，还借助行业自律和法规遵从构建了监管体系。这些因素帮助国外文件、信息商业化服务行业形成了健康有序的行业环境，也塑造了良好的专业和行业形象。

虽然我国目前尚未建立全国性的文件、信息商业化服务机构的行业协会，但是笔者在网络调研中发现，我国部分省市开始出现具有行会性质的组织，典型的如黑龙江省民营企业档案工作协会。它成立于2006年10月，受档案行政管理部门委托，开展民营企业档案工作调查研究，收集、整理和分析民营企业档案工作状况、发展趋势等资料，为档案行政管理部门制定中长期规划和档案事业发展战略提供咨询，并根据民营企业档案工作的现状和特点，制定有关规范、标准以及行规行约。还有另一个典型，即成立于2011年5月的新疆维吾尔自治区民营企业档案工作协作组，是民营企业档案业务相互学习、交流和协作的互助组织。新疆维吾尔自治区档案局（馆）为了鼓励、支持和引导民营企业建立健全档案工作，使档案工作在民营企业发展中更好地发挥作用，于是以成立协作组的形式为民营企业开展档案工作提供咨询指导。

可以说，我国文件、信息商业化服务领域的行业协会已经初具雏形。一个行业协会能在有形或无形中传达出其行业宗旨、行业价值观和行业道德准则，也有其科学的行业规范体系。这些内容将构成行业文化，向客户展现和传递良好的专业形象，既有利于其行业成员的宣传，也有助于增加客户的好感指数，最终决定我国文件、信息商业化服务行业的建设质量。就目前情况来看，笔者认为需要大力促进我国文件、信息商业化服务行业的形成和发展，以期营造健康有序的行业环境。

15 建设策略二：运用商业化手段

国外机构的成功经验，充分证明企业定位和商业运营是文件、信息商业化服务机构的运行方式。为此，我国文件、信息商业化服务机构的建设必须运用商业化的手段。具体内容包括树立商业化的运营理念、坚持商业化的运营模式和建设商业化的运营机制。

15.1 树立商业化的运营理念

前文已对商业化的概念进行了解读，此处不再赘述。以商业性文件中心为代表的国外文件、信息商业化服务机构的成功经验表明应坚持企业定位和商业运营。尽管我国文件、信息商业化服务机构的情况较为复杂，但走企业发展道路是大势所趋。即使未必是商业属性的机构，也可以采用商业化经营的手段。笔者认为，文件、信息商业化服务机构树立商业化的运营理念主要包括以下三点内容：

15.1.1 遵循市场经济规律

经济学相关理论告诉我们，需求是指在某一特定时期内，对应于某一商品的各种价格，人们愿意而且能够购买的数量。供给是指生产者在一定时期和一定价格水平下愿意而且能够提供的某种商品的数量。需求规律是一种普遍经济现象的经验总结，指在影响需求的其他因素既定的条件下，商品的需求量与其价格之间存在着反向的依存关系，即商品价格上升，需求量减少，商品价格下降，需求量增加。供给规律也是一种普遍经济现象的经验总结，指在影响供给的其他因素既定的条件下，商品的供给量与其价格之间存在着正向的依存关系，即商品价格上升，供给量增加，商品价格下降，供给量减少。供求规律指均衡价格和均衡产量与需求均呈同方向变动，均衡价格与供给呈反方向变动，而均衡产量与供给呈同方向变动。

同理，文件、信息商业化服务机构在性质上是自主经营、自负盈亏、具有独立法人资格的企业，而社会需求是市场经济条件下所有企业得以发展的外在动力，供求影响市场。只有时刻遵循供求市场规律，以市场需求作为企业活动的指挥棒，才能最终抓住市场需求，抢占市场份额，为文件、信息商业化服务机构的发展赢得机会。因此文件、信息商业化服务机构要形成尊重市场经济规律的理念，例如可考虑采取社会个人或单位的技术入股、智力入股、资金入股等不同方式，改变投资者单一的局面，并在机构内部实行按业绩分配，使经营者的利益与经营效果挂钩，为文件、信息商业化服务机构的发展注入新的活力和动力。同时，还应树立品牌意识、市场意识、质量意识、创新意识、营销意识等现代企业经营管理观念。文件、信息商业化服务机构要注重市场开拓，了解自己的竞争对手和潜在的竞争对手，根据不同业务范围确定相应的目标市场，明确哪些业务应面向合资企业，哪些业务应面向中小型企业或民营企业，根据不同需求在职能允许的范围内开展相应的业务。

因此，我国建设文件、信息商业化服务机构必须坚持企业定位，立足市场，遵循市场经济规律，充分发挥机构主体的积极性，从而实现机构的长足发展。

15.1.2 追求效率

从管理学角度来讲，效率是指在特定时间内，组织的各种投入与产出之间的比率关系。[①] 效率的经济学含义指社会能从其稀缺资源中得到最多东西的特性。[②] 任何企业都追求效率的最大化，客户选择服务方也会看重其效率。因此，我国在建设文件、信息商业化服务机构时，应学习国外商业性文件中心追求高效率提供服务的做法。例如 Recall 在经营中采取各种手段来提高效率，以下三点是其提高效率的举措：第一，采用全球 CARTONS 模型，追踪和优化进出各运营分部的客户项目流，分析每个地点及整个网络的绩效，支持其全球运营网络，服务更多的行业，汲取不同的经验并在全球推广运用。第二，坚持采用全球标准运营规程(SOP)，确保公司在所有地点提供的所有解决方案都是相同、一致的高品质服务，从而保证准确度和可靠性。第三，利用射频识别技术追踪资产，提高文件管理效率，并通过更加快速、准确和全面的审计，在客户库存管理方面保持行业领先优势。Recall 的经验表明，我国文件、信息商业化服务机构需要在运营中树立追求效率的理念，自身才能取得更好的发展。

15.1.3 提升客户满意度

在市场经济体制下，随着经济发展以及市场竞争的白热化，

---

① 参见百度百科：效率，见 http://baike.baidu.com/view/47610.htm，2013-01-11。

② 同上。

企业间的较量已开始从基于产品和服务的竞争转向基于顾客心智资源的竞争。换言之，顾客心智资源正在逐渐取代产品和服务成为企业的竞争基点和关注重点，企业的经营模式也从“以产品为中心”转变为“以顾客心智为中心”。通过调查 Iron Mountain 和 Recall 两大典型的经营理念，笔者发现国外商业性文件中心特别重视客户满意度这一指标。中心强调为客户提供安全、优质的文件管理和信息服务，尽力保证客户获得最大收益，取得客户的信赖和满意。在这方面，Recall 更具代表性。它尤其强调客户满意度，并推出了具体的客户满意度计划。计划内容包括：第一，承诺“完美订单（Perfect Order）”，确保“每次都能在正确的时间向正确的人提交正确的项目”。在整个运营网络中，每一名员工都据此目标来接受培训和评价，并且每一项工作都基于此承诺来衡量绩效。第二，提供在线全球库存管理系统（ReQuest），这是一个直观、全面的工作平台，客户通过系统可快速提出请求和轻松了解库存情况。第三，实施全球运营策略（Global Footprint），即 300 多个专业运营分部在全球网络的支持下，共享和应用来自公司的最佳实践，以提供高品质、一致、可靠的客户服务。第四，开展“通过行动实施（Implement through Action）”计划，探索改进服务和解决方案的方式，将六西格玛管理法、精细管理和其他项目管理方法集成到公司的日常经营中，帮助客户实现文件、信息管理服务的更大绩效。

由此，我国在建设文件、信息商业化服务机构时，要从长远视角出发，不仅提供优质高效安全的信息服务，更要将客户的需求和满意放入绩效指标体系中，注重建设和提升客户满意度，赢得消费者的好评，从而更利于推进机构的发展。

15.2　坚持商业化的运营模式

15.2.1　运营模式简释

运营作为经济学概念，其定义是指对企业经营过程的计划、组织、实施和控制，是与产品生产和服务创造密切相关的各项管理工作的总称。过去，西方学者把与工厂联系在一起的有形产品的生产称为“生产（production）”或“制造（manufacturing）”，而将提供服务的活动称为“运营（operation）”。现在的趋势是将两者均称为“运营”。

企业运营最基本也是最主要的职能包括财务会计、技术、生产运营、市场营销和人力资源管理。企业的经营活动就是这五大职能有机联系的一个循环往复过程。企业为了达到自身的经营目的，必须对上述五大职能进行统筹管理。企业运营已不再局限于生产过程的计划、组织与控制，还包括运营战略的制定、运营系统的设计以及运营系统的运行等多个层次。企业运营模式的核心是经营模式，通俗的说法就是企业赚钱的方式——企业借助人力、物力、财力等资源的有效组合，使企业价值不断增长以达到盈利的目的。

经济学界通常选择企业在产业链的位置、业务范围、实现企业价值的方式这三个标准对经营模式进行分类。从企业在产业链的位置来分，经营模式包括销售型、生产型、设计型、销售＋设计型、生产＋销售型、设计＋生产型、设计＋生产＋销售型以及信息服务型。从实现企业价值的方式来分，经营模式包括成本领先模式、差别化模式、目标集聚模式、独资和合资经营模式。从企业的业务和产品范围来分，经营模式包括单一化经营模式和多元化经营模式。

15.2.2 国外商业性文件中心的经营模式

15.2.2.1 国外商业性文件中心经营模式的类型

商业性文件中心的经营模式分为独立经营和合作经营两种类型，Recall 和 Iron Mountain 正是这两种类型的代表。

以 Recall 为代表的部分商业性文件中心采用的是独立经营模式，即针对客户的要求，独立满足客户的产品和服务需求，并不与其他企业或机构合作。这一类商业性文件中心还可细分为两种情况，一种是规模较大的中心，如 Recall，其本身服务内容较为丰富全面，涵盖信息生命周期的全过程，包括文档管理、数字解决方案、数据保护和安全销毁服务等，因此可独立地满足客户提出的各项文件、信息服务要求。另一种是规模较小、专门性较强的中心，专门提供一种或有限的几种服务，如文件保管、文件检索、文件递送或文件安全销毁等。专门性强，就意味着只能满足客户特定的某种或某些需求。

以 Iron Mountain 为代表的部分商业性文件中心采用的是合作经营模式。1999 年，Iron Mountain 兼并英国数据管理公司（BDM）打入英国市场，之后，公司开始不断向其他大洲扩张。到 2009 年，公司的服务市场已涵盖了北美洲、南美洲、欧洲、大洋洲和亚洲。而各大洲明显的地域差别和行业区分决定了客户需求的差异性，也决定了公司经营模式的独特性，它不是单纯地在各大洲建立分部来独立经营，而是在当地市场与拥有良好声誉、值得信任的企业合作经营。这就形成了 Iron Mountain 独特的经营模式——合伙计划。

15.2.2.2 国外商业性文件中心特别的经营模式——合伙计划

商业性文件中心的合伙计划是指选择专门的渠道合作伙伴和互补的技术合作伙伴，整合中心的产品和服务，并推向市场。合伙计划既利于借助合作伙伴为中心赢得更多的客户和市场，也可提高中心产品和服务的竞争力，扩大其使用和传播范围。因合伙经营模式以 Iron Mountain 最为典型，笔者借助网络调研将详细分析其合作伙伴的类型及合作方式。

渠道合作伙伴（Channel Partners）

（1）增值经销商（Value Added Reseller Partners）。

增值经销商是经过培训并取得销售 Iron Mountain 数据保护产品和服务资格的公司。它们与 Iron Mountain 合作的原因是无须投入高昂的基础设施成本，可直接获得增值。它们认为与 Iron Mountain 合作是最理想的经营方式，能借助后者的托管应用程序或安全托管基础设施为客户提供文件、信息保管服务的解决方案。Iron Mountain也可通过与增值经销商合作开辟市场和增加客户。于双方而言，这是一种双赢策略。

（2）管理服务提供商（Managed Services Provider Partners）。

管理服务提供商是典型的信息技术服务供应商，它们承担主动为客户提供一整套技术服务的责任。Iron Mountain 与管理服务提供商的合作经营也是一种双赢策略，管理服务提供商可借助Iron Mountain 精良的基础设施来扩展客户市场，Iron Mountain 也可充分利用管理服务提供商的技术优势。

（3）托管合作伙伴（Hosting Partners）。

托管合作伙伴是借助 Iron Mountain 的基础设施来拓展自身服

务的公司。Iron Mountain 允许托管合作伙伴将其一流的个人电脑和服务器保护解决方案纳入托管合作伙伴的服务内容，Iron Mountain 也可充分利用托管合作伙伴提高客户保留率。

（4）推荐合作伙伴（Referral Partners）。

推荐合作伙伴是负责向客户推荐 Iron Mountain 保存服务（CloudRecovery）的公司。该项服务是为客户提供高度安全的文件信息异地存储解决方案。推荐合作伙伴推荐客户购买CloudRecovery，并向客户提供相关的在线培训。Iron Mountain 借助推荐合作伙伴赢得更多客户。

技术合作伙伴（Technology Partners）

（1）技术合作伙伴（Technology Partners）。

技术合作伙伴与 Iron Mountain 是互补关系。某些情况下，Iron Mountain 将技术合作伙伴的产品融合到本公司的解决方案中；另外一些情况下，技术合作伙伴将 Iron Mountain 的产品纳入自己的服务内容中。总之，Iron Mountain 选择技术合作伙伴的目标是创建最有效的硬件、软件和服务组合来全面满足客户的数据保护和归档要求。

（2）开发商（Developers）。

Iron Mountain 与开发商的合作形式是借助特定工具将开发商的应用程序融合到公司的数据库中，帮助开发商为客户的重要业务信息提供最佳保护。Iron Mountain 也通过与开发商的合作拓展客户。

（3）战略联盟（Strategic Alliance Partners）。

战略联盟是 Iron Mountain 为满足客户需求而专门鉴别和选定的一组公司。战略联盟可利用 Iron Mountain 行业龙头的优势而受益，Iron Mountain 也可通过战略联盟赢得新客户和新市场。二者最终实现互惠互利。

合作经营的实现及成效

笔者用两个典型案例来说明以 Iron Mountain 为代表的商业性文件中心如何与合作伙伴开展合作经营并实现共赢

案例 1：Iron Mountain 与管理服务提供商 AHR Consulting/TECHLINQ 的合作。①

AHR Consulting/TECHLINQ 是位于美国新泽西州的一家咨询公司，为本州北部地区保险、医疗、会计和金融行业的中小企业提供信息技术服务。针对客户的数据保护需求，公司提供 BACKUPLINQ 方案，这是一套服务器在线备份软件系统，目的是减少客户数据故障并做到在最短时间内恢复客户数据。公司认为 Iron Mountain 的 LiveVault 在线备份方案在数据备份、保护和恢复方面声誉很好，愿意成为 Iron Mountain 的渠道合作伙伴，选择将 LiveVault 作为其 BACKUPLINQ 服务器在线备份软件系统的组成部分。两家公司通过合作为客户提供安全可靠的数据保护和恢复服务。

公司的运营总监奥顿·鲁格海弗（Auton Ruighaver）认为选择与 Iron Mountain 合作的原因是基于 LiveVault 的吸引力，它虽不是最便宜的方案，却有着最好的性价比。此外，Iron Mountain 优良的品质和业内信誉也是公司愿意与之合作的原因之一。通过合作，公司无须在硬件、软件和基础设施方面进行预先投资，可借助 Iron Mountain 的基础设施，将其客户数据托管在 Iron Mountain 高度安全的系统中，不仅能减少投入，还能更专注于客户关系，为客户提供更好的服务。为此，他评价说，合作是一种三赢

---

① See "Partner success", see http：//www. ironmountain. com/company/partner-success. html，2011－03－05.

局面，我们赢在提高工作效率、降低成本和避免焦虑，Iron Mountain 赢在获得了我们的客户，而客户赢在其文件、信息得到了最佳保护。

案例 2：Iron Mountain 与技术合作伙伴 Xantrion。①

Xantrion 是位于美国加利福尼亚州奥克兰地区的一家 IT 公司，专门负责为中小型企业的金融服务和专业服务提供外包。Xantrion 在奥克兰地区有着良好的口碑，90%的客户满意其服务并乐意向他人推荐。因为 Xantrion 的市场占有率较高，加上它在数据备份及恢复方面具有较强实力，Iron Mountain 选择它作为技术合作伙伴。Xantrion 也乐于成为 Iron Mountain 的合作伙伴，因为它不再需要在前期投资软件、硬件或基础设施，还可共享 Iron Mountain 的技术和创意。

Iron Mountain 与 Xantrion 合作提供在线数据保护的解决方案。Xantrion 选择将 Iron Mountain 的 LiveVault 在线备份方案纳入服务内容，帮助客户提高数据的安全性，使其更专注于自身业务。在合作中，Xantrion 不断从客户处收到对 Iron Mountain 及 LiveVault 的良好反馈。只要客户需要 LiveVault 的相关帮助，Iron Mountain 就会及时提供专业的服务来解决问题并恢复客户数据的完整。而且 LiveVault 在客户网站运行后，Xantrion 的服务热线几乎未收到投诉。Xantrion 总裁安·比撒诺（Ann Bisagno）认为 LiveVault 在线备份方案是客户数据保护和恢复的最佳解决方案，是同类产品中最好的，与过去常用的磁带备份和磁盘备份相比更加可靠，还能实现异地备份，为此他对两家公司的合作十分满意。与此同时，Iron Mountain 也借助 Xantrion 扩大了客户市

① See “Case study”, see http: //www. ironmountain. com/results. aspx? query=Xantrion&x=0&y=0，2011-03-06.

场，提高了 LiveVault 的市场份额。基于合作的双赢效果，Xantrion 与 Iron Mountain 近期又在筹划新的合作项目。

15.2.2.3 国外商业性文件中心合作经营模式的特点和益处

以 Iron Mountain 为代表的商业性文件中心选择合作经营模式取得了良好成效，其自身的发展壮大证明了这一点。前文已对其发展规模和荣誉奖项进行阐述，Iron Mountain 在业内的强大实力和良好声誉证明以其为代表的商业性文件中心在经营模式上的选择是成功的，成为中心发挥专业优势的重要基础。基于 Iron Mountain 的行业龙头地位，笔者认为商业性文件中心将会更多地采用合作经营模式。合作经营模式的特点和益处主要表现为以下三点：

第一，中心对合作伙伴的选择是慎重的。Iron Mountain 提出选择合作伙伴主要考虑四个因素——地理位置、市场占有率、专业水平和盈利能力。在地理位置上，中心会选择与其互补的合作伙伴，方便扩展新的市场。在市场占有率上，中心会选择自身产品和服务市场占有率较高的合作伙伴。在专业水平方面，中心会选择在其专业领域提供优质服务且声誉良好的合作伙伴。在盈利能力方面，中心会考察合作伙伴的经营业绩，尽量选择盈利高或具有突出潜力的公司。而且，中心选择合作伙伴会综合采用这些标准，确保合作的成功。

第二，中心的合作经营模式以共赢为导向。中心与合作伙伴合作经营的双赢效果已毋庸置疑。中心借助合作伙伴增加了客户和市场，扩大了产品和服务的使用范围；合作伙伴借助中心提高了服务质量和客户满意度。不仅如此，合作经营对客户也是有利的，客户得到了更优质的产品和更精良的服务。可见，中心的合作经营本着多方共赢的导向，成效明显。

第三，中心的合作经营模式成为中心实现专业优势的重要基础。中心的专业优势可概括为“服务的安全、高效和优质”。实践证明，中心借助先进的技术为客户提供高度安全、高效率和最优质的文件、信息服务，与其注重合作经营是分不开的。因为中心通过选择技术合作伙伴，努力提高技术水平，保持中心的技术优势；通过选择渠道合作伙伴，努力开拓客户市场，保持中心的规模效益优势。合作经营帮助中心在更大的市场范围内传播其产品和服务，帮助中心在不同地区和行业享有更高的知名度和美誉度，为其安全、高效和优质服务的专业形象提供了重要保障。

15.2.3 我国文件、信息商业化服务机构的经营模式

我国文件、信息商业化服务机构的经营模式经历了一个变化的过程。20 世纪 90 年代初期，浙江、上海、深圳等地的档案局（馆）率先成立了档案事务所、档案寄存中心、档案评估鉴定中心等形式的档案中介机构。但这些机构是档案行政管理部门改革的产物，与档案行政管理部门有着千丝万缕的联系，档案中介机构的从业人员与档案行政管理部门同属一套人马，日常经营管理和财政收入都依附于档案行政管理部门。从本质上说，这类中介机构挂靠在档案行政管理部门之下，不具有独立经营的特点，因此也造成了许多经营上的困难，如职责不明确、运行机制死板、人才缺乏、缺少活力、难以满足日益多元的市场需求。

随着档案中介机构在我国的多年发展，市场化的程度逐渐提高，一部分原有的档案中介机构脱离了档案行政管理部门，开始

独立经营，此外，越来越多的独立经营、自负盈亏的企业公司加入档案社会化服务的领域内，如笔者在调研中发现，紫光慧图、量子伟业均是采用独立经营的模式，两个企业的经营模式及主要内容见表15—1。事实上，经过初步探索阶段后，我国文件、信息商业化服务机构实现了从挂靠经营走向独立经营的突破，独立经营的模式已经为国内大部分机构所采纳。

表15—1　紫光慧图、量子伟业的经营模式及主要内容

调研对象	经营模式	主要内容
紫光慧图	独立经营	财务方面：公司内部的华南、华东、华中、华北、东北事业部及研发中心在财务上都是独立核算的，拥有更多的独立自主权和利益，有利于考核工作效率和激励各部之间的竞争。营销方面：建立独立的遍布全国的营销体系。
量子伟业	独立经营	技术方面：档案管理软件独立开发商（软件研发、营销和技术支持独立运营）；独立研发，注重采纳国内、国际标准，应用新技术到档案管理软件的研发中。

笔者借助调研还发现，尽管以量子伟业、世纪科怡、信安达（中国）、潽尔森文档和紫光慧图等公司为代表的我国文件、信息商业化服务机构主要采取独立经营的模式，但也在经营模式上不断注入了合作的元素。笔者用几个案例加以说明。

案例1：紫光慧图与微软同行缔造文档一体化新高度。[①]

2010年4月22日，作为微软的金牌合作伙伴——紫光慧图受邀参加微软新一代商业软件平台发布前的合作伙伴就绪媒体沟通会。在会上，紫光慧图与另外10家微软合作伙伴（用友、戴尔、品高、浪潮、元恒时代、高士达科技、华胜天成、北京鹏宇成、

① 参见http：//www.thams.com.cn/news_template.php?id=56，2013-01-15。

一维天地、成都东谷等）共同展示了在微软新一代商业软件平台上的相关解决方案。

紫光慧图表示："基于 SharePoint 2010 的紫光文档一体化解决方案为客户提供了一个文档集中管理、集中控制的协同工作平台，对文档生命周期的各个环节进行了有效管理，帮助客户提高文档制作效率，规范处理流程，增强文档和信息的安全性，大大降低了管理和运营的成本。SharePoint 2010 作过改进并增加了多项功能，如用户界面、在线编辑及支持更多浏览器等，增加了在 Web 上的体验，同时也降低了客户和开发商的成本。紫光文档一体化解决方案中的 TH-SCAN、TH-DOC、TH-AMS 等产品都可与 SharePoint 2010 进行紧密集成。通过与 SharePoint 2010 的集成，帮助客户提高文档制作效率，规范处理流程，增强文档和信息的安全性，大大降低管理和运营的成本。"

随后，紫光慧图还正式参加了微软新一代商业软件平台在北京的发布会，并陆续于 5 月 19 日、25 日、27 日参与了微软在上海、广州、深圳的新一代商业软件平台发布活动。是时，邀请了紫光慧图的新老客户共同参与微软盛会，分享在紫光文档一体化解决方案中与微软新一代商业软件平台紧密集成的累累硕果。未来，紫光慧图将继续加强与国际知名品牌的战略合作，着眼于产品的国际化创新发展而不断努力。

案例表明，紫光慧图通过与微软建立技术合作关系，在微软商业软件平台的基础上，提出新一代紫光文档一体化解决方案，共同缔造文档一体化新高度。紫光慧图一方面丰富了自己的产品内容，提升了产品的质量和层次，另一方面降低了客户和开发商的成本，帮助客户提高文档制作效率。对微软而言，有助于其赢得广阔的市场发展空间。

案例2：紫光慧图与甲骨文公司战略合作的最新展望。①

2011年5月2日，作为甲骨文公司（Oracle）的金牌合作伙伴——紫光慧图与甲骨文公司分别签署了ASFU应用程序特定全权使用分销协议、ESL嵌入式软件许可计划。这两项合作的开展，标志着双方的战略合作伙伴关系上升到一个新的里程碑。紫光慧图将以更紧密的合作方式为基础，与甲骨文公司开展新一轮的合作计划。通过甲骨文公司专业的产品技术支持，紫光慧图将为客户提供更完善的服务体系，以更具竞争力的优势在未来的市场赢得更多客户的认可与赞誉。

案例表明，紫光慧图在合作伙伴的选择上是比较多样的，除成为微软的金牌合作伙伴，也致力于与其他伙伴的合作，比如选择与甲骨文公司进行技术合作，对双方而言，同样是个双赢策略。紫光慧图通过甲骨文公司专业的产品技术支持，为客户提供更完善的服务体系；甲骨文公司也借助紫光慧图宣传和应用自己的技术，发挥其商业价值。

案例3：深圳世纪科怡的合作战略。②

深圳市世纪科怡科技发展有限公司是一家内容管理领域专业从事大型系统集成项目建设以及应用软件开发、生产、销售和服务的IT企业。世纪科怡技术力量雄厚，拥有一支由100余名技术人员组成的研发队伍，在深圳、北京等地建立了科研开发基地，与中国科学院、北京大学、武汉大学、国防科技大学等科研院所及高等院校建立了长期合作关系，聘请中科院院士倪光南等多名著名技术专家、知名学者为客座教授、名誉顾问。公司还与微软、CISCO、甲骨文、SUN、BEA、柯达等国际知名

---

① 参见 http：//www.thams.com.cn/news_template.php? id=48，2013-01-14。

② 参见 http：//www.infosoft.com.cn/newpages/11gsjj.asp，2013-01-14。

企业建立了战略合作伙伴关系，保证了公司的产品与技术同国际先进技术接轨。公司市场渠道稳定成熟且销售网络覆盖广阔，分公司、办事处、控股公司、代理商以及合作伙伴遍布全国27个省市自治区。

案例表明，世纪科怡的合作对象具有多元化特点，涉及科研院所、技术专家和IT企业等。这些合作伙伴为世纪科怡提供技术咨询或是技术支持，满足其技术需求，提升其服务水平。此外，世纪科怡也有完善的渠道合作伙伴，通过建立遍布全国的经销商，形成系统的销售网络，努力开拓客户市场，保持公司的规模效益优势。

15.2.4 文件、信息商业化服务机构独立经营与合作经营模式的利弊及选择依据

从国内外情况来看，独立经营模式与合作经营模式是两种截然不同的经营模式。前者独立经营、管理、核算，独立满足客户的产品和服务需求，并不与其他企业或机构合作；后者为实现各自特定的战略发展目标，如分担研发风险、资源共享、维护市场地位或是共同学习，通过某种正式或非正式的契约与其他企业建立合作关系。纵观这两种经营模式，两者均有各自的利弊。

独立经营模式的优势在于：第一，品牌统一，便于推广。文件、信息商业化服务业总体上尚处于起步阶段，用户的认知和了解还不够深入，尚未形成用户习惯，因此品牌的宣传对于拓展客户十分重要。采用独立的经营模式，以统一的品牌推出文件、信息商业化服务，不仅有助于宣传推广机构、吸引客户，也容易避免由于产品品牌混乱给用户选择造成困扰。第二，标准统一，便于管理。独立经营的文件、信息商业化服务机构，从技术研发

到销售再到售后服务均由同一家机构完成，机构有内部统一的标准和制度对经营的全过程进行管理和监督，因此为不同客户提供的服务均是标准、一致的，不会像合作经营那样存在降低产品与服务质量的风险。第三，财务独立，便于利润分配。采用独立经营模式的文件、信息商业化服务机构，在财务上是独立核算、自负盈亏的。经营过程中的收益与风险均与主体自身的经营状况挂钩，有更大的经营自主权，便于利润分配和采取激励措施。

独立经营模式的不足在于，从宏观整体来看，每个独立提供文件、信息商业化服务的机构，要独立发展自己所有的产品和市场，前期投入的成本较大、时间周期长，且自身的优势和竞争力不明显，一方面无法实现社会资源的优化配置，可能造成大量不必要的重复工作和资源浪费，另一方面，产品研发周期长、服务质量跟不上，难以适应市场需求的快速发展变化。

与之相对应，合作经营模式的优势在于：

第一，充分利用经营资源，提高竞争力。Iron Mountain 这样的文件、信息商业化服务机构，之所以采取合作经营的模式，主要原因就在于它能减少工作的重复和浪费，实现资源共享和优势互补，从而提高自身的竞争力。如果一个文件、信息商业化服务机构试图自己独立发展各种产品和市场，则困难重重，花费时间长、投入大，而如果借助联盟伙伴的信息、资金、供应渠道和营销网络，则各个机构单独的优势会被激活，聚合成具有更大优势的联盟。

第二，发挥技术创新的集群效应，降低技术开发的风险。不断激烈变化的市场竞争环境对企业技术研究开发提出了三点基本要求：不断缩短开发时间、降低研发成本、分散研发风险。通过技术合作，一方面企业可共享最新的产业信息和科技新知识，还可聚集各企业的技术和人才资源，取长补短，加快技术创新速度，降低技术创新成本。另一方面，当前技术创新开发费用巨大，新技术和新产品的更新换代周期缩短，由此带来巨大的研发风险，可能是单个企业无力承担的，只有依靠合作才能有效降低风险，避免盲目研发。

第三，避免过度竞争。随着市场需求的增强，越来越多的机构加入了文件、信息商业化服务行业，然而市场的需求量是有限的，如果大大小小的机构在有限的市场中陷入恶性竞争的陷阱，比如大打价格战，则不仅会增加市场的竞争成本，而且可能会失去现有的市场，导致两败俱伤的后果。通过合作，机构之间建立新型的合作与竞争并存关系，将市场分层进行合作竞争，共同维护有效的竞争秩序，并减少应付激烈竞争的高昂费用。

虽然合作经营能给企业带来许多好处，但随着企业规模和业务范围的扩大，企业的风险也相应扩大，合作经营存在着风险和不稳定性，主要体现在如下几点：

第一，组织结构松散，管理难度大。合作经营模式是一种以契约为依据的松散组织，其内部存在市场与行政的双重机制，相对于独立经营的主体来说，管理权比较模糊，因此其管理工作的难度更大。面对联盟各方的利益和冲突，客观上要求合作各方既要保持相对的独立性，又必须建立运行一个科学高效的管理系统来维持组织的正常运作。

第二，合作各方的收益不均等，阻碍企业间的平等合作。合作经营方式取得的收益一般有特定的分配结构，其中一部分是共享的，其他部分必须加以分配。由于联盟内各个主体的竞争条件不同，双方的资源投入比例不平衡，因而导致各自优先考虑的问题不同，意见难以统一，很难保证每次交易都是双赢的，利润分配的不均有可能导致战略合作关系的紧张甚至破裂。

第三，知识存在泄露风险，主体间合作有保留。战略联盟阶段既是一个相互合作的过程，又是一个相互学习的过程。在联盟的过程中，一方面，机构会注意对核心关键知识的保护，由于担心关键技术还是有可能被泄露、被战略合作伙伴学习和掌握，从而使机构丧失以前的技术优势或市场，合作会有所保留。另一方面，机构又希望合作者能够毫无保留地合作，以便使自己在联盟中获得最大效益。这就易造成机构最终从自身利益出发，有保留地进行合作，导致合作伙伴间信任度降低，合作的效果受到抑制。

综上所述，不难看出，不论是采用独立经营模式还是合作经营模式，均各有利弊，适合于不同类型的文件、信息商业化服务机构。独立经营模式品牌统一便于推广，标准统一便于管理，财务独立便于分配，总体经营上更具有灵活性和自主性，适用于中小型规模、处于起步发展阶段的文件、信息商业化服务机构；合作经营模式可以通过寻找战略合作伙伴，充分利用他人的经营资源、技术优势，有效避免过度竞争，总体经营上更具有战略性，符合社会分工理论，有助于社会资源优化配置，适用于在文件、信息商业化服务业积累了一些经验、要快速扩张走向大型规模化的机构。因此，纵观国内外文件、信息商业化服务机构的发展路径，可以看出其经营模式的发展趋势是从挂靠走向市场化的独立经营，从独立经营走向规模化的战略联盟。目前处在不同发展阶段的文件、信息商业化服务机构，可以根据自身的特点，选择适合自己的经营模式。

15.3 建设商业化的运营机制

“机制”一词最早源于希腊文，原指机器的构造和动作原理。后来，人们将“机制”一词引入经济学的研究，用“经济机制”一词来表示一定经济机体内各构成要素之间相互联系和作用的关系及其功能。因此，“机制”一般指系统中各要素之间的关系及其功能。在任何一个系统中，机制都起着基础性的、根本的作用。在理想状态下，有了良好的机制，甚至可以使一个社会系统接近于一个自适应系统——在外部条件发生不确定变化时，能自动地迅速做出反应，调整原定的策略和措施，实现优化目标。显然，公司作为复杂的社会系统中的一个组织，不可能构建出一种机制，使它完全成为一个不需要管理者干预的自适应系统，但在设计企业的运行模式时，应该把机制的构建作为重点来把握，这有助于企业提高管理效率，提高管理措施的针对性和适用性，降低管理成本，减少随意性和个案处理的几率，企业才有可能在激烈的竞争中立于不败之地。

我国文件、信息商业化服务机构也不例外，根据机构的性质和特点，笔者认为文件、信息商业化服务机构应建设商业化的运营机制，包括三方面内容——市场机制、效益机制和创新机制。所谓市场机制，是指坚持市场定位，紧贴市场需求；所谓效益机制，是指讲究经济实用，扩大经营规模，发挥规模经济效益；而创新机制是指通过制度、技术、市场、组织和管理等方面的创新带动整个机构的提升。

15.3.1 市场机制

国外商业性文件中心和我国文件、信息商业化服务机构都充分体现了市场机制。

案例1：GRM业务的差异化提供。

在美国本土市场，GRM的业务设置分为11大类，即电子文档管理、文件管理、文档销毁、数据保护、灾难恢复、音频视频归档、远程数据存储、电子发现、文件合规、艺术存储和库存管理。进入中国市场后，GRM针对中国市场的特点和需求，集中提供5项核心业务，即纸质档案文件保管、电子文档保管、咨询服务、产品及检索服务、运输服务。与美国本土相比，GRM在中国市场的业务设置具有明显的差异化提供特点。信安达（中国）信息管理服务公司以提供基础性业务为主，其业务层次较低、种类较少、分工粗略。我国目前文件、信息管理服务行业的发展尚处在初步发展阶段，业务需求较为简单，技术发展水平偏低，服务内容不够精细。这种情况下，信安达（中国）设置差异化的业务是必要和适合的。如果机械照搬GRM的业务，就可能导致资源浪费。这种差异化提供，紧贴中国市场需求，显然更适合中国国情。

案例2：漕尔森文档依据市场需求提供服务。①

漕尔森文档是中国第一家立足企业文件中心运营、专业从事档案管理/文件管理外包服务的公司。根据目前中国市场对文件、信息管理业务的需求，公司设置相应的业务内容。首先，漕尔森立足于提供文件保管、整理、检索、递送、扫描和销毁服务，为客户提供基础的文件管理解决方案；其次，面对电子文件不断增

① 参见http：//www.poolsun.com.cn/pool/index.asp，2013－01－16。

长的趋势和管理难度加大的现实，潽尔森也为客户提供相应的解决方案，主要是提供电子文件异地备份和介质迁移服务。此外，潽尔森根据多年的档案管理、代存和代管服务经验，帮助客户建立合适的管理规范和流程，向客户提供档案管理咨询服务，确保客户档案文件完整归档和整理。这些业务从基础到高级，能够满足不同客户的不同需求，是潽尔森紧贴市场需求的体现，并为其赢得巨大的市场空间。

综上，我国文件、信息商业化服务机构在建设过程中需要坚持市场机制。具体表现在：一是坚持市场定位，二是紧贴市场需求。首先，文件、信息商业化服务机构作为独立核算、自负盈亏的机构，必须坚持市场定位，产品和服务必须面向市场。客户需求是市场的集中反映，机构必须充分调查服务对象的多样需求，了解最新需求动态，提供能满足客户需求的产品和服务。根据市场动态平衡机构收支，机构才能生存发展。其次，要紧贴市场需求。根据市场需求提供业务内容，文件、信息商业化服务机构才能实现利益最大化。此外，紧贴市场需求也表现在机构的分布上，不同的地区对文件、信息管理的需求会有差异，一般而言，发达地区的需求会更强烈，因此，可以在这些地区重点发展文件、信息商业化服务机构，以满足当地的市场需求。

15.3.2 效益机制

企业效益机制是指企业在生产和再生产活动中，劳动占用和劳动消耗量同取得符合社会需要的劳动成果之间的比率机制。效益即经济效益，是指要以尽量少的劳动消耗和物质消耗，生产出更多的符合社会需要的产品。效益机制的要点有二：一是劳动消耗量和劳动占用量同劳动成果比较，这是效益机制的量的规定；

二是生产的产品必须符合社会需要，这是经济效益的质的规定。二者缺一不可，它们的统一，就是完整的效益机制。在社会主义市场经济条件下，这个机制要求企业以追求最大限度的经济效益为目标。文件、信息商业化服务机构的效益机制集中体现在提供廉价的存储空间和扩大规模获得成本优势上。

案例1：信安达（中国）为客户提供经济节约、高效优质的文件保管服务。①

信安达（中国）提供安全的纸质档案文件保管服务，设施先进的文件保管中心是根据保管文件的要求而专门设计制造的。文件保管与信息管理是信安达（中国）母公司GRM的专业。在全球，GRM为各类公司保管着数以百万计的文件档案箱，这些客户涵盖了上至财富500强的知名企业下到名不见经传的小公司。客户出于安全因素考虑防范商业风险，或是想降低文件管理成本，更有效地利用办公室宝贵的空间，可以将文件交由GRM保管中心保管。信安达（中国）使用先进的条形码文档管理追踪系统可以确保保管物品清单绝对准确，只需几秒钟的工夫就可以在系统中确定任何一个文件箱、一份案卷甚至一份文件的位置。信安达（中国）的文件保管中心是一幢独立的单体建筑，保管中心装备有中央闭路电视监控系统、消防报警系统，并配备一天24小时、一周7天、一年365天全天候的人工警卫。客服人员均经过严格的专业培训，以确保为客户提供优质服务。信安达（中国）专业培训的操作人提供全天24小时、全年365天的派送服务，确保客户在任何时间内均能及时方便地利用文件。保管中心为客户解决了文件管理所耗费的大量人力、物力和财力的问题，大大节约了客户

① 参见http://www.grmchina.com/zh/records_centers/，2013-01-16。

的文件管理成本，而且其优质高效的服务深得客户信任。

案例 2：Iron Mountain 的规模效益。①

前文提及，Iron Mountain 通过数次并购，发展成为美国以及全球规模最大的商业性文件中心，目前其业务市场面向全球，在北美洲、南美洲、欧洲、亚洲和大洋洲的 39 个国家和地区建立了 600 多个分支机构，拥有 14 万客户。它作为规模庞大的跨国公司，产值惊人且不断上升。2007 年其产值超过 23 亿美元，在美国财富 1 000 企业中排名第 780 位；到 2008 年，其产值达到 30 亿美元，在财富 1 000 企业中排名上升到第 720 位。公司在服务内容、市场范围、发展规模和经营收入上不断突破，持续扩张，取得了更加明显的规模效益。1991 年，公司推出专属的文件库存管理系统 Safe Keeper。1994 年，公司推出文件管理咨询服务。1995 年公司年销售额超过一亿美元。同年，理查德·里斯被任命为董事会主席，这成为公司发展的分水岭，因为自此之后公司开始对文件、信息管理服务行业进行整合。1996 年，公司在纳斯达克上市，进入了兼并时代。从 1997—2007 年，Iron Mountain 以每年兼并一到两个公司的速度来扩展服务类型、扩张公司规模、扩大服务市场和开发新技术，其规模效益更加凸显。

由此可见，我国文件、信息商业化服务机构必须坚持效益机制。机构的效益性是坚持效益机制的内在要求，通过商业化的手段，机构创造出更多的经济效益。文件、信息商业化服务机构作为市场主体，是适应社会对文件、信息低成本、高效益的管理需求产生的。自诞生之日起，就带有经济、节约、高效的特质。效益机制具体表现在两个方面：一方面，文件、信息商业化服务机

---

① See www. ironmountain. com，2013 - 01 - 16.

构要坚持为客户提供廉价实用的存储空间，实现客户文件经济高效安全的保管，减少客户自行管理的成本。另一方面，文件、信息商业化服务机构所投入的库房、装具、设备等固定成本较高，因此要通过扩大规模，降低产品和服务的单位成本，从而获得成本优势，发挥规模经济效应。

15.3.3 创新机制

创新是指企业在质量上的发展——企业更新，主要涉及企业的效率改进问题。其具体内容包括：企业制度创新、企业技术创新（包括企业产品创新）、企业市场创新、企业组织创新和企业管理创新。在市场经济条件下，企业是独立的商品生产者和经营者，是社会经济有机体的细胞，也是一个经济有机体，它的运行和发展，需要一定的机制来推动，这种机制就是企业经营机制。企业创新活动是企业的根本活动，是一个有机过程，这个过程的有效运行同样需要依靠一定的机制来支持和推动，这种机制就是企业创新机制。在市场经济中，企业最重要的机制就是企业创新机制。所谓企业创新机制，就是企业不断追求创新的内在机能和运转方式。企业创新活动是一个螺旋式上升的循环过程，它从创新设想的产生与形成到研究与开发、从创新内容的形成到创新结果的扩散，再到市场效益的形成，然后又由于市场需求发展再进入新一轮创新。在这个过程中，既有先后顺序，也有交叉和交互作用。只有在正确有效的企业创新机制的支持和推动下，企业创新活动才能真正得以不断循环，持续发展。文件、信息商业化服务机构作为一个独立经营、自负盈亏的企业，也必须引入创新机制，确保机构获得长足发展。首先，制度层面的创新，从机构的管理制度、经营制度等都要更新，以科学合理的制度指导机构的发展；

其次，技术和市场的创新，对文件、信息商业化服务机构而言，更要注重所提供的产品或者服务的创新，一成不变的产品和服务是不能满足不断变化的市场需求的，也不利于机构的生存和发展；最后，要注重组织创新和管理创新。文件、信息商业化服务机构需要摆脱单一、刻板的传统管理方法，引入现代企业的创新管理模式，为机构注入新的活力，增强机构的市场适应能力。笔者用两个案例说明文件、信息商业化服务机构的创新表现。

案例 1：量子伟业的研究创新。①

量子伟业参与并承担完成的国家档案局优秀科技成果奖项的课题已有十余项，是目前国内同行业参与和承担国家档案局优秀科技成果奖项课题最多的企业，充分体现了量子伟业在中国档案信息化科研和技术创新领域的实力。2002 年 12 月，PDE 档案管理软件荣获“国家档案局优秀科技成果二等奖”。2003 年 10 月，与江苏吴江市档案局合作承担国家档案局关于“多媒体档案技术的应用研究”的科研课题，取得了创新性成功。2008 年 4 月，与绍兴档案馆合作承担国家档案局“数字环境下档案馆 BPR 的研究与系统开发”科技项目，该成果为国家档案馆数字环境下档案馆的工作管理做出了许多有实效意义的尝试。2011 年，其“数字档案管理模式及其企业管理战略的耦合关系研究”课题荣获国家档案局 2011 年度优秀科技成果奖。2012 年 9 月，公司又隆重发布了中国首款智慧云平台档案管理软件——PDE 数字档案管理系统 V9.0。由此可见，量子伟业十分重视与多方机构的合作，包括企业、科研院所等，而且十分注重研究创新，通过技术创新，不断推动档案信息服务的科技水平，满足国家或企业对于档案的产品

① 参见 http：//www.pde.cn/inside.php？ctid=10，2013-01-16。

和技术服务的需求。

案例 2：Iron Mountain 和 Recall 的技术创新。

Iron Mountain 和 Recall 在其发展历程中均表现出对技术的重视和依赖，二者都在不断引进先进技术运用于文件、信息管理服务。Iron Mountain 在服务中不断开发、引进新的技术，如：Stratify eDiscovery 解决方案和全面的诉讼支持服务软件用来保护客户业务免遭意外情况破坏；云存储服务 Virtual File Store 用于文件归档，可以访问 CIFS/NFS（通用互联网文件系统/网络文件系统）上的数据，支持任何类型的静态数据，使文件自动发送到数据中心，并被持续复制到第二个站点中以防备灾难等。同样，Recall 通过改进标准条形码而成为第一个使用射频识别（RFID）技术进行文件归档的领先者。RFID 资产追踪允许在极短的时间内以 99.9%的准确率进行全面审计，审计报告几天就能完成，可以节约时间成本。Recall 采用先进的光学字符识别（OCR）和智能字符识别（ICR）软件来获取具体数据，以便发挥建立索引、追踪和快速恢复功能。Recall 的数据保护中心（DPC）还能够提供最高级别的安全、消防和环境控制系统，这些系统会得到定期维护和全天候监控，能够保证客户的数据和信息绝对安全。事实上，这些技术优势成为 Iron Mountain 和 Recall 赢得众多客户的重要原因。

16 建设策略三：体现社会化优势

社会化是我国文件、信息商业化服务机构的目标，文件、信息商业化服务机构需要体现规模集约的经济效益和资源配置的社会分工优势，确保文件更好地发挥证据作用，帮助社会安全、长久地留存可信记忆。

16.1 资源配置的社会分工优势

国外商业性文件中心是社会分工细化的产物，它从文件保管公司起步，逐渐将服务范围向文件、信息服务拓展。这种变化顺应了信息时代的要求——文件、信息的大量增长导致企业、政府机构甚至个人越发重视其文件、信息管理。商业性文件中心正是敏锐捕捉到文件、信息服务领域的市场需求，才会在发达国家逐步产生直至盛行。

精细的社会分工是当今社会的发展现状及趋势，文件、信息商业化服务机构的建设符合这一趋势。社会分工是指人类从事各种劳动的社会划分及其独立化、专业化。社会分工是人类文明的标志之一，也是商品经济发展的基础。社会分工的优势就是让擅长的人做自己擅长的事情，使平均社会劳动时间大大缩短，生产效率显著提高。

在国内典型调研中，笔者发现文件、信息商业化服务机构通过提供不同的专业服务发挥专业分工优势。比如，澔尔森文档致力于提供文件管理外包服务，主要向客户提供简单文件管理服务，如文件的保管、整理、销毁、扫描等，能够满足一般企业对于文件管理的需求。又如，世纪科怡致力于信息管理软件系列产品的研发，通过研发一系列的文件管理软件，向客户推销产品，满足其文件管理的应用软件需求。再如，信安达（中国）为客户提供一整套有关文件、信息管理方面的咨询服务，提供从构建文件系统到信息安全状况的风险评估，满足客户高层次的信息管理需求。通过这些专业的服务，文件、信息商业化服务机构实现了专业分工优势：节约客户文件管理成本，确保客户文件安全，保证客户利用方便；节约文件管理软件的研发成本，提高客户文件管理效率；解决客户文件、信息管理难题，提供支持方案，帮助客户赢得竞争优势。

因此，我国文件、信息商业化服务机构为实现社会化的建设目标，必须充分体现资源配置的社会分工优势，通过专业化服务实现专业分工优势。一是通过简单文件管理服务，降低客户自行保管文件所需的成本，实现资源的优化配置和集中利用，这也是节约社会资源的要求和体现。二是提供文件管理高级服务，发挥文件、信息商业化服务机构的专业特长，通过专业的文件、信息管理知识，服务客户，服务社会，实现知识的社会价值。不同的文件、信息商业化服务机构根据市场细分的需求，提供差异化的服务，一方面有利于形成核心竞争优势，另一方面对整个社会而言，实现了资源的优势互补和合理配置，它是实现资源高效利用的最佳途径。

16.2 规模集约的经济效益和社会效益

规模效益认为：在一定的市场条件下，生产规模的扩大可以导致最低成本的下降；同时因为一个单位内部的几种有关产品的生产可以分享共同的信息、机器和库存等资源，因而在相应匹配的范围内可以产生资源节约。文件、信息商业化服务机构的专业性和方向性又是不可替代的，基于这样的效益理论和效益意识，文件、信息商业化服务机构应运而生。同样，文件、信息商业化服务机构又体现了规模效益的优势，产生了良好的经济效益和社会效益。

国外文件、信息商业化服务机构的成功案例告诉笔者，客户选择它们看重的是效率。商业性文件中心大力强调“提高效率”的理念，既不断完善自身业务，采用快捷有效的工作方式节省成本和提高管理效率；又通过评估、改进和优化业务流程帮助客户提高其工作效率。实践证明，借助中心的高效率服务，客户减轻了自己管理文件、信息的负担，降低了管理成本，还提高了工作效率。比如，Iron Mountain 通过文件管理和存储服务，既能提供价格低廉又安全的外包方案，避免客户占用昂贵的办公空间，也能对纸质文件、磁带等进行法规遵从下的异地控制，降低客户文件管理的成本。客户若将文件外包给 Iron Mountain，则可减少25%～50%的费用。客户一旦需要利用或处置文件，Iron Mountain 可借助门户网站、电话或传真提供快捷服务，在纸箱、文件夹和文件中进行检索，根据需要提供高度安全的运输和销毁服务。由此可见，国外文件、信息商业化服务机构的建立可以节约企业等单位的管理成本，让资源集中管理，从而形成可观的经济规模效益。

文件、信息商业化服务机构不仅仅在自身的专业领域显现优势，同时也呈现出较好的社会经济效益。社会经济效益主要体现在精简政府职能和降低企业管理成本上，从而提高了整体的社会服务水平。笔者通过调研发现，国外文件、信息商业化服务机构的职能是借助高科技手段为有需要的企业、机构、组织和个人提供专业性和社会化的文件、信息服务，其服务内容涵盖文件管理、医疗信息管理、数字归档、电子发现、在线备份、安全销毁、数据保护和恢复、存储服务、灾难恢复、技术托管服务、咨询服务、文件管理法规遵从、域名管理、营销产品和服务、影像和声音文件归档等诸多方面。同时，文件、信息商业化服务机构安全保管信息的能力很强，没有发生任何形式的损坏、丢失等现象。以Iron Mountain为例，自1951创立至今，尚未发生一起诉讼纠纷。这足以证明文件、信息商业化服务机构是值得信赖的，可成为应对政府文件管理挑战的一种途径。因此，政府将其文件管理业务外包给文件、信息商业化服务机构，符合当前精简政府职能的时代要求。实践表明，文件、信息商业化服务机构的客户群已经包含了政府机关。企业管理成本是指与企业生产经营过程相关的所有资金耗费。既包括财务会计计算的历史成本，也包括内部经营管理需要的现在和未来成本；既包括企业内部价值链内的资金耗费，也包括行业价值链整合所涉及的客户和供应商的资金耗费。企业作为一个营利性机构，其经营活动的宗旨是降低成本，增加盈利。如上文所述，文件、信息商业化服务机构的集约保管为各类有文件保管需求的专门机构减少了管理开支。

现在是法治社会，任何活动都必须遵从业内的法律法规。文件、信息商业化服务机构会了解各行各业文件、信息管理需要遵从的法律法规并深入研究，确保自身业务在法律法规的许可内进行，同时监督提醒各类企业、机构和组织应遵从法律法规。而且，文件、信息商业化服务机构有的是综合型大规模企业，有的是专门化小型企业，它们统一为各领域的客户提供文件、信息服务，既有利于文件、信息的规范管理，又有利于社会信息的集约化管理，还便于信息的集成利用。而这种信息畅通和法规遵从的状态正是提高社会服务水平的基础和前提。同时，随着这种文件、信息商业化服务机构的深入发展，必将大大提高社会管理水平，带来可喜的社会效益。

第七部分

文件、信息商业化服务机构的建设意义

17 国外文件、信息商业化服务机构的专业优势、形象优势和社会价值

17.1 专业优势：基于专业分工提供安全、高效和优质服务

商业性文件中心是社会分工细化的产物，它从文件保管公司起步，逐渐将服务范围向文件、信息服务拓展。这种变化顺应了信息时代的要求——文件的大量增长导致企业、政府机构甚至个人越发重视其文件管理。商业性文件中心正是敏锐捕捉到文件、信息服务领域的市场需求，才会在发达国家逐步产生直至盛行。

商业性文件中心作为一种企业，面对激烈的市场竞争，必然被利益驱动而想尽一切办法最大化地创造价值。一般而言，找准独具特色的产品或服务，进行差异化营销才能帮助企业在竞争中胜出。这就要求企业提供的产品或服务是“人无我有、人有我优”的。商业性文件中心要想做到“人无我有”，就必须选择独特的专业领域和经营范围。在这一点上，商业性文件中心采取的战略是立足专业分工，提供文件、信息服务满足社会及市场的专业需求。

商业性文件中心要想做到“人有我优”，就必须牢牢抓住服务质量。只有做到服务独特而且优质，才能吸引客户和战胜对手。

17.1.1 商业性文件中心专业优势的案例分析

商业性文件中心的专业优势在实践中充分显露，笔者以 Iron Mountain 和 Recall 的经营案例和实际成效为依据，分析论述商业性文件中心的四点优势。

17.1.1.1 实现文档的安全存储和高效利用

笔者选择 Recall 的两个服务案例进行评析。

新西兰一家知名健康服务企业委托 Recall 设计和建立文件管理系统，要求文件能在多个地点存储和检索，在常规和紧急情况下均能利用。Recall 为其提供了全方位的文档管理解决方案，功能涵盖安全传输、存储服务、每日查询、紧急服务等。Recall 还在系统中每天形成记录客户要求的日志，每周 7 天、每天 24 小时内均可保证客户随时提交常规或紧急查询请求。Recall 在文件系统构建中遵循全球安全设施标准，制定了严格的工作程序，提供及时到位的服务，令客户十分满意。①

欧洲某法律事务所希望节省文件保管空间和费用，委托 Recall 提供文档管理解决方案。Recall 为其设计了高度安全的全面文档管理解决方案，内容涵盖存储、索引、归档、检索、提交、追踪和最终销毁，还提交了符合法律规范和行业规范的审计报告。在解决方案中，Recall 配备装有全球定位系统和警报装置的运输车辆，提供具备空气过滤、灭火和安全措施的受控环境设施，设有入侵

---

① 参见《Recall 为保健客户提供重要的文档管理解决方案》，见 http：//www.recall.com/document-storage/case-studies/，2010－03－01。

保护、警报灯、生物控制入口、闭路电视和数字视频录像，还借助射频识别技术进行编目和归档，并通过 ReQuestWeb（一种库存管理工具）进行库存管理。Recall 的方案贯彻了全球安全设施标准，显著降低了文件现场存储和维护成本，受到该事务所好评。①

17.1.1.2 实现数据的安全保护和可持续利用

笔者选择 Iron Mountain 的两个外包服务案例进行评析。

一是 Iron Mountain 的 Connected 备份服务。② CenterBeam 是一个知名的互联网服务提供商，通过整合最佳的信息技术方案来提供综合基础设施服务，帮助客户降低整体风险、复杂程度和运营成本。但 CenterBeam 的客户除希望降低管理信息技术基础设施的风险、成本和复杂度之外，还希望有长期的数据保护服务以确保持续运营和法规遵从。为满足客户需求，CenterBeam 需要提供一种安全可靠的灾难恢复服务。

CenterBeam 自身没有灾难恢复业务，它定制了 Iron Mountain 的 Connected 个人电脑备份服务和 LiveVault 在线备份服务。这两项服务的灵活性和有效性符合 CenterBeam 既有的灾难防御模型，可帮助提供客户所需的数据保护服务。Connected 拥有防备数据丢失和灵活备份的自动备份系统，有了它，CenterBeam 的客户无须后台干预就能恢复受损或丢失的文件。LiveVault 则在服务器层面上提供类似的细化服务，包括完全自动备份、连续备份、防范数据丢失和数据嵌入式保护。LiveVault 能确保任何文件在发生突然

---

① 参见《案例研究：Recall 为法律团队提供尽职调查流程》，见 http：//www.recall.com/document-storage/case-studies/，2010－03－01。

② See Karen Hayward，“There's no customer or prospect to whom we don't presentboth Connected and LiveVault”，see http：//www.ironmountain.com/WorkArea/linkit.aspx? LinkIdentifier=id&ItemID=17179872851，2010－03－02.

中断或其他灾难时仍可恢复。

CenterBeam 执行副总裁及市场总监凯伦·海沃德的亲身经历证明了 Connected 备份服务的优越性。她在准备一个重要发言时，笔记本电脑出现蓝屏无法正常运行。她迅速打电话求助技术中心，可代理商说这是硬件故障，只能更换机器。正当凯伦焦急不安时，Iron Mountain 的服务代理商询问了她的行程，并承诺第二天会将一台新笔记本电脑送到她住的宾馆。令她惊喜的是，新笔记本电脑里原封不动地显示了她的所有文件、文件夹，当然也包括资料和演示文稿。这是因为凯伦的笔记本电脑采用 Connected 服务进行了备份。

二是 Iron Mountain 的数据保护外包服务。① Keating 是加拿大一家知名的计算机服务外包公司。2008 年起很多中小企业面临一个艰难选择：公司如果减少对计算机管理的投入，就可能面临计算机数据丢失的风险；如果增加对计算机管理的投入，就可能面临收益下降的风险。Keating 及时推出 NPC（No Panic Computing，无恐慌处理）服务来帮助中小企业解决上述困境。

NPC 服务专为中小企业提供专业的计算机处理外包服务。Keating 选择 Iron Mountain 数据保护技术作为 NPC 的技术支持。首先，Keating 将定制的 Iron Mountain 数据保护技术和个人电脑的备份连接技术相结合构成 NPC 的品牌联合解决方案。每个 NPC 笔记本电脑都安装和配置初始备份。NPC 用户能自动生成备份而无须使用者生成。其次，Keating 利用 Iron Mountain 数据保护技术将笔记本电脑上的所有数据加密。Keating 选择 Iron Mountain

---

① See Thomas Ward，"We chose to go with the world leader and industry standard in data protection"，see http：//www. ironmountain. com/WorkArea/linkit. aspx? LinkIdentifier=id&ItemID=17179872852，2010-03-02.

的原因正是看重其数据保护技术的先进性和优越性。

17.1.1.3 提供高度安全、合规的销毁或解决方案

笔者选择 Recall 的两个服务案例进行评析。

一家在 70 多个国家运营的全球性银行委托 Recall 为其待销毁文件提供一流的销毁方案。银行提出，文件内含大量敏感信息，销毁工作需要符合行业法规。假如销毁服务质量不高，就会面临很大风险。为此，Recall 提供了行业合规的解决方案，销毁流程是闭环系统，具有完整的监管链，并配有标准的工作程序和正确的服务模型。流程的具体内容包括专门设计钢壳控制台，将文件放入针对敏感信息的优先安全销毁袋，由专业人员在客户在场时为销毁桶加条码并密封，再通过配备警报和全球卫星定位系统的运输车辆运送到 Recall 的销毁中心，在那里解除密封并记录。在销毁中心内，工作人员按照标准程序规定的销毁措施具体实施，如两阶段交叉剪裁、定期称重、监控和报告收集量，实现高水平的安全销毁。最后在内部检查和审批后颁发销毁证书。此外，Recall 还为该银行提供加锁的桶和安全容器，以确保信息安全。Recall 为该银行提供了符合行业规定的审计记录，并与客户的信息安全政策保持一致。在完全闭环流程中，整个监管链有流程记录和安全验证，并保证遵守银行的文档销毁政策。一流的销毁解决方案和保护环境的理念让 Recall 大受银行好评。①

LeagalEurope 是在美国和欧洲设立办事处的国际法律事务所，委托 Recall 提供一个文档管理解决方案，要求做到及时检索重要文档，能在短时间内交付多个地点，确保信息传递安全，符合行

---

① 参见《Recall 为全球性银行提供一流的文档销毁解决方案》，见 http：//www.recall.com/document-storage/case-studies/，2010－04－03。

业规定。Recall为其设计了具有常规、优先和紧急检索选项的文档存储解决方案（ReFile℠），由临近法律事务所的运营点负责服务的安全性，并对需要交付的多个地点进行捆绑服务。具体内容为：由专门的客户团队规划运输路线，提供库房设施包括入侵保护、警报灯、闭路电视和数字视频录像等，确保安全。①

17.1.1.4 提供及时高效的数字解决方案

笔者分别选择Recall和Iron Mountain的典型案例进行评析。

澳大利亚的前五大金融机构高度赞扬Recall的数字化解决方案为该企业带来了丰厚回报。澳大利亚前五大金融机构为商业机构提供金融服务，在伦敦、纽约、香港和新加坡均设有分点。它委托Recall提供能缩短信用卡申请处理时间的解决方案。Recall设计了集成化的文档管理解决方案，涵盖数字化、数据捕获和处理，以及在线审查申请（ReView™）。具体内容有：通过邮件或传真将信用卡申请直接传送到Recall的运营点分类，为数字化和编制索引做准备；特殊情况下，Recall还会直接联系申请人以确认或补充信息；在对申请扫描后，Recall的工作人员将进行质量检查，将数据传输到信用卡审批系统以便即时处理，所有图像都会在收到后24小时内加载到ReView™中以便在线访问。Recall采用加密技术，仅允许授权用户访问，每周7天、每天24小时实施入侵检测、异地备份以及灾难恢复等。Recall的方案使得澳大利亚前五大金融机构的信用卡申请处理时间从7天减少到24小时，大大降低了企业的运营成本。②

---

① 参见《文档管理解决方案帮助跨国法律事务所专注于自己的核心业务》，见http：//www.recall.com/document-storage/case-studies/，2010-04-04。

② 参见《澳大利亚前五大金融机构高度赞扬Recall的应用数字化解决方案》，见http：//www.recall.com/document-storage/case-studies/，2010-04-15。

AHR Consulting/TECHLINQ 是 Iron Mountain 的合作伙伴。它成立于 1989 年，是为美国新泽西州北部地区各行业的中小企业（诸如保险业、会计行、医疗机构和金融机构等这些拥有少量或缺乏信息技术人员的企业）提供信息技术服务的咨询公司。它需要提供主动服务来保护客户最重要的数据，帮助客户用最短时间从故障中恢复、精简管理和解决信息技术问题。这些业务目标是通过 BACKUPLINQ™ 方案来完成的，而后者是基于 Iron Mountain 的 LiveVault 在线备份服务实现的。关于选择 LiveVault 的理由，AHR Consulting/TECHLINQ 运营总监奥顿·鲁格海弗这样认为，对所有竞标的在线备份产品做市场调查，LiveVault 是最有效的解决方案。它们虽不是最便宜的，却是最吸引人的。而且，LiveVault 不要求在硬件、软件和基础设施方面进行预先投资，这就使在线备份成为一个低风险的方案，让客户安心并有可能赢得良好效果。①

17.1.2 商业性文件中心专业优势的理论提炼

通过案例分析，我们认识到商业性文件中心专业优势的具体表现。如果立足"人有我优"的基点进行理论提炼，商业性文件中心的专业优势可归结为服务的安全、高效和优质。

安全服务是商业性文件中心的专业优势之一。当前随着计算机和网络技术的发展，文件越来越多地被电子化，企业、政府机构都建有自己的信息系统来传递、保存、管理和利用文件。技术发展在便捷高效的同时也会引发安全问题。如何确保企业、政府机构乃至个人的文件实体安全和信息内容安全成为全社会高度关

① See "Partner success", see http: //www. ironmountain. com/company/partner-success. html, 2010 - 04 - 15.

注的问题之一。中心将安全服务视为“生命线”，为客户提供安全的文件存储、数据保护和信息销毁不仅是其服务内容，更是其最核心、最重要的经营理念。材料显示，目前商业性文件中心尚无发生过一起因安全问题导致的纠纷。这也证明，中心的安全服务令客户放心和安心。

高效服务是商业性文件中心的专业优势之二。客户选择中心看重的是效率。中心大力强调“提高效率”的理念，既不断完善自身业务，采用快捷有效的工作方式节省成本和提高管理效率，又通过评估、改进和优化业务流程帮助客户提高其工作效率。实践证明，借助中心的高效率服务，客户减轻了自己管理文件、信息的负担，降低了管理成本，还提高了工作效率。

优质服务是商业性文件中心的专业优势之三。这里说的优质服务，包括四层含义。首先，中心具有规模效益的优势，可降低客户文件、信息管理的成本。其次，中心具有定制服务的优势，可满足客户的个性化需求。再次，中心具有先进的技术优势，可帮助客户提高工作效率。最后，中心积极采用最新的专业标准和行业法规，甚至用高于法规要求的标准来为服务质量把关，最大限度为客户提供最优质的服务。

17.2 形象优势：注重企业文化建设以形成良好的企业形象

企业文化是指企业在长期生产经营活动中确立的，被企业全体员工普遍认可和共同遵循的价值观念和行为规范的总称。企业文化集中体现了一个企业经营管理的核心主张，以及由此产生的组织行为。企业文化是企业的灵魂，是推动企业发展的不竭动力。企业文化的内容十分广泛，主要包括经营哲学、价值观念、企业精神、企业道德、团体意识、企业形象和企业制度等内容。

商业性文件中心在经营和发展过程中非常注重企业文化的建设。尽管不同中心的企业文化各具特色，但综观商业性文件中心企业文化建设的总体情况，可以看出中心的企业文化还是存在一定共性。这些共性可归结为三点。

17.2.1 注重团队合作，重视员工发展

商业性文件中心十分注重工作和学习过程中的团队合作，积极创造条件支持员工的学习和发展。一方面，中心对员工实施激励政策，通过不同程度的奖励和鼓励来激发员工的工作热情，倡导团队合作。中心除对员工提供基本的报酬和福利（包含基本薪资、年度奖励、健康保险和退休金等）之外，还对贡献突出的员工和团队进行表彰和奖励。如 Recall 专门设立 IMPACT 奖来表彰应用六西格玛管理法提高工作效率和节约成本的团队或个人。

另一方面，商业性文件中心致力于为员工成长创造优越的环境，鼓励每一位员工发挥最大能力和实现最大潜能，并为员工提供学习和发展机会。Recall 在这一点做得较为突出。它为所有员工提供两项学习和发展计划——Recall 大学培训和轮岗培训。Recall 大学培训向所有员工提供电子学习、参与讲师指导研讨会和开展外部发展实践的机会，内容涉及营销技巧、计算机培训、领导力和沟通技巧等。员工参加 Recall 大学培训可获得六西格玛认证和项目管理认证。轮岗培训为期三年，参与者可获得一系列机会，

如制订个人发展计划、开展关键业务计划的特定工作项目，以及接受高级管理培训和指导。此外，Iron Mountain 也为员工提供在全球各分支机构工作的机会。由此可见，商业性文件中心相当注重团队效能的发挥，也相当关注员工的学习和发展。

17.2.2 强调社会责任感

商业性文件中心建设企业文化的一个突出特点是它在经营发展过程中不仅仅关注企业利润，还强调自身的社会责任感，注重企业对社会各方面做出应有的贡献。其突出表现是中心积极参与全球很多公益活动和项目，为国家乃至全球慈善和公益事业做出重要贡献。表 17—1 是 Recall 主办或参与的部分公益项目或慈善活动[①]，这些行为充分体现出商业性文件中心强烈而良好的社会责任感。

表 17—1　　Recall 主办或参与的公益项目和慈善活动

参加项目	活动内容
Atlanta Community Food Bank	为美国佐治亚州低收入家庭提供食品捐助，每年两次。
Brambles Community Reach	每年提供 600 000 美元，帮助改善健康、环境和安全。
Clean Up the World	组织在 100 多个国家每年动员 3 500 万人“清洁、清理和保护环境”。
Global Corporate Challenge	提倡积极健康的生活方式，制定协助预防慢性疾病的了解和支持计划。
Hands on Atlanta	向亚特兰大聋哑学校提供捐助。
MS Sydney to Gong Bike Ride	参加由澳大利亚最大募捐组织为 MS（多发性硬化症）患者举办的社区自行车游行。

① 参见《Recall 的文化是服务于社区的》，见 http://www.recall.com/document-storage/case-studies/，2010-05-06。

续前表

参加项目	活动内容
Open Heart Rwanda 2008	员工自愿在卢旺达开展的 Operation Open Heart 计划中担任住院护士。
Oxfam	参加一次晚间 100 公里耐力行走活动，为全球 29 个国家与贫穷和不公平抗争的机构募捐。
St. George Foundation	支持乔治基金会为贫穷儿童和残障儿童提供更加安全、舒适和丰富的生活。
UNICEF	每名员工向联合国儿童基金会（UNICEF）捐献 1 美元。

17.2.3 重视环境保护

当前，环境问题已成为全球最关注的问题之一。企业作为社会成员对资源和环境的可持续发展负有不可推卸的责任，现代企业更加重视履行社会责任，通过技术革新来减少生产活动各环节对环境可能造成的污染，降低能耗，节约资源。同时注重降低生产成本，提高产品价格的竞争力，更好地适应低碳经济的需要。商业性文件中心在经营和发展过程中，比以前更加重视环境问题，提出了建设“环境友好型企业”的目标。

当前，商业性文件中心在建设库房、配备设施、选择合作伙伴、推出新产品或服务等决策时，都会遵循保护环境的指导思想，竭尽全力更高效地使用资源，最大限度地减少浪费，鼓励对产品和服务的可持续使用。例如，Iron Mountain 加入了“减低环境负荷计划”，目标是提高能源利用率，降低物质消耗。它对文件销毁设施的不断改良，相当于每年少消耗 700 万棵树木。

17.3 社会价值：推进社会秩序的良性建构

商业性文件中心的优势不仅局限在文件、信息专业领域和企业自身形象建设上，还有着更宏观、更深远的社会价值。笔者认为，商业性文件中心的社会价值表现在安全保管社会证据、精简政府职能、降低企业管理成本、提高社会服务水平四个方面，对推进社会秩序的良性建构具有重要作用。

17.3.1 安全保管社会证据

当前社会的各项管理是基于证据的管理。产生于社会活动的各个领域、与社会生活的方方面面紧密相关的这些证据需要作为行政管理、经济建设、法制构建、文化发展等活动的凭证妥善留存。商业性文件中心的职能是借助高科技手段为有需要的企业、机构、组织和个人提供专业性和社会化的文件、信息服务，其生命线是以专业分工为基点，提供安全、高效、优质的文件、信息服务。

笔者通过研究发现，目前商业性文件中心的客户类型已经涵盖社会生活中经济、政治、医疗、金融、法律、能源等各行各业，为客户提供的服务内容根据领域的不同而各具特色。同时在服务过程中，中心还特别注重与文件保管有关的基础设施、设备、人员和技术各个方面的安全性。社会活动本来就是由各行各业活动组成的，因此中心对上述行业提供文件、信息服务的实质就是安全保存社会活动的证据，确保社会记忆的留存和延续。

17.3.2 精简政府职能

政府职能是一个社会行政体系在整个社会系统中所扮演的角色和发挥的作用，其主要任务是实现纳税人利益的最大化。具体而言，政府职能主要是进行现行业务的办理。但是，在现行业务的办理过程中不可避免地会产生大量文件。当前，文件数量膨胀、内容庞杂、技术复杂等多种因素使得文件、信息的管理和保护问题成为政府部门面临的严峻挑战。

商业性文件中心的职能是借助高科技手段为有需要的企业、机构、组织和个人提供专业性和社会化的文件、信息服务，其服务内容涵盖文件管理、数字归档、在线备份、安全销毁、数据保护和恢复、存储服务、灾难恢复、技术托管服务、咨询服务、文件管理法规遵从、域名管理、影像和声音文件归档等诸多方面。同时，中心安全保管信息的能力很强，没有发生任何形式的损坏、丢失等现象。以 Iron Mountain 为例，自 1951 年创立至今，尚未发生一起诉讼纠纷。这足以证明商业性文件中心是值得信赖的，可成为解决政府文件、信息管理挑战的一种途径。因此，政府将其文件、信息管理业务外包给商业性文件中心，符合当前精简政府职能的时代要求。实践表明，中心的客户群已经包含了政府机关。

17.3.3 降低企业管理成本

企业管理成本是指与企业生产经营过程相关的所有资金耗费。既包括财务会计计算的历史成本，也包括内部经营管理需要的现在和未来成本；既包括企业内部价值链内的资金耗费，也包括行业价值链整合所涉及的客户和供应商的资金耗费。企业作为一个营利性机构，其经营活动的宗旨是降低成本，增加盈利。

笔者以一个典型案例①来说明商业性文件中心对企业管理成本的影响。

Noridian 管理服务公司是美国 Noridian 互助保险公司的子公司，在医疗保健行业有 60 多年的管理经验，为政府机构提供医疗保险和医疗补助索赔服务。作为一个主要的政府合作商，它的成功在于严格遵守美国国家档案与文件署的规定。2009 年，国家档案与文件署发布联邦法则第 36 号文件第 1234 部分，对联邦文件保管设施提出新的安全和防火要求。Noridian 管理服务公司此时发现需要 30 万立方英尺的空间来保管分散在 14 个州的文件。

面对这一难题，Noridian 管理服务公司有三条路可以选择：增加库房设施、选择与当地的保管公司合作或是选择一个值得信赖的文件、信息服务公司实现文件合规保管。在衡量前两种方式的成本后，Noridian 管理服务公司选择了第三条道路——寻找一个在全国都有运营点并能支持本公司业务的文件、信息服务公司。最终它圈定了 Iron Mountain。

Iron Mountain 设计的解决方案帮助 Noridian 管理服务公司达到了国家档案与文件署的要求，并省下了 120 万美元库房修建费、20 万美元运输费和每年 1.4 万美元的数据库维护费。

可见，商业性文件中心是降低企业管理成本的一种绝佳途径，它在为客户提供成功服务的同时也使客户的效益更加突出。

17.3.4 提高社会服务水平

现在的社会是法治社会，任何活动都需遵从法律法规。商业

---

① See "Iron Mountain opens special storage facilities to help federal records keepers", see http://www.ironmountain.com/news/2009/impr09222009.asp，2010-05-08.

性文件中心会了解各行各业文件、信息管理需要遵从的法律法规并深入研究，确保自身业务在法律法规下进行，同时监督提醒各类企业、机构和组织应遵从相关法律法规。而且，商业性文件中心有的是综合型大规模企业，有的是专门化小型企业，它们统一为各领域的客户提供文件、信息服务，既有利于文件、信息的规范管理，又有利于社会信息的集约化管理，还便于信息的集成利用。而这种信息畅通和法规遵从的状态正是提高社会服务水平的基础和前提。

18 我国文件、信息商业化服务机构的建设意义

18.1 专业意义

无论是国外的商业性文件中心还是我国的文件、信息商业化服务机构，都是社会分工日益细化的产物。20 世纪 50 年代起，由于经济的快速发展和管理活动的日益复杂，社会分工日趋细化，社会生产和服务部门越来越专业化和专门化，产品和服务类型也呈现出专门化的特征，应用某些方面的专业和专门知识，按照客户的需求和要求，为客户在某一领域内提供特定内容的专业服务应运而生。目前，专业服务已经形成巨大的产业，如法律服务，会计、审计和簿记服务，咨询服务等。

文件管理作为政府机关和企事业单位普遍开展的一项活动，在社会分工细化形势的推动下也逐渐变得更加专业化和专门化。此时就需要有一种专门机构来独立承担这种专业化和专门化的管理和服务。国外商业性文件中心与我国文件、信息商业化服务机构的产生正是当前社会分工日益细化的体现，都是在文件管理领域承担专业性、专门化服务的专业服务机构。

企业作为营利性经济组织，以利益的最大化为根本目标，为实现赢利目标，不同的企业会有不同的赢利模式，然而优质的产品与服务是所有企业实现利润目标必备的经营策略。换言之，企业以其产品和服务作为立身之本。表现在文件、信息商业化服务机构上，优质的文件、信息管理服务是其生存之本，文件、信息商业化服务机构要实现其生存和发展目标必须提供高品质的文件、信息管理服务，即实现文件、信息管理专业价值。与国外商业性文件中心的专业优势类似，我国文件、信息商业化服务机构建设的专业意义也集中体现在提供安全、高效和优质服务三个方面。

18.1.1 提供安全服务

安全是立身之本，作为专门为客户提供文件、信息管理服务的机构，客户最基本、最重要的诉求就是确保文件实体和信息内容的安全，这也是文件、信息商业化服务机构的基本行业特征之一。安全服务主要表现在以下三个方面：首先，服务内容安全。文件、信息商业化服务机构开展的各项业务，如文档管理、数据保护、文档销毁等均以安全为基本立足点。其次，服务流程安全，强调和重视服务过程的安全。最后，服务人员安全可靠。员工进入文件、信息商业化服务机构之前要经过严格的考核和培训，确保忠实可靠。笔者以三例证明我国文件、信息商业化服务机构的安全优势。

18.1.1.1 量子伟业：安全的文档闭环管理系统①

信息时代对文件、信息管理的安全性要求十分突出。基于此，

---

① 参见该公司网站 http://www.pde.cn/index.php，2013-05-01。

量子伟业十分重视保障文件管理服务的安全性，这一点可以在它为复星集团开发的文档闭环管理系统上得以充分体现。复星集团创建于1992年，是中国市场经济改革中涌现出的代表企业之一。2011年，量子伟业承接复星集团数字档案中心项目。为实现复星集团文档的安全管理，量子伟业为其提供了PDE安全防扩散系统解决方案。PDE安全防扩散系统是量子伟业的核心技术之一，它紧紧抓住信息的基本载体即电子文档本身，对其采取切实有效的加密、解密、控制管理等手段，对电子文档采取全方位的保密措施。采用PDE文档，用户一方面可在往常的工作环境中正常工作，实现信息共享，提高工作效率。另一方面，防止非法使用，避免电子文档泄露信息，从而全面确保电子文档实体和信息内容的安全。在双方的紧密配合下，复星集团档案管理信息化项目出色完成。PDE安全防扩散系统的实用性、安全性、便捷性成为真正打动用户的亮点。

18.1.1.2 信安达（中国）：特藏库电子文档保管及文件安全销毁①

信安达（中国）的特藏库电子文档保管是在先进的温湿度监控环境中保管备份磁带和其他敏感的磁性介质。其特藏库专为磁性介质，特别是网络备份磁带和其磁性介质的长期储存、保管而设计，具有更高等级的安保和消防措施，恒温、恒湿的环境由电脑监控，让客户的物品得到安全妥善的异地保管。对于计算机备份、原始软件磁碟、服务器或缩微胶片、技术资料、胶片、录像磁带等，特藏库都能提供安全的保管服务。此外，公司提供的销毁服务确保客户的秘密信息按照国际信息安全标准的规定得到安

---

① 参见该公司网站 http：//www.grmchina.com/zh/，2013－05－01。

全、专业的销毁。公司保证所有销毁文件在等待销毁以及运输过程中均会得到妥善的保管。所有物品以安全的方式销毁，而纸制品会依据相关的环保规定进行再生利用。

18.1.1.3 潽尔森：强调服务流程的安全和服务人员的可靠①

潽尔森是中国第一家立足企业文件中心运营、专业从事档案管理/文件管理外包服务的公司。公司聚集了一批经验丰富、具有强烈事业心和使命感的档案管理领域专业人士，立志于宣传和推广“文件中心”概念和相关服务，开发档案领域资源，为客户提供安全、低成本、专业化、集约化的档案文件管理服务外包，降低用户档案文件管理风险和费用，为整个社会节约文档管理的投入和成本。公司不断整合推广最佳实践，以保证快捷、高效的日常运营，确保客户档案文件的安全性和可访问。一方面，在实践层面上所有员工都要让客户保持对公司的信赖，签署保密协议。另一方面，在理念层面上保证最高安全是公司销售流程的原则。

18.1.2 提供高效服务

文件、信息商业化服务机构作为一种营利性机构，其营利性决定了它不可能在追求效率的竞争中置身事外。客户选择文件、信息商业化服务机构的根本动因是节约文件管理成本，提升管理效率。因此致力于高效的文件管理服务也是文件、信息商业化服务机构的重要生存法则之一。

---

① 参见该公司网站 http：//www.poolsun.com.cn/pool/，2013-05-01。

18.1.2.1 量子伟业：高效的档案信息化解决方案①

信息化是继工业化之后生产力发展的一个全新阶段，它对经济社会的发展乃至整个人类文明产生着巨大影响。在档案工作中，“信息化”的作用也越来越凸显，特别是在信息化最活跃的企业，“档案信息化”更成为摆在企业档案部门面前的一个重要课题。量子伟业正是抓住这一发展契机，致力于档案信息化研究与解决方案提供，力图打造中国档案信息化建设领导品牌。由它承办的厦门航空公司档案信息化建设项目取得了骄人的成果，展现出其在档案信息化领域精深的专业功底。

厦航是中国唯一使用全波音系列飞机的航空公司，在中国民航业处于领先水平。为了进一步规范文档管理与高效协同应用，厦航启动了档案信息化建设项目。经过多方考量，公司最终选择了量子伟业作为唯一合作伙伴推进厦航档案信息化项目工程。此前，量子伟业曾为中国三大民用航空运输骨干企业之一的东方航空搭建与其个性需求相匹配的档案信息化管理平台，在前端控制、全程管理、元数据处理等方面积累了成功的探索经验。针对厦航档案管理的现状，量子伟业依据“总体部署、分步实施”的策略，为厦航打造专属的档案管理系统。该系统通过领先的技术支撑实现档案收集、档案保管、档案利用、数据安全控制、接口平台、全文检索等主体功能，其主要信息系统也由此达到高效融通。此举为厦航打造新一代的知识管理平台提供了框架和基础，提升了其企业知识资产的质量和利用率。

① 参见该公司网站 http：//www.pde.cn/index.php，2013-05-01。

18.1.2.2 世纪科怡：高效的企业级办公和文档管理系统①

文档管理系统是现代企业文件、信息交流的重要途径。深圳世纪科怡致力于为客户提供高效、优质的文档管理系统。目前，其成功的典型案例已多达 30 余个。现以其为例，说明我国文件、信息商业化服务机构所提供的高效服务。

世纪科怡为中国南方航空股份有限公司（简称南航）提供的企业文档管理系统按网络化、信息化办公的要求，使业务部门通过此系统组织整理业务处理过程中产生的各种文件、表格、单据、图纸、照片、录音、录像等多媒体资料自动生成档案数据，并通过网络传输到南航档案信息中心的数据库中，实现整个公司相应机构部门需归档文件的自动归档，高效统一管理，并且南航所有机构部门都可以通过网络查询利用。目前，南航的网络已基本比较健全，总公司与分公司之间租用 DDN 相连，目前基本在 128K 以上，能够保证档案系统目录和原文的传输。系统有着优良的性能：一是快捷性，信息查询实现十秒级甚至秒级响应。二是灵活性，用户可增加或删除业务表，也可对业务表进行增加或删除著录项，修改著录项的属性。三是安全性，提供专门的数据备份。四是可靠性，系统有良好的错误接管机制。五是保密性，系统实施身份验证，未通过身份验证的客户端不能访问档案管理系统。

18.1.3 提供优质服务

文件、信息商业化服务机构的优势主要体现在优质服务上，在符合行业标准或部门规章等通例的前提下，所提供的服务能够

---

① 参见该公司网站 http：//www.infosoft.com.cn/，2013－05－01。

满足服务对象的合理需求，保证一定的满意度。优质服务是从客户的利益诉求出发的，完善服务理念、提高服务质量、规范服务操作、科学简化服务流程，力求实现合规、高效、人性化。表现在文件、信息商业化服务机构上，就是不断提升客户对文件、信息管理的满意度。

18.1.3.1 潽尔森：突出产品和服务的质量①

潽尔森很重视产品和服务的质量。一方面，坚定不移地承诺“不仅仅让客户满意，更要让客户开心”是潽尔森最根本的基石。“不仅仅让客户满意，更要让客户开心”的承诺是潽尔森成为档案文件管理服务顶级公司的保证，潽尔森承诺为客户提供超越其期望的服务品质。另一方面，质量控制是潽尔森“不仅仅让客户满意，更要让客户开心”原则不可分割的一部分。公司承诺积极地通过质量控制来管理好自身的服务流程。其最终目标就是不发生任何错误地完成每一个服务细节。独创的关键核心业务流程是走向成功的基石，公司吸取营运中最好的想法并开发涵盖文件中心每一个细节的系统化业务流程，总结所有分支机构的最佳实践并在核心业务流程中实现，尽可能为客户提供完美品质的服务。

18.1.3.2 紫光慧图：做好服务承诺，体现专业水平②

紫光慧图公开做出了自身的服务承诺，以一种诚信的良好企业形象展现在社会和公众面前。便捷、到位的各种服务方式便于满足各类客户的不同需求。公司的服务承诺包括服务体系的标准、服务内容和服务方式。首先，服务体系的标准上，公司承诺实行

① 参见该公司网站 http：//www.poolsun.com.cn/pool/，2013－05－01。

② 参见该公司网站 http：//www.unis-vitova.com/，2013－05－01。

项目管理制，目前紫光档案管理系统项目已经在项目管理部立项。项目管理部将根据 ISO 9001 质量体系对该项目进行监督和管理。为保证项目的实施和技术服务的质量，公司将从各相关部门抽调技术骨干，组成质量控制部，并确定项目负责人。项目负责人和质量控制部将从头至尾全面负责该项目的计划、实施和售后服务工作，直至项目圆满结束。其次，服务内容上，公司明确指出八大项服务，具体包括：作为乙方对其提供的设备（包括所有零部件）应提供不少于 1 年的免费保修服务；在保修期内对软件产品进行升级和二次开发；无偿提供 7×24 小时各种热线技术指导；对用户的技术咨询做出快速响应及服务；如电话咨询无法解决，经用户授权可通过电话或 Internet 远程登录到用户网络系统进行免费的故障诊断和排除；提供用户现场服务，提供技术咨询服务；以及就用户今后应用软件的开发和运行提供咨询和配合。最后，在服务方式上，公司也明确承诺提供包括上门服务、电话服务、网上服务、远程维护、升级服务和培训等在内的服务方式。

18.2 社会意义

18.2.1 安全保管可靠的社会记忆

人类社会的任何认识活动都离不开记忆能力和记忆活动，记忆是积累人类文明进步所必需的信息资源。档案（文件的最终归宿，包括文件）是人类社会发展的产物。档案的产生和形成，克服了人的大脑记忆的种种缺陷和制约，使人类记忆由个体记忆转换为社会记忆，使人类的认识过程变成一种社会行为，同时，也构成了社会信息统一的、现实的存在形式。档案的产生和形成，并不是简单地表现为个体记忆的积累，而是成功地实现了人类记忆的社会化。作为一种记忆载体，档案是一种具有社会整体意义的群体概念，应是一个国家、一个民族、一个区域、一个家族、一个单位的共同记忆。档案具有“记”和“忆”的统一性，既要真实地“记”，又要能逼真地“忆”，从而能最大限度地还原历史的真实面貌。

原始记录性是档案的本质属性，档案具有凭证价值。它作为社会活动的原始记录，是人们了解各项社会活动和现象的第一手资料，相对于图书、资料等更具有真实凭证性。正是因为档案的这种区别于其他信息材料的根本特征和属性，才让社会记忆得以安全记录并保存。从档案的社会记忆功能来看，档案是人类自觉创建的信息控制系统。社会中的人们在不断的社会实践活动中，需要不断地积累认识自然和社会的知识成果，并以此为前提，不断构建，又不断丰富和更新人类控制自然、控制社会的信息系统。人类在与自然抗争中形成的认识和经验，通过档案这种载荷形式，经过进一步加工而形成科学知识，从而凝聚为人类控制自然物质世界的信息控制机制——技术信息系统。人类在社会生活中，为防止社会成员破坏现实的权利意志结构，以保障物质社会关系的正常运转，需要对档案所记载的信息进行筛选和控制，并确立社会的行为规范，逐步建立起代替生物学结构的社会学结构，从而构成人类控制社会的信息控制系统。前者控制着生产力的发展，维护自然人的生命力，后者保障着社会运动本身的稳态运转和不断进步。档案的不断积累，是维持人类社会信息控制系统运转的基本条件。为社会提供安全、高效、优质的文件管理服务是各种文件、信息商业化服务机构的立身之本，从文件的社会记忆功能角度来看，这种专业性文档服务机构承担起了为社会安全保管社会记忆的社会责任，是维持人类社会信息控制系统运转的重要组织载体之一。①

目前，我国文件、信息商业化服务机构普遍强调档案文件的安全保管，比如提供特藏库文件保管服务、文件安全销毁服务、文件异地备份服务等。一系列的安全服务措施，可确保所接管的文件的安全性。由此可见，文件、信息商业化服务机构可以安全保管社会记忆，让人类记忆永续，而且保证了记忆的可靠性。

18.2.2 降低社会管理成本

文件、信息商业化服务机构的职能是借助高科技手段为有需要的企业、机构、组织和个人提供专业、高效、优质的文件管理服务，以降低客户的管理成本、提高客户的管理效率为工作目标。从这一角度来看，我国文件、信息商业化服务机构具有降低社会管理成本的品质。具体表现如下：

一是精简政府职能。如前文所述，我国文件、信息商业化机构的服务对象遍及社会全体成员，包括政府机构。当前实践部门的发展也表明，许多政府部门为应对政府文件管理挑战，将其文件管理业务外包给文件、信息商业化服务机构。事实也证明，我国文件、信息商业化服务机构在为政府机构提供文件管理服务方面取得了一定的成就。比如，广州市委办公厅、苏州市地方税务局、浙江省公路管理局等与北京量子伟业合作，借助量子伟业提供的各种文件、信息管理服务精简职能，成为其典型的行业用户。② 再如，深圳世纪科怡为公安部开发综合档案管理系统，为广

① 参见《社会记忆：档案学研究的新视野》，见 http：//rhzds. blog. hexun. com/4188810 _ d. html，2014 - 05 - 09。

② 参见“量子伟业·解决方案”，见 http：//www. pde. cn/inside. php? page=1&ctid=19，2013 - 05 - 01。

州市公安局开发档案管理系统，为深圳市坂田村开发政府公共关系服务系统，承接广东开平市政府政务信息化工程等。[①] 通过为政府部门提供便捷的文件管理系统，精简政府职能，提高政府办公效率。

二是降低企业管理成本。企业档案是企业知识资产和信息资源的重要组成部分。其形成者企业在现代经济生活中扮演的特定角色及其所具有的特定活动的性质决定了企业档案对企业和社会的发展进步有独特的功能和作用。企业档案工作是企业研发、生产、经营和管理活动的基础性管理工作，是企业正常运营不可或缺的环节。在当今市场竞争愈演愈烈的形势下，企业为了提高核心竞争力，一方面要降低企业管理成本提高经营效率，另一方面需要加强文件管理工作，为其提供智力支持与管理保障。于是文件、信息商业化服务机构就成为现代企业降低企业文件管理成本、提企业运营效率及文件工作管理水平的衔接口。实践证明，我国的文件、信息商业化服务机构在降低企业管理成本上也是很有作为的。例如，“东方航空电子档案管理系统项目”由量子伟业承担建设，承建前公司文档工作的现状是，东方航空自成立至今积累了大量档案数据，传统的档案管理模式已经不能满足企业快速发展的需求。伴随着业务的不断开展，尤其是在业务档案规范、高效管理和利用方面，各种问题逐渐凸显出来：档案门类多、数量大，日常档案管理工作强度日益加大；各类档案无法及时、规范地收集、管理和利用；无法实现东方航空档案数据共享；无法对相关单位提供准确、安全、快捷的信息；无法对各分公司各类档案的收集、管理情况实时监控。基于上述问题，量子伟业为其开

---

① 参见“世纪科怡·典型案例”，见 http：//www.infosoft.com.cn/newpages/66dxal.asp，2013-05-01。

发了东方航空电子档案管理系统，实现总部与分公司档案资源共享，公司文件得以规范、高效的管理和利用。① 由此可见，文件、信息商业化服务机构在政府、企业文件、信息管理工作上发挥着重要的作用，有效降低了政府、企业文件、信息管理的成本，并提高了它们的工作效率，从整体上降低了社会管理成本。

18.2.3 完善信息法制建设

法治社会里任何活动都需要遵从一定的法律法规。文件、信息商业化服务机构也不例外。它遵从一套法律法规体系，从国家法律法规到地方法规，再到行业标准都有涉及。国家法律法规方面主要有《中华人民共和国档案法》、《企业档案管理办法》、《电子公文归档管理暂行办法》、《中华人民共和国保守国家秘密法》、《档案管理软件功能要求暂行规定》等；地方法规如《广东省档案条例》、《江西省档案管理条例》、《浙江省国家档案馆管理办法》、《北京市实施〈中华人民共和国档案法〉办法》、《青岛市专门档案管理规范》等；以及自身行业标准如《档案著录规则》、《会计档案管理办法》、《电子文件归档与电子档案管理办法》、《国营企业档案管理暂行规定》、《工业企业档案分类试行规则》、《档案工作行业标准目录》等。这一系列的标准和规范是我国信息法制建设的重要组成部分。文件、信息商业化服务机构在开展业务活动、提供对外服务的过程中都会遵从这些法律法规和标准，使文件、信息管理工作有章可循，有效地避免了管理过程中的混乱。

除以上明文规定的法律法规外，量子伟业也特别注重对理论研究文献的学习和参考，在其网站“资源中心”一栏的“理论研

---

① 参见《东方航空建设档案信息化新航道》，见 http：//www.pde.cn/inside_article.php?ctid=19%20&%20id=899，2013-03-20。

究”项中，量子伟业发布一些对文件、信息管理活动有直接借鉴意义的理论文章，比如《对电子图纸档案管理流程的规范》、《从信息立法原则看〈档案法〉修订》、《档案特藏室环境探究》、《浅谈企业文书档案的整理》等供员工下载学习。① 这些理论研究文章分别对管理流程、法律修订、特殊环境和档案整理进行了探讨。文件、信息商业化服务机构通过学习这些理论研究成果，在一定程度上对促进文件、信息管理领域相关标准规范的建立，完善信息法制建设具有重要的推进作用。

18.2.4 推动社会和谐规范的发展

如上所述，我国文件、信息商业化服务机构在推动安全保管社会记忆、降低社会管理成本、完善信息法制建设方面具有重要的意义，同时有利于推动社会和谐规范的发展。这主要是通过文件、信息商业化服务机构积极主动承担社会责任来实现的。

一个企业的存在，绝对不能仅仅以盈利为唯一目标。除了盈利之外，企业还应该服务社会、创造文化、提供就业机会，把高质量的产品和服务以最低的价格提供给消费者。这些都是企业应该具有的目标，也可以说是企业不可回避的社会责任。20 世纪 90 年代末至今，随着欧美各国社会责任运动的兴起，当代企业在追求经济效益的同时也逐渐承担起对社会应尽的责任，不断强调自身的社会责任感，注重企业对社会各方面做出的应有贡献。其突出表现是积极参与社会公益活动和项目，为国家乃至全球慈善和公益事业做出重要贡献。我国的文件、信息商业化服务机构亦是如此，在致力于其文件管理事业的同时，也在默默地为社会公益

---

① 参见“量子伟业·资源中心·理论研究”，见 http://www.pde.cn/inside.php?ctid=22，2013-05-01。

事业奉献自己的力量。

现以量子伟业为例说明文件、信息商业化服务机构在承担社会责任、促进社会和谐发展方面所做的努力。2008 年 9 月 24 日，量子伟业向中国青少年发展基金会捐赠 PDE 数字档案管理系统，以实际行动支持中国希望工程。事后，量子伟业的总经理刘鹏表示将持续关注和支持中国希望工程，希望能做出更大的贡献。2012 年 10 月 17 日，在海淀区文明办、中关村软件协会及新闻媒体见证下，量子伟业公司副总裁李勇代表量子伟业与联想、用友、新浪、爱国者、小米等中关村百家企业负责人在《可信中关村公约》卷轴上庄严地签下了企业名称，成为中关村首批盟约单位。《可信中关村公约》卷轴会后将被送到海淀档案馆永久保存。① 我国文件、信息商业化服务机构在社会责任上承担其应尽的义务，并力所能及地积极参与社会公益活动，努力塑造负责任企业公司的良好形象，有力地推动了社会的和谐发展。

① 参见《量子伟业与中关村百家企业共同缔结“可信公约”》，见 http://www.pde.cn/inside_article.php?ctid=10&id=996，2013-03-04。

参考文献

著作

翟鸿祥．行业协会发展理论与实践［M］．北京：经济科学出版社，2003.

上海市档案局．档案中介机构研究（内部资料）［M］．上海，1999.

黄霄羽．外国档案事业史（第二版）［M］．北京：中国人民大学出版社，2011.

叶建木．跨国并购：驱动、风险与规制［M］．北京：经济管理出版社，2008.

张云德．社会中介组织的理论与运作［M］．上海：上海人民出版社，2003.

何盛明．财经大辞典（上卷）．北京：中国财政经济出版社，1990.

李国庆．档案中介机构理论与实践研究［M］．北京：中国档案出版社，2006.

瓦拉瑞尔·A·泽丝曼尔，玛丽·乔·比特纳，德韦恩·D·格兰姆勒．服务营销．北京：机械工业出版社，2011.

论文

学位论文

朱敬敬．我国文件档案商业化服务机构发展定位研究［D］．北京：中国人民大学，2012.

白璐．我国文件档案商业化服务机构建设策略研究 [D]. 北京：中国人民大学，2012.

韩静．国外商业性文件中心的行业管理机制研究 [D]. 北京：中国人民大学，2011.

刘守芬．商业性文件中心跨国建设研究 [D]. 北京：中国人民大学，2011.

陈香．商业性文件中心本土化发展模式和建设目标研究 [D]. 北京：中国人民大学，2009.

苗华清．档案中介机构研究 [D]. 上海：上海大学，2007.

张葆霞．商业性档案中介机构发展趋势研究 [D]. 天津：天津师范大学，2012.

刘艺．我国档案中介组织社会发展环境研究 [D]. 南宁：广西民族大学，2009.

报刊论文

汪洵．国外商业性文件中心的产生和发展 [J]. 档案管理，2005 (6)：85.

陆阳．欧美国家商业性文件管理机构研究初探 [J]. 档案学通讯，2005 (1)：74-77.

王晓琳．浅析档案业务外包的历史渊源——以商业性文件中心为视角 [J]. 湖北档案，2012 (2)：15-18.

吴品才．谈商业性文件中心建立的必要与可能 [J]. 上海档案，1997 (6)：41-42.

陶学麟，等．档案中介机构理论与实践大家谈 [J]. 上海档案，1998 (3)：6-11.

陈智为，张晓丽．论新时期的档案中介机构 [J]. 兰台世界，

2000 (12): 5-6.

贺吉元. 关于档案中介机构的几点思考 [J]. 湖南档案, 2000 (3): 18-19.

韩玲玲, 沈丽, 谢静. 我国档案中介服务业及其组织优化模式 [J]. 商业经济, 2005 (9): 127-128.

欧其健. 档案中介服务机构的规范和监督 [J]. 档案时空, 2007 (4): 8-9.

张燕. 档案中介机构在私人档案管理中的应用 [J]. 山西档案, 2003 (2): 14-16.

赵莉. 发展时代档案咨询服务的可行性分析 [J]. 北京档案, 2007 (5): 26-27.

黄霄羽, 朱敬敬. 档案中介机构应当正名 [J]. 档案学通讯, 2012 (5): 93-97.

宗培岭. 档案中介机构的社会定位 [J]. 浙江档案, 2005 (7): 10-12.

吴加琪. 档案中介组织: 理论、实践及发展前景 [J]. 兰台世界, 2006 (3): 29-30.

吴加琪. 档案中介机构的现状及其发展方向 [J]. 兰台世界, 2008 (1): 34-35.

吴加琪, 李广都. 档案事务所的现状分析及业务展望 [J]. 山西档案, 2003 (4): 24-25.

吴玲, 郑金月. 档案中介机构的定位和发展问题 [J]. 中国档案, 2004 (10): 21-22.

戴文波. 论我国档案中介机构的发展现状及发展方向 [J]. 黑龙江档案, 2011 (2): 18.

郑金月. 档案中介服务机构存在的问题及其对策研究 [J]. 中

国档案，2000 (3)：8－9.

王郁萍，刘晓春．档案中介组织规范发展刍议［J］．中国档案，2003 (10)：20－21.

宗培岭．档案中介服务业的现状分析［J］．浙江档案，2005 (9)：11－13.

左宏媛．我国档案中介机构的生存状况及发展对策［J］．兰台世界，2010 (8)：8－9.

贾玲．档案中介机构的经营策略分析［J］．兰台世界，2011 (6)：11－12.

杨雅婷．档案中介机构品牌创建的SWOT分析及策略应对［J］．晋图学刊，2012 (3)：73－75.

陆阳．欧美国家商业性文件管理机构研究初探［J］．档案学通讯，2005 (1)：74－77.

金传伟，陈赛翡．商业化运作模式：现代邮政企业的新选择［J］．通信企业管理，2003 (12)：44－46.

黄霄羽．国外商业性文件中心的现状特点评析［J］．北京档案，2009 (6)：40－42.

宋毅．综述：我国如何应对全球企业兼并潮［N］．中国经济时报，1999－05－26.

韩军．九十年代后半期世界经济发展展望［J］．国际观察，1997 (3)：39.

樊磊．企业业务外包的内涵及其理论解释［J］．生产力研究，2006 (2)：93.

曾云．美国信息产业的发展状况及其对经济增长的贡献［J］．通信世界，2000 (9)：20－21.

黄霄羽，刘守芬．商业性文件中心国际化发展的表现与影响

因素分析 [J]. 档案学研究，2012 (1)：26-29.

邓小军．市场需要文档管理业务——访上海信安达档案文件管理有限公司 [J]. 中国档案，2004 (10)：27.

赵英军．市场发育对转变企业经营机制的影响 [J]. 商业经济与管理，1993 (4)：36-40.

黄霄羽．商业性文件中心的业务内容与服务优势——以 Iron Mountain 和 Recall 为例 [J]. 中国档案，2010 (10)：64-67.

黄霄羽．商业性文件中心的运营模式 [J]. 档案学通讯，2011 (6)：89-92.

黄霄羽，刘守芬．商业性文件中心国际化发展的特点分析 [J]. 中国档案，2012 (4)：54-56.

Using underground vaults & commercial records centers [J]. Information and Records Management，1974，8 (2)：12.

Evans，Donald F. Costs & questions about commercial records centers [J]. Information and Records Management，1977，11 (3)：28.

The commercial records center [J]. Information and Records Management，1978，12 (3)：11.

Sokel，David. Commercial file centers provide viable records maintenance alternative [J]. Information and Records Management，1982，16 (9)：39.

Faber，Michael J. Selecting an offsite commercial records center [J]. ARM Records Management Quarterly，1997，31 (1)：28-31.

Dykeman，John. It's time for another look at commercial records center [J]. Managing Office Technology，1997，42 (9)：

44－46.

Faber，Michael J. The evolving commercial records center industry [J]. Information Management Journal，2001，35（3）：4－8.

Andrew A. K. & Michael J. L. Industry self-regulation without sanctions：The chemical industry's responsible care program [J]. Academy of Management Journal，2000，43（4）：698－716.

电子文献

百度百科·行业协会. [2011－04－22]. http：//baike. baidu. com/view/ 670853. htm＃sub670853.

百度百科·兼并. [2012－02－06]. http：//baike. baidu. com/view/309718. htm.

百度百科·收购. [2012－02－06]. http：//baike. baidu. com/view/309714. htm.

百度百科·跨国并购. [2012－02－06]. http：//baike. baidu. com/view/972013. htm.

百度百科·沟通. [2013－03－16]. http：//baike. baidu. com/view/54445. htm.

百度百科·纽带. [2013－03－16]. http：//baike. baidu. com/view/621961. htm.

百度百科·桥梁. [2013－03－16]. http：//baike. baidu. com/view/113819. htm.

百度百科·企业. [2012－03－18]. http：//baike. baidu. com/view/38340. htm.

智库百科·企业特征. [2012－03－18]. http：//wiki. mbalib.

com/wiki /%E4%BC%81%E4%B8%9A%E7%9A%84%E5%9F%BA%E6%9C%AC%E7%89%B9%E5%BE%81.

百度百科·效率.［2013－01－11］. http：//baike. baidu. com/view/47610. htm.

百度百科·运营模式.［2013－04－20］. http：//baike. baidu. com/view/283828. htm.

智库百科·效益机制.［2013－04－20］. http：//wiki. mbalib. com/wiki /%E6%95%88%E7%9B%8A%E6%9C%BA%E5%88%B6.

智库百科·创新机制.［2013－04－20］. http：//wiki. mbalib. com/wiki /%E5%88%9B%E6%96%B0%E6%9C%BA%E5%88%B6.

百度文库·广东省档案中介机构登记管理办法.［2012－12－16］. http：//wenku. baidu. com/view/a273bc49f7ec4afe04a1dfb9. html.

量子伟业.［2013－03－22］. http：//www. pde. cn/.

世纪科怡.［2013－03－22］. http：//www. infosoft. com. cn/.

信安达（中国）.［2013－03－22］. http：//www. grmchina. com/zh/.

潽尔森文档.［2013－03－22］. http：//www. poolsun. com. cn/pool/.

紫光慧图.［2013－03－22］. http：//www. thams. com. cn/about. php.

紫光图文.［2013－03－22］. http：//www. arc-uds. com/about. aspx.

北京一正启源科技发展股份有限公司.［2013－04－08］.

http：//i. soft6. com/wangshuo _ love/introduce/.

上海国盈金融信息技术服务有限公司. [2013 - 04 - 08]. http：//www. gyjr. com. cn/.

上海仁通档案管理咨询服务有限公司. [2013 - 04 - 08]. http：//www. renton. net. cn/.

华为赛门铁克公司. [2013 - 04 - 08]. http：//support. huaweisymantec. com/support.

杭州市政府网站. [2012 - 12 - 16]. http：//www. hangzhou. gov. cn/main/fggz/bmgf/T310111. shtml.

湖南省档案局网站. [2012 - 12 - 16]. http：//ju. hn-archives. gov. cn/ serShowNews. asp? id=986.

宜昌市政府网站. [2012 - 12 - 16]. http：//www. yichang. gov. cn/art /2012/11/14/art _ 184 _ 386618. html.

深圳深港档案文件寄存中心网站. [2012 - 03 - 18]. http：//www. shengangda. com/.

围绕企业核心竞争力的多元化. [2013 - 04 - 07]. http：//www. gdpx. com. cn/news/2008 56152. shtm.

什么是法规遵从. [2011 - 08 - 03]. http：//blog. sina. com. cn/s/blog _ 5946bd590100 pdjf. html.

深圳人事档案丢失案. [2013 - 04 - 08]. http：//www. archivesnj. gov. cn/default. php? mod = article&do = detail&tid = 90789.

丢失职工人事档案　原单位赔偿 6 万. [2013 -04 -08]. http：//www. 110. com/falv/laodongjiufen/laodonganli/jiechuhetong/2010/0705/24584. html.

2011 年国内生产总值 47. 2 万亿元　比上年增长 9. 2%. [2013 -

04－08]. http://news.sohu.com/20120305/n336688700.shtml.

2012年国内生产总值519 322亿元　同比增长7.8%.[2013－04－08]. http://finance.people.com.cn/n/2013/0118/c1004－20247617.html.

国内金融服务外包浪潮兴起　档案管理成本居高不下.[2013－04－08]. http://news.hexun.com/2010－08－25/124694618_1.html.

事业单位改革改什么.[2012－03－16]. http://view.news.qq.com/zt2011/sydw/index.htm.

关于政事关系若干理论与实践问题的思考.[2012－03－18]. http://theory.people.com.cn/GB/10888939.html.

与微软同行缔造文档一体化新高度.[2013－04－20]. http://www.thams.com.cn/ news_template.php? id=56.

北京紫光慧图与Oracle战略合作的最新展望.[2013－04－20]. http://www.thams.com.cn/news_template.php? id=48.

Recall为保健客户提供重要的文档管理解决方案.[2010－03－01]. http://www.recall.com/document-storage/case-studies/.

Recall为法律团队提供尽职调查流程.[2010－03－01]. http://www.recall.com/document-storage/case-studies/.

Recall为全球性银行提供一流的文档销毁解决方案.[2010－04－03]. http://www.recall.com/document-storage/case-studies/.

文档管理解决方案帮助跨国法律事务所专注于自己的核心业务.[2010－04－04]. http://www.recall.com/document-storage/case-studies/.

澳大利亚前五大金融机构高度赞扬Recall的应用数字化解决方案.[2010－04－15]. http://www.recall.com/document-stor

age/case-studies/.

Recall的文化是服务于社区的. [2010－05－06]. http://www.recall.com/document-storage/case-studies/.

社会记忆：档案学研究的新视野. [2012－03－20]. http://rhzds.blog.hexun/.

量子伟业·解决方案. [2013－05－01]. http://www.pde.cn/inside.php? page=1&ctid=19.

世纪科怡·典型案例. [2013－05－01]. http://www.infosoft.com.cn/newpages /66dxal.asp.

东方航空建设档案信息化新航道. [2013－03－20]. http://www.pde.cn/inside_ article.php? ctid=19%20&%20id=899.

量子伟业·资源中心. [2013－05－01]. http://www.pde.cn/inside.php? ctid=22.

量子伟业与中关村百家企业共同缔结“可信公约”. [2013－03－04]. http://www.pde.cn/inside_article.php? ctid=10 & id=996.

Iron Mountain. [2013－04－20]. http://www.ironmountain.com.

About us. [2012－11－07]. http://www.ironmountain.com/company/about-us.html.

Awards and honors. [2012－11－07]. http://www.ironmountain.com/company/awards-and-honors.html.

Partner success. [2010－04－15]. http://www.ironmountain.com/Results.aspx? query = AHR% 20Consulting/TECHLINQ.

Case study. [2011－03－06]. http://www.ironmountain.com/results.aspx? query=Xantrion &x=0&y=0.

Historical milestones . [2011 - 09 - 08]. http：//www. iron mountain. com/Company/ About-Us/Historical-Milestones. aspx.

Business benefits. [2012 - 11 - 25]. http：//www. grmchina. com/en/business _ benefits.

Service. [2012 - 02 - 07]. http：//www. grmdocumentmanage ment. com/services/services-a-z.

Recall. [2012 - 12 - 19]. http：//www. recall. com/.

RFID-enabled inventory management systems for your critical information assets. [2013 - 04 - 7]. http：//www. recall. com. cn/ solutions/rfid-dps.

Leading document Management under the name Recall since 1999. [2011 - 09 - 09]. http：//www. recall. com/about-us/recall-history.

PRISM International Resource Guide 2011—2012. [2012 - 11 - 07] . http：//prismintl. org/sites/ default/files/2011% 20Resource% 20Guide. pdf.

How big is the commercial information management industry. [2012 - 03 - 05]. http：//www. prismintl. org/faqs.

About PRISM. [2011 - 04 - 22]. http：//www. prismintl. org.

Mission & vision . [2011 - 04 - 28]. http：//www. prismintl. org/mission-vision.

Values statement & code of ethics . [2011 - 04 - 29]. http：//www. prismintl. org/ values-statement-code-of-ethics.

10 Reasons to join PRISM International. [2011 - 07 - 21]. http：//www. prismintl. org/ benefits-of-membership-in-prism.

Free resources for information and purchasing managers. [2011－07－22]. http：//www. prismintl. org/free-resources-for-information-and-purchasing-managers.

Why use a PRISM member. [2011－07－22] http：//www. prismintl. org/why-use-a-prism-member.

Karen Hayward. There's no customer or prospect to whom we don't presentboth Connected and LiveVault. [2010－03－02]. http：//www. ironmountain. com/WorkArea/linkit. aspx? LinkIdentifier＝id&ItemID＝17179872851.

Thomas，Ward. We chose to go with the world leader and industry standard in data protection. [2010－03－02]. http：//www. ironmountain. com/WorkArea/linkit. aspx? LinkIdentifier＝id&ItemID＝17179872852.

Iron Mountain opens special storage facilities to help federal records keepers. [2010－05－08]. http：//www. ironmountain. com/news/2009/impr09222009. asp.

Partner success. [2010－04－15]. http：//www. ironmountain. com/company/partner-success. html.

Data storage：From digits to dust. Business Week，1998－04－28.

其他文献

中共中央、国务院关于分类推进事业单位改革的指导意见．中发〔2011〕5号，第3条第8款．

图书在版编目（CIP）数据

文件、信息商业化服务机构建设研究/黄霄羽著.—北京：中国人民大学出版社，2014.5

（当代档案学理论丛书）

ISBN 978-7-300-19197-3

Ⅰ.①文… Ⅱ.①黄… Ⅲ.①情报服务—商业服务—组织机构—研究 Ⅳ.①G358

中国版本图书馆 CIP 数据核字（2014）第 070584 号

当代档案学理论丛书

文件、信息商业化服务机构建设研究

黄霄羽　著

Wenjian、Xinxi Shangyehua Fuwu Jigou Jianshe Yanjiu

出版发行	中国人民大学出版社		
社　　址	北京中关村大街 31 号	**邮政编码**	100080
电　　话	010－62511242（总编室）		010－62511770（质管部）
	010－82501766（邮购部）		010－62514148（门市部）
	010－62515195（发行公司）		010－62515275（盗版举报）
网　　址	http://www.crup.com.cn		
经　　销	新华书店		
印　　刷	唐山玺诚印务有限公司		
开　　本	890 mm×1240 mm　1/32	**版　　次**	2014 年 4 月第 1 版
印　　张	12.25 插页 2	**印　　次**	2024 年 7 月第 2 次印刷
字　　数	275 000	**定　　价**	78.00 元